U0321935

史说新语·建筑史学人随笔

承尘集

王贵祥◎著

清华大学出版社

北京

图书在版编目（CIP）数据

承尘集/王贵祥著．—北京：清华大学出版社，2014
（史说新语·建筑史学人随笔）
ISBN 978-7-302-36971-4

Ⅰ.①承…　Ⅱ.①王…　Ⅲ.①建筑学-文集　Ⅳ.①TU-53

中国版本图书馆CIP数据核字（2014）第135331号

责任编辑：赵　蒂
装帧设计：彩奇风
责任校对：王荣静
责任印制：杨　艳

出版发行：清华大学出版社
　　　　　网　　址：http://www.tup.com.cn,　　　http://www.wqbook.com
　　　　　地　　址：北京清华大学学研大厦A座　　　邮　编：100084
　　　　　社总机：010-62770175　　　　　　　　　邮　购：010-62786544
　　　　　投稿与读者服务：010-62776969, c-service@tup.tsinghua.edu.cn
　　　　　质量反馈：010-62772015, zhiliang@tup.tsinghua.edu.cn
印装者：保定市中画美凯印刷有限公司
经　销：全国新华书店
开　本：170mm×230mm　　　印　张：18.75　　　字　数：288千字
版　次：2014年11月第1版　　　印　次：2014年11月第1次印刷
印　数：1～3000
定　价：55.00元

产品编号：058051-01

目 录

卷一　中国建筑

《山海经图》：作平櫋，云今之平棊也（古谓之承尘。今宫殿中，其上悉用草架梁栿承屋盖之重，如攀、额、槫、柱、敦、桥、方、槫之类，及纵横固济之物，皆不施斤斧。于明栿背上架算程方，以方椽施版，谓之平闇，以平版贴华谓之平棊。俗亦呼为平起者，语讹也）。

——[宋]李诫. 营造法式. 第二卷. 总释下. 平棊

卷一之一
中国人的建筑十灯

引言：古代中国建筑三原则

以我们的建筑历史常识，两千年前的古罗马建筑师维特鲁威撰写的《建筑十书》最初明确了建筑学这个人类最为古老的科学、艺术与技术之综合性学科的一些基本原则，其中最为著名的就是"坚固、实用、美观"建筑三原则。按照现代西方建筑理论学者的研究，维特鲁威的建筑三原则，其实是与古希腊哲学家柏拉图的"真、善、美"哲学三原则相通的。坚固，代表了真实的材料与真实的结构，从而确保建筑的持久，这一点与柏拉图的"真"相契合；实用，表现了建筑的功能，使建筑物的各个部分恰到好处地服务于人的使用，特别是17世纪，受到启蒙运动思想影响的法国建筑理论界提出了建筑的"节约理性"概念，具有"理性"价值的建筑的经济性，也被纳入了建筑功能的范畴之中，这一点无疑是与柏拉图的"善"密切相关的；而建筑的"美观"原则与柏拉图哲学三原则中的"美"，应该说是不谋而合的。

两千年来的西方建筑界，一直围绕着柏拉图的"哲学三原则"与维特鲁威的"建筑三原则"，推行衍化着自己的文化、艺术与建筑，从而创造了建筑历史上无数的奇迹。所以，那些刚刚接触建筑学的人们，在对西方建筑史上的伟大建筑充满景仰与崇敬之心的同时，对于我们的先哲所创造的中国古代建筑历史，隐隐萌生了某种自卑与自责。何以同样古老的两种文明，同样绵延久远的两种建筑体系，西方人有那样明晰而悠久的理论与原则，而我们的老祖宗却没有为我们的古代建筑留下任何理论的只言片语呢？若没有理论的建树与指引，绵延数千年的中国建筑，又为何没有被颠覆、被埋没、被抛弃呢？难道我们的先民们，只是沿着因循的惰性，将一种伟大的建筑延续到今天的吗？

其实不然，以笔者的浅见，古代中国的先哲们，在建筑的创造上，自然有自己的原则。这一原则的出现，甚至比维特鲁威的"建筑三原则"还要早许多个世纪。而且，这一原则贯穿了中国数千年的建造史，直至20世纪初叶，随着西风东渐的愈演愈烈，中国人的这些原则才渐渐归于沉寂，甚而被人们所遗忘。这一原则发端于中国文化萌生与发展的最初阶段，也就是人们习惯上所说的上古三代。提出这一原则的人，既是上古时代的文化英雄，也是远古时期的工程英雄，他就是每一个中国人都耳熟能详的上古三代最后一位君王——曾经为了治理洪水三过家门而不入的大禹（图1）。

图1　大禹

大禹提出的与建筑、水利等土木工程，及国家治理的原则，见于中国古代最为古老的一部文献《尚书》中。《尚书·大禹谟第三》记录了大禹的一段话："禹曰："于！帝念哉！德惟善政，政在养民。水、火、金、木、土、谷，惟修；正德、利用、厚生、惟和。"[①]也就是说，在大禹看来，治理国家之要在养民，而与养民关系密切的诸种生产事业，即兴修水利（水），金属锻造（火、金）、宫室营造（木、土），农业生产（谷）都是必须做的事情，而这些与养民有关的重要事务，必须遵循"正德、利用、厚生"这三项基本原则，贯穿这三项基本原则的核心是"和"。这可以说是古代先哲所说过的，与水利工程、土木营造等社会生产活动有关的最早，也最为原则性的遗训。

值得关注的是，大禹提出的这三项基本原则，受到了春秋时期伟大哲人孔子的极力推赞。孔老夫子曾经充满感情地说："禹，吾无间然矣。菲饮食而致孝乎鬼神；恶衣服而致美乎黻冕；卑宫室而尽力乎沟洫。禹，吾无间然矣。"[②]其意大致是

---

① 尚书. 虞书. 大禹谟第三
② 论语. 泰伯第八

说，我与大禹之间的看法是完全一致的，我们日常的饮食应该简单一点，但我们给予祖先和神灵们所供奉的牺牲，却不能够缺少；我们可以在穿着上简朴一些，但代表人们各自不同身份的冠帽与装饰纹样，却不应该随随便便；我们居住的宫室应该简朴、卑小一些，这样就可以将更多的人力与物力，投入到关乎农业生产与百姓生活的水利工程之上。

图2 《建筑七灯》中译本封面

显然，在孔夫子的时代，有关大禹的教导，经过了千余年的传承延续，已经有了不同的版本与说法，孔夫子所转述的大禹的话，与《尚书·大禹谟》中的原话，已经有了一些差别，但究其本来的意义，两者之间并没有太多的变化。其本质的内容，依然未脱离"正德、利用、厚生，惟和"的基本原则。所谓"卑宫室而致力乎沟洫"，是孔子对大禹"正德"观的一种具体而微的解释。

循着古罗马建筑理论家维特鲁威的建筑思考之路，19世纪英国建筑理论家拉斯金撰写了著名的建筑理论著述《建筑七灯》（中文译本或译作《建筑的七盏明灯》①（图2），明确提出了建筑应该遵循"牺牲之灯，真实之灯，力量之灯，美观之灯，生命之灯，记忆之灯，顺从之灯"这七个基本的方向。牺牲者，服务奉献之高尚意义，将便利与实用奉献给大众，将宏丽与壮美奉献给上帝；真实者，材料之真实、结构之坚固、建造过程之脚踏实地，亦即建筑之本真意义；美观者，愉悦之谓也，艺术之谓也；生命者，造型之活力四射，结构之持久永固也；记忆者，艺术之历久弥新，文化之世代传承也；顺从者，顺应建造规律，遵循艺术规则，却又推陈出新者也。

那么，循着拉斯金的思路，我们是否也能够从绵延数千年的古代中国建筑中寻找到一些智慧明灯呢？如果可能，那么古代中国人是如何将民族的智慧贯穿在城

① [英]约翰·拉斯金. 建筑的七盏明灯. 刘荣跃主编. 张璘译. 济南：山东书画出版社. 2006年

市、宫室、园林的营造过程之中呢？下面我们就围绕这些问题，尝试着做一点简单的回答。

一、至善篇

古代中国人认为，为政之道，在养民；养民之要，在正德。正德者，秉持高尚道德之谓也。正所谓："大学之道，在明明德，在亲民，在止于至善。"[①]何谓"至善"？仁人之贤节，君子之高风也。正如孔子夸赞颜回："子曰：'贤哉回也！一箪食，一瓢饮，在陋巷，人不堪其忧，回也不改其乐。贤哉回也！'"[②]这其实也是历代儒生所主张的人生价值观。至善，体现在宫室营造上，是"节俭"；体现在宫室居处的空间理念上，是"中和"。

1. 节俭之灯

大禹主张"正德"，孔子释之为"卑宫室"。其实，正德也好，卑宫室也好，具体到土木工程、宫室营造这件事上，就是"节俭"。也就是说，要将自己的宫室营造得节俭一些，不要奢侈铺张，以免浪费有限的人力物力。此即《尚书》中所提"俭德"："慎乃俭德，惟怀永图。"[③]

在宫室营造上主张节俭，不擅兴土木，是贯穿古代中国人几千年的重要思想。这一思想的明确提出，似乎是春秋战国时期的墨子：

为宫室之法，曰：室高足以辟润湿，边足以围风寒，上足以待雪霜雨露，宫墙之高足以别男女之礼。谨此则止。凡费财劳力，不加利者，不为也。……当今之主，其为宫室则与此异矣。必厚作敛于百姓，暴夺民衣食之财，以为宫室台榭曲直之望、青黄刻镂之饰。为宫室若此，故左右皆法象之。是以其财不足以待凶饥，振孤寡，故国贫而民难治也。君实欲天下之治而恶其乱也，当为宫室不可不节。[④]

历来有关皇帝在道德上的美誉，大多来自节俭，尤其是在宫室营造上的节俭：

窃闻汉德隆盛，在于孝文皇帝躬行节俭，外省徭役。其时未有甘泉、建章及上

---

① 礼记. 大学第四十二
② 论语. 雍也第六
③ 尚书. 商书. 太甲上第五
④ [战国]墨翟. 墨子. 卷一. 辞过第六

林中诸离宫馆也。未央宫又无高门、武台、麒麟、凤皇、白虎、玉堂、金华之殿，独有前殿、曲台、渐台、宣室、温室、承明耳。孝文欲作一台，度用百金，重民之财，废而不为，其积土基，至今犹存，又下遗诏，不起山坟。故其时天下大和，百姓洽足，德流后嗣。①

在历代儒生眼中，帝王最高的美德，就是效仿上古圣王的节俭之风，而帝王受到的最大批评，也都是在宫室营造方面的奢侈与浪费：

臣闻土阶三尺，茅茨不翦，采橼不斫者，唐尧之德也；卑宫室，菲饮食，尽力于沟洫者，大禹之行也；惜中人十家之产，而罢露台之制者，汉文之明也。并能垂名无穷，为帝皇之烈。岂不以克念徇物，博施济众，以臻于仁恕哉！今陛下崇台邃宇，离宫别馆，亦已多矣。更穷人之力以事土木，臣恐议者以陛下为不忧人、务奉己也。②

上古唐尧的宫室，"茅茨不翦，采橼不斫"，大禹"卑宫室，菲饮食，尽力于沟洫者"，西汉孝文帝想建一座避暑纳凉的露台，因估其值约为中人十家之产而罢之。唐太宗造玉华宫："正殿瓦覆，余皆葺之以茅，意在清凉，务从俭约。……谓侍臣曰：'……朕今构采橼于椒风之日，立茅茨于有瓦之时，将为节俭，自当不谢古者。'"③这些都成为历代儒生主张帝王们应该仿效的榜样（图3）。

图3 土阶三等，茅茨不剪之上古宫殿

在谈到古代礼制文化时，孔子也特别提到了"节俭"的观念，并且将其放在礼

---

① [汉]班固. 汉书. 卷七十五. 眭两夏侯京翼李传第四十五. 翼奉传
② [后晋]刘昫等. 旧唐书. 卷九十四. 列传第四十四. 崔融传
③ [宋]王溥. 唐会要. 卷三十. 玉华宫

制之本的地位上："林放问礼之本。子曰：'大哉问！礼，与其奢也，宁俭。'"①
可见，"俭"已经成为了传统中国文化之根本性意义。

2. 中和之灯

大禹为政（包括土木营造）三原则"正德、利用、厚生"之要在于"和"。而和之至者，乃为"中道"。中而和之，"中和"之意也。而"中和"恰是古代中国人对于诸多事物所持的基本态度。

喜怒哀乐之未发，谓之中；发而皆中节，谓之和；中也者，天下之大本也；和也者，天下之达道也。致中和，天地位焉，万物育焉。②

中者，中道也，做事不偏激迂僻。故《尚书正义》之疏中曰："凡行不迁僻则谓之'中'，《中庸》所谓'从容中道'，《论语》'允执其中'，皆谓此也。"③中道是中和之要。非中道者，或狂，或狷。狂傲之人，进取却张狂；狷介之人，拘谨而不为。取两者之中，中道而立。故孟子有云："大匠不为拙工改废绳墨，羿不为拙射变其彀率。君子引而不发，跃如也。中道而立，能者从之。"④中道而立，是君子应持的作风。

孟子曰："孔子'不得中道而与之，必也狂狷乎？狂者进取，狷者有所不为也'。孔子岂不欲中道哉？不可必得，故思其次也。"其疏曰："中道，中正之大道也。狂者能进取，狷者能不为不善。时无中道之人，以狂、狷次善者，故思之也。"⑤

仁人君子应持中道之位，宫室建筑自应取"中和"之道。这就是古代中国人的基本逻辑。"中和"首先是一种处事的态度，对于天子而言，则是一种治国的理念："立政鼓众，动化天下，莫上于中和，中和之发，在于哲民情。"⑥

古人讲求礼乐之制："《礼》之敬文也，《乐》之中和也。"⑦也就是说，中

---

① 论语. 八佾第三
② 礼记. 中庸第三十一
③ [汉]孔安国传. [唐]孔颖达疏. 尚书正义. 卷十二. 洪范第六. 疏
④ 孟子. 卷十三下. 尽心章句上
⑤ [汉]赵岐注. [宋]孙奭疏. 孟子注疏. 卷十四下. 尽心章句下
⑥ [汉]班固. 汉书. 卷八十七下. 扬雄传第五十七下
⑦ [战国]荀况. 荀子. 劝学第一

和，首先表现在"乐"，特别是音乐上。"初，言大乐七失：一曰歌不永言，声不依永，律不和声。盖金声舂容，失之则重；石声温润，失之则轻；土声函胡，失之则下；竹声清越，失之则高；丝声纤微，失之则细；革声隆大，失之则洪；匏声丛聚，失之则长；木声无余，失之则短。惟人禀中和之气而有中和之声，八音、律吕皆以人声为度，言虽永，不可以逾其声。"①而中和之音，是以人声为标准的，所谓人禀中和之气，而有中和之声。音乐以人声为度，不可以逾其声。

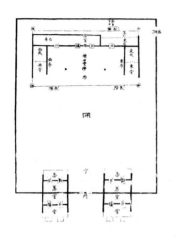

<儀禮圖>中的士大夫住宅圖

图4 负阴抱阳的中和之居

此正所谓："乐舞合节谓之中和。致中和，天地位焉，万物育焉，必使观者听者感发其善心，惩创其逸志，而各得其性情之正。"②

音乐与建筑乃姊妹艺术，则音乐以中和为要，宫室建筑亦当求中和。人的中和之气，既可以推之于为国之政，亦可以推之于宫室营造："天子建中和之极，身为神人之主，而心范围天地之妙，其精神常与造化相流通，若枹鼓然。故轩辕氏治五气，高阳氏建五官，夏后氏修六府，自身而推之于国，莫不有政焉。"③

《艺文类聚·居处部二》引《后汉李尤永安宫铭曰》："合欢黄堂，中和是遵。旧庐怀本，新果畅春。"④在宫室居处方面，中和体现为"大中之居"。统治者若能够"偃息乎大中之居，人享其宜，物安其所，然后足以称贤圣之王公，中和人（当作"之"。）君子矣。"⑤这里是说，统治者如果能够做到，偃息于大中之居，人享其宜，物安其所，达到中和的状态，就可以称之为君子了。这其实就是孟子所说的"居移气，养移体，大哉居乎"⑥的本意所在。处中和之居，养中和之气，作中

---

① [元]脱脱等. 宋史. 卷一百二十八. 志第八十一. 乐三
② [明]朱载堉. 律吕精义. 外篇卷九. 古今乐律杂说并附录. 论舞学不可废第八之上
③ [明]宋濂. 元史. 卷五十. 志第三上. 五行一
④ [唐]欧阳询. 艺文类聚. 卷六十二. 居处部二. 宫阙台殿坊
⑤ [清]严可均辑. 全后汉文. 卷八十九. 仲长统 三. 自《群书治要》
⑥ 孟子. 卷十三. 尽心上

和之人，是为君子矣（图4）！

中和之居，正如老子所言："万物负阴而抱阳，冲气以为和。"[1]而人所居处的宫室建筑，就是一个负阴抱阳、冲气为和的空间环境："是故阖户谓之坤，辟户谓之乾，一阖一辟谓之变，往来不穷谓之通，见乃谓之象，形乃谓之器，制而用之谓之法，利用出入，民咸用之谓之神。"[2]这里完全是在讲建筑，而建筑的要点之一，正在于"利用出入，民咸用之"。民所利用的居室，以其适中的空间体量，与负阴抱阳的空间布局，通过阖户、辟户，阴阳合和，往来不穷，而达成"大中之居"的空间效果。此即古代中国宫室建筑的"中和之灯"。

这或许也是古人常常以"中和"为其宫殿命名的原因之一。唐代大明宫中有"中和殿"。清代紫禁城外朝三大殿，前为太和，中为中和，后为保和。其意似在诠释"正德、利用、厚生，惟和"之微言大义。

二、礼乐篇

古代中国建筑遵循儒家礼乐之制。西晋时"竹林七贤"之一的阮籍曾经详细地论述了礼乐之制的关系："尊卑有分，上下有等，谓之礼。人安其生，情意无哀，谓之乐。车服、旌旗、宫室、饮食，礼之具也；钟磬、鞞鼓、琴瑟、歌舞，乐之器也，礼逾其制则尊卑乖，乐失其序则亲疏乱。礼定其象，乐平其心；礼治其外，乐化其内。礼乐正而天下平。"[3]这里明白地提出了，宫室建筑，是礼之器具。

那么古代宫室是如何体现礼乐之制的呢？亦如阮籍所云："尊卑有分，上下有等，谓之礼。"中国历代居室建筑，都是严格地划分等级的，任何对于既有等级的僭越，都是不被允许的。那么，体现封建等级制度的"大壮"思想，就体现了宫室建筑之礼的层面。而"人安其生，情意无哀，谓之乐"居处之所的适宜、安定，就是乐的象征。而中国古代建筑中的"适形"思想，恰是与这一理念相契合的。

1. 大壮之灯

大壮是《周易》中的一卦。卦为"上震下乾"，卦象为"雷在天上"，其卦爻

---

① 老子. 道德经. 德经. 第四十二
② 周易. 系辞上
③ 钦定四库全书. 集部. 总集类. 汉魏六朝三百家集. 卷三十四. 魏阮籍集题词. 论. 乐论

辞原义，似与建筑没有什么关联。直接将宫室建筑与"大壮"卦联系在一起的，是《易传·系辞下》中关于古代圣人观象制器的一段话："上古穴居而野处，后世圣人易之以宫室，上栋下宇，以待风雨，盖取诸《大壮》。"①

《周易·象传》中谈到了大壮卦的卦德："《象》曰：雷在天上，大壮。刚以动也。（[疏]正义曰：震雷为威动，乾天主刚健，雷在天上，是'刚以动'，所以为'大壮'。）君子以非礼弗履。"②所谓"君子以非礼弗履"与孔子对颜渊所说的"非礼勿视，非礼勿听，非礼勿言，非礼勿动"③是一样的，而其包含的内容，似乎更为广泛，不唯视听言动，更包括车服、饮食，乃至建筑，都必须遵循礼的规范。这其实就是说，大壮卦中蕴含了古代中国的礼制内涵。

礼制，表现为等级秩序，这种秩序在古代中国几乎是无所不在的：

以祠庙间数而论："古者天子之庙七，诸侯五，大夫三，士二，庶人祭于寝。"④

以堂阶高度而论："天子之堂九尺，诸侯七尺，大夫五尺，士三尺。"⑤

以服冕纹饰而论："礼有以文为贵者。天子龙衮，诸侯黼，大夫黻，士玄衣绣裳；天子之冕，朱绿藻，十有二旒，诸侯九，上大夫七，下大夫五，士三。"⑥

以宫室楹柱用色而论："秋，丹桓宫楹。礼，天子丹，诸侯黝垩，大夫苍，士黈。丹楹，非礼也。"⑦

这些还都只是先秦时的规定，以后各朝各代的规定比之更为严格而具体。

当然，大壮卦首先体现的是统治者的威严。而统治者的威严，正是通过车骑、衣服、宫室、旌旗而体现的。"《彖》曰：大壮，大者壮也。刚以动，故壮。《大壮》，利贞。大者正也，正大而天地之情可见矣。"⑧统治者之位，通过大壮之"如雷在天"的卦象得以彰显，但是，这里有一个先决条件，即在其位之统治者须应是

---

① 周易. 系辞下
② [魏]王弼等注. [唐]孔颖达疏. 周易正义. 下经咸传卷四
③ 论语. 颜渊第十二
④ 钦定四库全书. 集部. 总集类. [元]苏天爵编. 元文类. 卷三十五. 虞集. 罗氏族谱序
⑤ [汉]郑玄注. [唐]贾公彦疏. 仪礼注疏. 卷十五. 燕礼第六. 疏
⑥ [汉]郑玄注. [唐]孔颖达疏. 礼记正义. 卷二十三. 礼器第十
⑦ 春秋穀梁传. 庄公二十三年
⑧ [魏]王弼等注. [唐]孔颖达疏. 周易正义. 下经咸传卷四

有德君，才能得到百姓的拥戴和臣民的臣服，而无德之统治者，不应纳入礼乐制度的保障之中，即所谓："虽有其位，苟无其德。不敢作礼乐焉；虽有其德，苟无其位，亦不敢作礼乐焉。"[1]此即所谓"正德"之要义所在。

图5 天子殿堂的大壮之仪

最能够解释大壮思想与统治者宫室建筑关系的，是西汉历史上的一个故事："萧丞相营作未央宫，立东阙、北阙、前殿、武库、太仓。高祖还，见宫阙壮甚，怒，谓萧何曰：'天下匈匈苦战数岁，成败未可知，是何治宫室过度也？'萧何曰：'天下方未定，故可因遂就宫室。且夫天子四海为家，非壮丽无以重威，且无令后世有以加也。'高祖乃说。"[2]

萧何关于"天子以四海为家，非壮丽无以重威"的解释，正是宫室取诸"大壮"的立论依据。帝王宫室是为封建社会的最高统治者——帝王而营造的，帝者之宫，乃天子之居："京者何？大也。师者何？众也。天子之居，必以众大之辞言之。"[3]京师之中的帝王宫室，亦必以威壮之形构之，以华丽之彩饰之，方能显出天子的威势。这就是萧何的本意所在，也是古代中国人以大壮卦比喻宫室建筑的原因所在（图5）。

只是，在大壮思想表现为"非礼弗履"的时候，其含义已经外延到封建礼制规范的概念上去了。在这一方面，其意义与孔子所谓"恶衣服而致美乎黻冕"是一样的。即同样是衣服，重要的是代表身份等级的"黻冕"。则宫室之求"大壮"，亦是为了标识出宫室所代表的身份等级。

宫殿者，帝王之尊贵体现；衙署者，地方官吏之权威体现；寺观者，释老神佛

---

① 礼记. 中庸第三十一

② [汉]司马迁. 史记. 卷八. 高祖本纪第八

③ [汉]何休注. [唐]徐彦疏. 春秋公羊传注疏. 桓公卷五. 九年

之威严体现；庶人住房之正厅，家庭内部长辈之尊严体现。这林林总总的建筑现象中，都蕴含了"大壮"的意义。只是，这种严格区分社会等级的建筑理念，代表的是传统中国旧有而过时的东西，不再适合于今日的社会，只能作为今人理解古代建筑的一把钥匙。

但是，若以大壮思想用于传达民族之精神，闪耀时代之华光，则仿效古人以"雷在天上"的象征性寓意，对那些特殊的、具有时代象征意义的、民族象征意义的、标志性、纪念性的建筑物，赋予如"黻冕"之美一般的具有震撼力的"大壮"之美，似亦未有什么不妥之处。这里的意思是说，或许我们这个时代，还仍然会需要如"雷在天上"一般的大壮理念，以凝聚时代之向往，振奋民族之精神。若此，则中国建筑的"大壮之灯"或仍然还有其现实的意义。

2. 适形之灯

孔子曰："人而不仁，如礼何？人而不仁，如乐何？"[①]中国人讲究礼乐之制，与严格而等级化的礼制规范相对应的，是"乐"。而古代中国人所谓的"乐"，其意义也是多方面的。"人安其生，情意无哀，谓之乐。"[②]居处之所的适宜、安定，其实也是乐的象征。

人安其居，是历代儒生的政治理想。《尚书》中有："呜呼！夙夜罔或不勤，不矜细行，终累大德。为山九仞，功亏一篑。允迪兹，生民保厥居，惟乃世王。"[③]其疏曰："言其能信蹈行此诚，则生人安其居，天子乃世世王天下。"[④]意思是说，统治者的责任之一，是时刻将天下生民的居处问题挂在心上，努力使百姓人安其居。这显然也是统治者之"仁政"的一个组成部分，而这一部分自然应该归在"乐"的名下。

何以为居处之乐？乐者，适也。和与适，是乐的根本。正如孔子所云："从心所欲，不逾矩。"[⑤]乐者，从心所欲也，适者，不逾矩也。庄子也特别谈到了"适"

---

① 论语. 八佾第三
② 钦定四库全书. 集部. 总集类. 汉魏六朝三百家集. 卷三十四. 魏阮籍集题词. 论. 乐论
③ 尚书. 周书. 旅獒第七
④ [汉]孔安国传. [唐]孔颖达疏. 尚书正义. 卷十三. 旅獒第七
⑤ 论语. 为政第二

的问题："忘足，履之适也；忘要，带之适也；知忘是非，心之适也；不内变，不外从，事会之适也。始乎适而未尝不适者，忘适之适也。"①

早在战国时期，就有人提出了建筑物的空间尺度应该适度的问题："鲁哀公为室而大，公宣子谏曰：'室大，众与人处则哗，少与人处则悲，愿公之适。'……公乃令罢役，除版而去之。"②《韩诗外传》引《慎子·外篇》云："'翟王使使至于楚，楚王夸使者以章华之台，高广美丽无匹也。'楚王曰：'翟国亦有此台乎？'对曰：'翟王茅茨不翦，彩椽不刻，犹以为作之者劳，居之者佚。'楚王大作。"③这两个例子说的，都是有关古人关于建筑尺度应该适度的问题。前者是从室内空间的角度讲的，后者则是从节约民力的角度讲的。

战国时的《吕氏春秋》将宫室之适度，与古代阴阳观念结合在了一起："室大则多阴，台高则多阳；多阴则蹷，多阳则痿。此阴阳不适之患也。是故先王不处大室，不为高台。……其为宫室台榭也，足以辟燥湿而已矣。"④西汉时代的大儒董仲舒将这一思想归纳为"适中"："高台多阳，广室多阴，远天地之和也，故圣人弗为，适中而已矣。"⑤

董仲舒的这段话，慢慢被后人演绎为建筑应该"适形而正"的思想："董生书曰：礼，天子之宫在清庙，左凉室，右明堂，后路寝，四室者，足以避寒暑而不高大也，夫高近阳，广室多阴，故室适形而正。"⑥这里的"适形而正"，既表达了建筑物应该在空间与尺度上要"适形"，又明确了建筑物在空间组织上要"正"，这里的"正"，既代表方位之正，也代表名分之正，其中应该蕴含了"礼"的内涵。也就是说，这里的"适形而正"思想，其实就是古代建筑之礼乐制度的具体化与简明化。

然而，同是这一句话，在《六家诗名物疏》中被演绎为："董子云：礼，天子之宫，右清庙，左凉室，前明堂，后路寝，四室者，足以避寒暑而不高大也。夫高

---

① [战国]庄周. 庄子. 外篇. 达生第十九
② [汉]刘安. 淮南子. 卷十八. 人间训
③ [汉]韩婴. 韩诗外传. 卷八
④ [战国]吕不韦编. 吕氏春秋. 孟春纪第一. 重己
⑤ [汉]董仲舒. 春秋繁露. 卷十七. 循天之道第七十七
⑥ [唐]欧阳询. 艺文类聚. 卷六十一. 居处部一. 总载居处

室近阳，广室多阴，故室适形而止。"①《太平御览》中还引了尸子的一段话："尸子曰：厚积不登，高台不处；高室多伤，大室多阴，故皆不居。"②

后来的隋炀帝在其有关东都建设的诏书中也明确提到了"适形"思想："夫宫室之制本以便生，上栋下宇，足避风露，高台广厦，岂曰适形。"③

显然，为了维持阴阳之间的和洽，建筑物不宜建造得过高，室内空间也不宜过大。当然，这并不是说，古代中国人没有尝试过建造体量庞大的建筑物，但因为古代中国人存在这种宫室应该"适中"的适形思想，那些建造高大单体建筑的做法，往往难以被广泛接受。如战国时的齐宣王就曾试图建造大尺度的宫室："齐宣王为室大，盖百亩。堂上三百户。三年而未成，群臣莫敢谏。"④所谓"群臣莫敢谏"，说明其臣下对于这件事持反对的态度。而这种态度一直是后世儒生所秉持的。可以说，适形思想给古代中国建筑加了一道紧箍咒。除了具有宗教象征性意义的佛道寺观建筑之外，任何试图将其宫室建筑建造得过高过大的做法，往往都会受到儒生的反对或抵触。

因此，中国古代建筑史上，鲜见十分高大的单体建筑，究其原因，非不能也，是不为也。

其实，历代宫殿建筑群，在很大程度上，就是这种反映礼之大壮思想，与反映乐之适形思想的一个综合体。一座宏大的宫殿建筑群，其外朝部分的建筑体量往往比较宏大。在整组宫殿建筑组群中所占的空间比例也十分大，如北京明清紫禁城前三殿的空间，就占了整个紫禁城总进深的三分之二左右。而其日常生活起居的后宫部分仅占宫殿总进深的三分之一左右。而后宫部分，又以具有礼仪功能的后三宫所占的比重大，在后三宫周围有十二组小型如百姓四合院规模的宫殿，其实是帝王与后妃们日常生活起居的空间。清代帝王日常生活，甚至理政的主要殿堂是位于紫禁城后宫西边一隅的养心殿。这座宫殿之庭院与殿堂的规模与尺度，就与一个普通的北京四合院没有太大的区别。其原因也正在于，当帝王要举行登基、告朔等大礼时，一般是在太和殿中举行，以表现帝王建筑的"大壮"之势，而帝王日常的生活

---

① 钦定四库全书. 经部. 诗类. 六家诗名物疏. 卷十五. 宫
② [宋]李昉等. 太平御览. 卷一百七十四. 居处部二. 室
③ [唐]魏徵等. 隋书. 卷三. 帝纪第三. 炀帝上
④ [宋]李昉等. 太平御览. 卷一百七十四. 居处部二. 室

起居，却不需要这种空间上与礼仪上的铺张声势，因而，就应该表现为"适形"的
生活性空间（图6）。

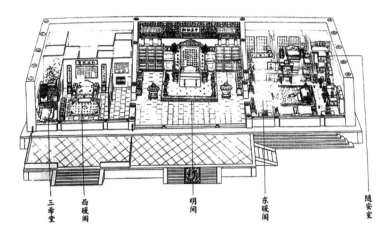

三希堂　西暖阁　　　　　明间　　　　东暖阁　　　　　随安室

图6　故宫养心殿室内空间

这其中所折射出的，或者就是古代中国建筑之礼乐制度，礼乐制度中透析出的
正德思想，以及其中所蕴含的大壮与适形思想的相反相成关系。

三、审美篇

爱美之心，人皆有之。如孟子云："口之于味也，有同耆焉；耳之于声也，
有同听焉；目之于色也，有同美焉。至于心，独无所同然乎？心之所同然者何也？
谓理也，义也。"[1]与世界上的其他民族一样，古代中国人同样有着对于形象美与
艺术美的喜爱与欣赏。如果说，古代欧洲人最早提出了"美观"是建筑的三项基本
原则之一，那么，古代中国人也同样认为，建筑的要素之一是"美"。如《论语》
中提到："子贡曰：'譬之宫墙，赐之墙也及肩，窥见室家之好。夫子之墙数仞，
不得其门而入，不见宗庙之美，百官之富。得其门者或寡矣。夫子之云，不亦宜
乎！'"[2]这里所说的"宗庙之美"，无疑指的就是建筑之美。《论语》中还提到了
居室营造的三个阶段："子谓卫公子荆：'善居室。'始有，曰：'苟合矣。'少

---

① 孟子. 卷十一. 告子上
② 论语. 子张第十九

有，曰："苟完矣。'富有，曰："苟美矣。'"①尽管居室营造可以根据人之财产的"始有、少有、富有"而分为"合、完、美"三个层次的标准，但孔子将"美"作为了最后的标准，说明建筑之美，是一种富有者的奢侈之物，但也是古代中国人所追求的目标之一。

1. 质朴之灯

然而，古代中国人对于"美"的看法，却与西方人有很大的不同。首先，美有秩序。《论语》中特别提到了孔子关于"绘事后素"的观点："子夏问曰：'巧笑倩兮，美目盼兮，素以为绚兮'何谓也？子曰：'绘事后素。'曰：'礼后乎？'"②其疏曰："绘，画文也。凡绘画先布众色，然后以素分布其间，以成其文，喻美女虽有倩盼美质，亦须礼以成之也。"③绘画要先在画底上着上各种色彩，而众色漫布的结果，因无章法纹样，而难称其美，唯有以素色的线条分布其间，使绘画有了纹样与秩序，才可以看出其色其画之美。其中暗喻的意思是，如果一位美女，唯有外在的美色，而无礼仪的约束，不懂得长幼尊卑的秩序，放浪无羁，则难以美称。这里的"礼"，就是秩序之意。

建筑亦然，每一座独立的建筑物，如预先所着之五颜六色，建筑物之间的远近、上下、高低、左右的相互配称，如分布于色彩之间的章法、纹样，如此才构成了古代中国建筑之美。中国建筑重视轴线，重视对称或均衡的秩序感，很可能与孔子的这种"绘事后素"的观念是一以贯之的。

在古代中国人看来，器物或建筑的美，是与器物、房屋主人的身份等级密切相关的。若一个人的器物或房屋与其身份不符，其效果是与"美"对应的"恶"。如："齐庆封来聘，其车美。孟孙谓叔孙曰：'庆季之车，不亦美乎？'叔孙曰：'豹闻之：服美不称，必以恶终。美车何为？'"④所谓"服美不称"，是指服装若与其身份不相匹配，因而扰乱了既有的社会等级秩序。所以，此亦难称其美了。舆服、车骑、宫室也是同样的道理。

---

① 论语. 子路第十三
② 论语. 八佾第三
③ [魏]何晏等注. [宋]邢昺疏. 论语注疏. 卷三. 八佾第三
④ 春秋左传. 襄公二十七年

美还有"文"与"质"的区别。"子曰：'质胜文则野，文胜质则史。文质彬彬，然后君子。'"①有质而无文，则如懵懂无知的郊野之人；有文而无质，则如舞文弄墨的书史之官。质而有文，文质彬彬者，方能称君子。显然，文与质两个方面，是不可或缺的。然而，二者之中，质是更为重要的："盖人有可知者焉，貌色声众有美焉，必有美质在其中者矣。"②其意是说，外在的美，反映的是内在的本质之美。

在古代中国人看来，"质"本身就具有美的价值："其貌直而不侮，其言正而不私，不饰其美，不隐其恶，不防其过，曰有质者也。"③不饰其美，不隐其恶，则有质。而有质者，其美亦自不待饰也。宋代大儒朱熹亦有言："必先有质而后有文，则质乃礼之本也。"④这里虽是在说人，但于物、于建筑而言，似也有类似的道理蕴含其中。

《周易集解》中说到坤卦六二爻时曰："六二：直方大，不习无不利。"其疏曰："居中得正，极于地质，任其自然而物自生，不假修营而功自成，故'不习'焉而'无不利'。"⑤如果我们将其联想为一组建筑群，中正而立，"居中得正"的正房或主殿，往往是这组建筑群的灵魂，其得建筑组群中的地形位置之极（地质之极），故其在建筑群中之势亦"直方大"，无须任何修营补饰，其美亦自在其中。这里又可以从另外一个层面使人们能够了解，为什么古代中国建筑尤其重视建筑群的轴线、秩序、主次的空间关系配置。

相比于文之美而言，古代儒家更倾向于质之美。"子曰：'先进于礼乐，野人也；后进于礼乐，君子也。如用之，则吾从先进。'"⑥关于这一点，朱熹提到："程子解之曰：'先进于礼乐，文质得宜，今反谓之质朴，而以为野人。后进之于礼乐，文过其质，今反谓之彬彬，而以为君子。盖周末文胜，故时人之言如此，不自知其过于文也。'"⑦反者，返也。文质得宜，则可收返璞归真之效，即称"质

---

① 论语. 雍也第六
② [汉]戴德. 大戴礼记. 四代第六十九
③ [汉]戴德. 大戴礼记. 文王官人第七十二
④ [宋]朱熹. 四书章句集注. 论语集注. 卷二. 八佾第三
⑤ [唐]李鼎祚. 周易集解. 卷二. 上经第二
⑥ 论语. 先进第十一
⑦ [宋]朱熹. 四书章句集注. 论语集注. 卷六

朴"。而文胜于质者，则返于文质彬彬，虽为君子，却多了一点文饰之嫌。显然，孔子主张跟从文质得宜的先进（前辈）之人，而不太主张跟从文胜于质的后进（后辈）之人。这里的所谓"文质得宜"，本意就是朴质归真、毫无矫饰之意。朱子也是赞成程子的这一观点的。

《淮南子》中对于这种"质"之美作了形象的描述："曼颊皓齿，形夸骨佳，不待脂粉芳泽而性可说者，西施、阳文也；嗛□哆嚅，籧篨戚施，虽粉白黛黑弗能为美者，嫫母、仳倠也。"①其质之美者，不待脂粉芳泽而性可说；其质丑者，虽粉白黛黑弗能为美。此即美在其质之意也。建筑也一样，基本的材料、结构、空间，及其造型、比例是建筑美的根本，而外在的建筑装饰，则是附加性的，对于建筑美的本质不具有决定性的意义。

这种建筑本身的"质"之美，还可以延伸为不加赘饰的"质朴"之美。程子与朱熹还特别提到了孔子关于质朴的论述："子曰：'刚毅、木讷，近仁。'程子曰：'木者，质朴。讷者，迟钝。四者，质之近乎仁者也。'"②从这一角度观察，历代儒家都更倾向于质朴之美。

这种质朴之美，又体现为一种清冷之美、恬淡之美。也就是现代学者提出的所谓"尚清"意识。关于这一点，当代美学研究者樊美筠引了邓牛顿的话："中国的文化是以'清'作为基本素质的、一种东方特有的文化。"③唐代诗人白居易就用诗的语言表达了这样一个审美趣味："月出鸟栖尽，寂然坐空林，是时心境闲，可以弹素琴。清冷由木性，恬淡随人心，心积和平气，本应正始音。"④又有唐代诗人常建的《江上琴兴》："江上调玉琴，一弦清一心。泠泠七弦遍，万木澄幽阴。能使江月白，又令江水深。始知梧桐枝，可以徽黄金。"⑤

这样一种审美趣味，表现在人们对于建筑的追求上，则是对平素、恬淡、简朴的追求。樊美筠引石成金记载的明代崇祯年间扬州人陈益庵，尤其体现了这样一种

---

① [汉]刘安. 淮南子. 卷十九. 修务训

② [宋]朱熹. 四书章句集注. 论语集注. 卷七

③ 邓牛顿. 中国美学感悟录. 北京：社会科学文献出版社，1996年，第125页，转引自樊美筠. 中国传统美学的当代阐释. 北京：北京大学出版社，2006年，第73页

④ [唐]白居易. 清夜琴兴. 钦定四库全书·集部·总集类·御定全唐诗. 卷428

⑤ [唐]常建. 江上琴兴. 钦定四库全书·集部·总集类·唐文粹. 卷17上

质朴、清淡之美的思想："家甚淡薄，只一妻、一子、一仆……起盖了三间朝南小屋……苑阔约四五丈，栽草花数种，如月季、野菊之类，并无牡丹、芍药之贵重的；周围土墙、柴门。苑次东南上，起了一间小楼。楼下可容二三人，设有棕榻、小桌，四面推窗明朗。"①这样一种淡泊、朴拙的居住空间与生活方式，恰恰是许多古代文人乐得其所的。如东晋陶渊明："方宅十余亩，草屋八九间，榆柳荫后檐。桃李罗堂前。"②如唐代白居易："十亩之宅，五亩之园，有水一池，有竹千竿。"③在这里，他们感受到了一种清冷、恬淡、朴素、寂静的美（图7）。

图7　南宋·刘松年·四景山水图页

质朴、清淡，正是古代中国建筑之审美层面一个特别重要的特征。北京四合院灰色院墙与屋顶的幽静儒雅，江南私家住宅的粉墙黛瓦的清新雅静，无不透出这种质朴、清淡的意味。

2. 绮巧之灯

然而，在古代中国人的审美意向中，除了质朴的一面之外，还有绮巧的一面。绮者，文丽也；巧者，奇妙也。如《文心雕龙》中夸赞晋代学者郭璞（字景纯）的文章："景纯绮巧，缛理有余。"④是说郭璞的文章绮丽精巧，其论有理，其文有饰。

所谓"绮"，首先说的是装饰之纹样。古代中国人无论是服饰、旌旗，还是宫

---

① 转引自樊美筠. 中国传统美学的当代阐释. 北京：北京大学出版社，2006年，第85，86页
② 先秦汉魏晋南北朝诗·晋诗. 卷17. 陶潜. 归园田居诗五首. 第591页
③ 白氏长天集. 卷69. 旧唐书. 卷166. 列传第116. 二十五史. 第4001页
④ [南朝梁]刘勰. 文心雕龙. 诠赋第八

室，都有文绮之饰。其作用除了视觉上的美观之外，还有标志身份等级的作用。正所谓"圣王明礼制以序尊卑，异车服以章有德"。①所以孔子才会主张："恶衣服而致美乎黻冕。"黻冕就是具有装饰纹样的冠冕，其重要功能之一，是区别佩戴者的身份等级。汉代明文规定："贾人毋得衣锦绣绮縠絺纻罽，操兵，乘骑马。"②古代中国重农抑商，商人即使有钱，也不得衣绮丽的服装。而身份等级高的人，却要盛饰文绮。如楚人宋玉笔下的神女："其盛饰也，则罗纨绮缋盛文章，极服妙采照万方。"③

绮丽之饰，也可能用之于宫室建筑，如东方朔批评汉武帝时所说："今陛下以城中为小，图起建章，左凤阙，右神明，号称千门万户；木土衣绮绣，狗马被缋罽；宫人簪玳瑁，垂珠玑；设戏车，教驰逐，饰文采，丛珍怪；撞万石之钟，击雷霆之鼓，作俳优，舞郑女。"④这里的"土木衣绮绣"，说的就是建筑物的装饰纹样。显然，对于宫室建筑的过分装饰，是会受到儒者文人抨击的。

为建筑物添加装饰，是各种文化中都存在的现象。只是，在古代中国，装饰一方面是礼制规范中区别等级差异的必不可少之举，另外一方面，过分的装饰又是持"正德"观念下"节俭"与"卑宫室"思想的历代儒生一直以来所批评的："自比以来，亦为太过，在朝诸贵，受禄不轻，土木被锦绮，童妾厌粱肉，而复厚赍屡加，动以千计。"⑤这里是说帝王的宫室建筑过于奢侈。"壮制第宅，美饰车马，仆妾衣绫绮，土木被文绣，僭度违衷者众矣。"⑥"堂阁相望，饰以绮画丹漆之属，制度重深，僭类宫省。"⑦这里是在抨击贵族或官吏的第宅僭越礼制的规范。

然而，绮丽也不尽含贬抑之义。古人亦常用之于修饰楼台栏槛的空间之美，如："幽室洞房，绝槛垂轩。紫阁青台，绮错相连。"⑧又有："房闼内布，疏绮外

① [清]严可均辑. 全汉文. 卷八. 成帝. 禁奢侈诏（永始四年六月）
② [清]严可均辑. 全汉文. 卷一. 高帝. 复吏卒限制衣冠令（八年三月）
③ [清]严可均辑. 全上古三代文. 卷十. 宋玉. 神女赋
④ [清]严可均辑. 全汉文. 卷二十五. 东方朔. 化民有道对
⑤ [清]严可均辑. 全后魏文. 卷三十一. 韩显宗. 上言时务
⑥ [清]严可均辑. 全后魏文. 卷四十二. 李彪. 表上封事七条
⑦ [清]严可均辑. 全后汉文. 卷六十八. 张俭. 举奏中常侍侯览罪衅
⑧ [清]严可均辑. 全后汉文. 卷四十五. 崔琦. 七蠲

陈。升降三除，贯启七门。是谓东观，书籍林渊。"① 显然，绮错、疏绮，都带有赞美的意思。而且，这里说的都是建筑组成的空间。显然，古代中国人在空间的趣味取向上，更倾向于绮曲、迂回、错落、扶疏的效果。

古代中国人喜欢建筑空间的交错绮连，建筑物之间疏落有致，故而"绮错"、"绮疏"常常成为赞叹建筑空间之美的用词："亘以曲堂，周以洞房，北负连阁，南注长廊，绮疏交映，镂槛相望。"② 曲堂、洞房、连阁、长廊，建筑群落的绮疏交映，构成了中国建筑如诗如画般的纡回曲折之美。"同符上陇，望长安之城阙；有类偃师，瞻洛阳之台殿。瞰连甍而如绮，杂卉木而成帷。"③ 类似的描述还有："绮甍悬桂栋，隐映傍乔柯。势高凌玉井，临迥金波。"④ 甍者，殿脊也。从高台上俯视的建筑群，甍脊相连，檐翼交错，如绮纹雅饰一样，成为一幅动人的图景。

除了绮疏交错的空间组群之外，建筑单体也往往取了文绮奇巧的效果："何工巧之瑰玮，交绮豁以疏寮。干云雾而上达，状亭亭以苕苕。神明崛其特起，井干叠而百增。跱游极于浮柱，结重栾以相承。"⑤ 这里说的是高台建筑的绮巧瑰玮之美。正是在这里，工巧与绮疏，被并置在了一起（图8）。

图8 元·佚名·建章宫图

中国古代建筑檐下的斗栱，向来以奇巧、绮错而令人感叹。关于建筑物这一部分之造型与结构美的描述，也屡见于古代典籍之中："万楹百栱，合沓相持，绣栭

---

① [清]严可均辑. 全后汉文. 卷五十. 李尤. 东观铭
② [清]严可均辑. 全梁文. 卷六十九. 阙名. 七召
③ [清]严可均辑. 全梁文. 卷十八. 元帝四. 钟山飞流寺碑
④ 先秦汉魏晋南北朝诗. 梁诗. 卷十七. 谢举. 凌云台
⑤ [清]严可均辑. 全后汉文. 卷五十二. 张衡 一. 西京赋

玉题，分光争映……玲珑绮构，无风自响，不拂而净。"①这里是说建筑结构之梁架、斗栱、柱楹的玲珑绮巧。"郁盘舒栋宇，峥嵘伟大壮。拱木诏林衡，全模征梓匠。千栌绮翼浮，百栱长虹抗。"②绮错交叠的斗栱，与翼角舒张的飞檐，及斗栱上承托的梁栿，如飘浮在半空的长虹，给人以飘逸、遐思之美。

类似的赞美之语层出不穷，称赞高堂玉宇则："兰宫秘宇，雕堂绮栊。"③描写室内空间则"立碧茎之娜婳，铺彩条之蜿蟺。下扶疏以布濩，上绮错而交纷"④。"雕梁乃架，绮翼斯飞。"⑤说装饰纹样则："方员绮错，极妙穷奇。"⑥说室内装饰则："纵横骆驿，各有所趣。尔乃悬栋结阿，天窗绮疏。圆渊方井，反植荷蕖。"⑦

事实上，工巧与绮丽一样，在古代中国历史上，往往处于褒贬不一的境地。中国最早的典籍《尚书》中，就对所谓"奇技淫巧"持批评的态度："郊社不修，宗庙不享，作奇技淫巧以悦妇人。"⑧这里的奇技淫巧，其实也包括了建筑及其装饰。

但是，在大部分情况下，古代中国人对于"巧"，都是持了正面而肯定的态度。"知者创物，巧者述之守之，世谓之工。百工之事，皆圣人之作也。烁金以为刃，凝土以为器，作车以行陆，作舟行水，此皆圣人之所作也。天有时，地有气，材有美，工有巧，合此四者，然后可以为良。"⑨百工之事，多涉及工巧问题。正所谓："巧作者皆称工。"⑩而工巧的根本目的，则在于致用"伊工巧之奇密，莫尚美于斯器。因绮丽以致用，设机变而周匮。"⑪奇密而工巧之器物，其外观美轮美奂，其装饰文绮丽雅，这里的器物，当然也包括了宫室建筑。

与绮丽的装饰一样，宫室之巧的前提，首先也在于有序："目巧之室，则有奥

---

① [清]严可均辑. 全梁文. 卷五十二. 王僧孺 二. 中寺碑
② [宋]郭茂倩编. 乐府诗集. 卷十五. 燕射歌辞三. 宫调曲五首
③ [唐]李善注. 文选. 卷三十五. 七下. 七命八首. 张景阳
④ [清]严可均辑. 全后汉文. 卷九十二. 陈琳. 迷迭赋
⑤ [唐]欧阳询. 艺文类聚. 卷六十三. 居处部三. 门. 文
⑥ [清]严可均辑. 全后汉文. 卷五十七. 王逸. 机妇赋
⑦ [清]严可均辑. 全后汉文. 卷五十八. 王延寿. 鲁灵光殿赋
⑧ 尚书. 周书. 泰誓下第三
⑨ 周礼. 冬官考工记第六
⑩ [汉]郑玄注. [唐]贾公彦疏. 仪礼注疏. 卷十五. 燕礼第六. 疏
⑪ [清]严可均辑. 全晋文. 卷八十一. 殷巨. 鲸鱼灯赋

咋，席则有上下，车则有左右，行则有随，立则有序，古之义也。"①显然，秩序乃工巧之第一义。秩序之要在于礼，礼乐之制乃规范宫室器物的根本："礼也者，反其所自生；乐也者，乐其所自成。是故先王之制礼也以节事，修乐以道志。故观其礼乐，而治乱可知也。蘧伯玉曰：'君子之人达。'故观其器，而知其工之巧，观其发，而知其人之知。"②礼具有规范性，故反其所自生，乐具有从心所欲之作用，故乐其所自成。宫室、器物之工巧，也必须满足这两个方面的要求与条件。

因而，工巧与绮饰一样，需要在看似杂乱的事物之中彰显出某种秩序："画缋之事，杂五色。东方谓之青，南方谓之赤，西方谓之白，北方谓之黑，天谓之玄，地谓之黄。……杂四时五色之位以章之，谓之巧。"③所谓"章之"，就是令看似杂乱无章的五颜六色，在"绘事后素"这一概念下，表现出色彩纹样的章法，亦即秩序。

因为要求秩序，所以孟子认为，工巧之要，在于有条理："始条理者，智之事也；终条理者，圣之事也。智，譬则巧也；圣，譬则力也。"④显然，古代中国人推崇的五种美德：仁、义、礼、智、信，"巧"属于"智"的范畴。而在这里，巧智之要，在于有条理。杂乱无序之物，又何以谈其巧。

巧并非随心所欲，而是有规章可循，有则例可依的："故百工从事，皆有法所度。"⑤百工之法，古人称之为"法式"："言工巧，皆当依附于法式。"⑥但是，若事事都依法式、规则，则亦无工巧可言："孟子曰：'梓匠轮舆，能与人规矩，不能使人巧。'梓匠轮舆之功，能以规矩与人。人之巧在心，拙者虽得规矩，亦不能成器也。"⑦

人之巧在心，这也说明，巧既具有有序、规则之智，也具有灵活变通之智。正如司马迁的父亲司马谈所说："有法无法，因时为业；有度无度，因物兴舍。故

---

① 礼记. 仲尼燕居第二十八
② 礼记. 礼器第十
③ 周礼. 冬官考工记第六
④ 孟子. 卷十. 万章下
⑤ [战国]墨翟. 墨子. 卷一. 法仪第四
⑥ [汉]郑玄注. [唐]孔颖达疏. 礼记正义. 卷三十五. 少仪第十七. 疏
⑦ [汉]赵岐注. [宋]孙奭疏. 孟子注疏. 卷十四上. 尽心章句下. 注

曰：'圣人不巧，时变是守。'"①因时为业，因物兴舍，随着时代的变迁而有所创新与变化，才称得上是"巧"。而这种"巧"，似乎又像是"不巧"。

墨子有云："百工为方以矩，为圆以规，直以绳，正以县。无巧工不巧工，皆以此五者为法。巧者能中之，不巧者虽不能中，放依以从事，犹逾已。"②在这里，巧与不巧的区别，被逻辑地归在"能中之"的范畴之下了。这一点，正如孟子所说："大匠不为拙工改废绳墨，羿不为拙射变其彀率。君子引而不发，跃如也。中道而立，能者从之。"③中道而立，是一种境界。巧者，有章有法，有规则，有秩序，却又变通自如，不墨守成规，而有所创新，此即为"中道"者也。

关于建筑之巧，有说建造速度之快者，如："始皇起云明台，穷四方之珍木，搜天下之巧工，子时起工，午时已毕。秦人谓之'子午台'。"④

有说其材料、工艺与装饰之美妙精致的："元载造芸辉堂于私第。芸辉香草名也，出于阗国，其香洁白如玉，入土不朽烂，春之为屑，以涂其壁，故号芸辉，而更以沉香为梁栋，金银为户牖，内设悬黎屏风紫绡帐……精巧之妙，殆非人工所及。"⑤

也有说其技术之巧妙的："巧正阁柱：唐《国史补》：苏州重元寺阁一角忽垫，计其扶荐之功，当用钱数千贯。有游僧曰：不足劳人，请一夫斫木为楔，可以正也。寺主从之。僧每食毕，辄持楔数十执柯登阁，敲楔其间，未逾月阁柱悉正。"⑥

也有说其工程设计之合理巧妙的："巧布磨房：《辍耕录》：尚食局进御麦面。其磨在楼上，于楼下设机轴以旋之，驴畜之蹂践，人役之往来，皆不能及，且无尘土臭秽所侵。乃巧工瞿氏造焉。"⑦

质朴与绮巧，表现为古代中国建筑相反相成的两个层面。其可清淡如水中冷月，其可绮丽如似锦繁花。可以草屋土阶，曲槛幽室，隐现谦谦君子之婉约；可

---

① [清]严可均辑. 全汉文. 卷二十六. 司马谈. 论六家要指
② [战国]墨翟. 墨子. 卷一. 法仪第四
③ 孟子. 卷十三. 尽心上
④ [宋]曾慥编. 类说. 卷五. 拾遗记. 子午台
⑤ [宋]李昉. 太平广记. 卷二三七. 奢侈二. 芸辉堂
⑥ 古今图书集成. 第781册. 第32页
⑦ 古今图书集成. 第781册. 第32页

以绮鲎巧栋，高台美宫，略显泱泱大国之雄风。二者之中都蕴含了古代中国建筑的美。

四、品味篇

品味，是艺术鉴赏的一个基础。不同的品味，对于事物的美有不同的感受。然而，一个人或一个社会群体的审美品味不是先天就有的。一个人的品味在于学习，在于教育，在于培养；一个民族、一个社会群体的审美品味，既在于历史的传承，也在于时代的积淀。古代中国人，应该有着形形色色的艺术品味。然而，品味是有品阶的。高尚的审美意趣与低俗的审美趣味，往往有天壤之别。君不见时下的"欧陆风"、"仿古风"潮，将西方几个世纪之前的建筑形式生搬硬套过来；或者将一条古旧街道拆毁，再仿造一条与古旧街道的历史文脉没有多少关联的仿古街，以标榜自己在审美意趣上的时尚与新潮，殊不知这就像一位戴着假发、穿着燕尾服、手执文明杖的欧洲人，或戴瓜皮帽、穿长衫、留辫子的中国人走在了今日现代都市的街头一样，除了引人唏嘘笑闹之外，其美其趣又何在呢？

1. 儒雅之灯

儒雅一词，在古代文化中，其实带有高尚的意味。所以，儒雅之审美趣味，其实相当于西方艺术史上之"崇高"、"高尚"甚至"悲壮"之类的品味。南朝梁人何胤认为，朝廷应以提倡儒雅而变俗："兼以世道浇暮，争诈繁起，改俗迁风，良有未易。自非以儒雅弘朝，高尚轨物，则汩流所至，莫知其限。"[①]当然，两者无法作如此简单的类比。古代中国人很早就用到了这个词："汉室龙兴，开设学校，旁求儒雅，以阐大猷。"[②]

儒雅也成为了有道德、重教化的代名词："秦彭迁山阳太守，以礼训人，不任刑罚，崇好儒雅，敦明庠序，每春秋飨射辄修升降揖逊之仪，乃为人设四诫，以定六亲长幼之礼，有遵奉教化者擢为乡三老，常以八月致酒肉以劝勉之。"[③]教化，显然是一个变低俗为儒雅的过程，使本来缺乏教育的粗俗之人，变成了懂得六亲长幼

---

① [唐]姚思廉. 梁书. 卷五十一. 列传第四十五. 处士. 何胤传
② [汉]孔安国传. [唐]孔颖达疏. 尚书正义. 卷一. 尚书序
③ [明]丘濬. 大学衍义补. 卷八十二. 广教化以变俗

之礼、升降揖逊之仪的儒雅之人。其实，艺术的审美意趣，也是一个培养与教化的过程。

儒雅，首先是一种知识、阅历的培养与积淀，如古代所称的儒雅之人："英姿挺特，奇伟秀出。才兼四科，行包九德，仁足济时，知周万物。加以少膺儒雅，韬含六籍，推考星度，综校图录，探赜圣秘，观变历征，占天知地，与神合契，据其道德，以经王务。"[①]这与古罗马建筑师维特鲁威在《建筑十书》中所要求的，一位建筑师应该是一个学富五车之人，有异曲同工之妙。

儒雅之风，首倡于文人雅士。所谓君子之风。《晋书》中称赞一位将军："郑冲字文和，以儒雅为业，箪食瓢饮，布衾缊袍，不以为忧。"[②]这其实是借用了孔子赞美颜回的话："子曰：'贤哉回也！一箪食，一瓢饮，在陋巷，人不堪其忧，回也不改其乐。贤哉回也！'"[③]这种清淡、朴质、高尚的情操，正是古代中国文人所提倡的君子之风，在一定程度上，这也是历代文人雅士们所主张的儒雅之风的最高境界。

西晋竹林七贤，就是以追求儒雅意趣而闻于史者。前面提到的南朝梁那位主张以"儒雅弘朝，高尚轨物"的何胤，就颇想重归竹林七贤的遗风："胤虽贵显，常怀止足。建武初，已筑室郊外，号曰小山，恒与学徒游处其内。至是，遂卖园宅，欲入东山，未及发，闻谢朏罢吴兴郡不还，胤恐后之，乃拜表辞职。"[④]止足于显贵，流连于小园，仍觉不够儒雅，非要变卖园宅，遁迹东山。这就是自晋之南北朝时一些文人雅士的生活与审美趣味之所向。

在古代中国人看来，儒雅之意，对之以清华之趣。儒雅者，高尚雅致也。清华者，清俊华美也。二者相辅相成。北魏时的高士高闾，就被魏帝赞为："儒雅素著，出内清华，朝之俊老。"[⑤]其实，古代的仁人君子们，所崇尚的正是这种儒雅、清华之风。唯儒雅而高尚有情趣，唯清华而淡雅有华彩。而古代中国文人所推崇、

---

① [南朝宋]范晔. 后汉书. 卷八十二上. 方术列传第七十二上
② [宋]李昉. 太平御览. 卷二百三十八. 职官部三十六. 大将军
③ 论语. 雅也第六
④ [唐]姚思廉. 梁书. 卷五十一. 列传第四十五. 处士. 何胤传
⑤ [北齐]魏收. 魏书. 卷五十四. 列传第四十二. 高闾传

所向往的居住环境，常常就是这种高尚而雅致、清淡而华美的空间意趣。

亦有儒雅对清显者，其意一也："史臣曰：得人者昌，如诸温儒雅清显，为一时之称；叔达才学明辩，中二国之选。皆抱廊庙之器，俱为社稷之臣。"[①]儒雅清显，如以喻人，则文雅贤达之君子也；若以喻景，则清淡雅致之美境也。

古人常常陶醉于这种儒雅、清淡的景观或居住环境之中："前园后圃，从容丘壑之情，左琴右书，萧散烟霞之外。茂陵谢病，非无《封禅》之文，彭泽遗荣，先有《归来》之作。优游儒雅，何乐如之！"[②]所谓从容丘壑之情，琴棋书画之趣，萧散烟霞之境，岂非儒雅清华之至，高尚恬淡之极。

由此可知，儒雅还代表了一种品格的高尚与趣味的雅素。如北朝时彭城司徒王勰："飐雅好恬素，不乐势利。……虽闲居独处，亦无惰容。爱敬儒雅，倾心礼待。清正俭素，门无私谒。"[③]然而其闲居独处，不谄媚，不势利，待人以礼，清正俭素，正是一种高尚品格的体现。这种品格与生活态度，得到历代仁人君子的推崇与实践。在这里，古人用的是儒雅对"清正"。又有南朝人"长史名谧，字思玄，一名穆，正生，少知名，儒雅清素，博学有才章"[④]。在这里古人用的是儒雅对"清素"。而清正、清素，与清华一样，其要在"清"。在古代文人的语境中，清与高尚具有相近的含义，故后世有人喻之为"清高"。上文所引的儒雅清华、儒雅清正、儒雅清素，虽是喻人，亦可以由此推知其所喻之人的为人、处世，与艺术鉴赏的人格、品味、意向、趣好。并由此转喻为一种艺术或建筑的风格取向，如文雅、清正、恬淡、高尚、俭素、简率、明快等等。

儒雅意趣，必与文化素养有所关联。古代主张儒雅之人，皆为嗜书之文人，其起居生活的建筑环境，亦为书香浓郁，居处雅淡的读书之所，如清季书生郁潜亭："潜亭恂恂儒雅，尤与渌饮昵，无三日不相过。过必挟书以来，借书以去。虽寒暑风雨，不少间。其藏书处曰东啸轩，轩额为明董香光所书。庭前古桂二树，相传为万历时所植。交柯接叶，清阴覆檐。室中牙签万轴，都成碧色。凭几校录，晨夕不

---

① [后晋]刘昫等. 旧唐书. 卷六十一. 列传第十一. 温大雅传
② [唐]魏徵等. 隋书. 卷七十六. 列传第四十一. 文学. 王贞传
③ [宋]司马光. 资治通鉴. 卷一百四十三. 齐纪九. 东昏侯下
④ [南朝梁]陶弘景. 真诰. 卷二十. 翼真检第二

休。经其庭，阒如也。"①其书也
香，其轩也俭，其庭也清，其树也
古，这应该就是古代中国许多文人雅
士所追求、向往的建筑空间审美意趣
之所在。其意与质朴近，但又不尽相
同，这里号之以儒雅，列之为古代中
国建筑审美品味之一灯（图9）。

此外，宋代处士李渎去世时，
皇帝曾有诏曰："故河中府处士李
渎，簪缨传绪，儒雅践方，旷逸自
居，恬智交养。迨兹晚节，弥邵清
猷，奄及沦亡，良深轸恻。"②这
位处士所向往的起居环境是"旷逸
自居"，皇帝称赞其人"儒雅"、
"清猷"。这显然是一种放浪豁达
的生活情趣。也就是说，与儒雅相
对应者，是旷逸。旷逸者，旷达放

图9　江南园林粉墙黛瓦表现的雅淡氛围

逸也。而这也反映了古代文人雅士的另外一种品格。亦可透露出古代文人所崇尚的
建筑艺术倾向的另外一种趣味：从心所欲，放浪形骸也。

2. 放浪之灯

"从心所欲，不逾矩。"③既是孔老夫子所提出的人生一大境界，也是古代文人所
持的一种生活态度，这种态度更多地体现在古代艺术与建筑上所追求的旷达、放浪、不
拘一格，但又不是毫无规矩约束的艺术取向上。我们在这里体味到古代中国建筑，特别
是文人雅士所向往的建筑中，可能存在的放浪情趣，这里称之为"放浪之灯"。

放浪，有豪壮、奔放之意。古代中国农书中形容春天："一候，桃始华，木得

---

① 徐珂编撰．清稗类钞．郁潜亭藏书于东啸轩
② [元]脱脱等．宋史．卷四百五十七．列传第二百一十六．隐逸上．李渎传
③ 论语．为政第二

阳春气而放浪。"①显然，春花怒放，就是对充满勃勃生机的春天的一种最恰当的比喻。而表达某种生机勃发、万物升腾的春天气息的艺术趣味，其实已经蕴含了"放浪"之意。而将放浪一词用之于艺术品味者，首推东晋书法家王羲之："或因寄所托，放浪形骸之外，虽趋舍万殊，静躁不同，当其欣于所遇，暂得于己，快然自足，不知老之将至。"②放浪形骸之外，是不受凡俗之体的约束，尽情于自然奔放的情感之中，由此而体味到"快然自足，不知老之将之"的愉悦之情，这岂非一种发自本真的艺术快感？

自右军始，用"放浪"一词作为一种艺术品味的描述，屡屡见诸笔端，如古代画论中夸赞郭忠恕的楼台之画时所云："当恕先仕于朝，璃驰不羁，放浪玩世，卒以傲恣流窜海岛，中道仆地，蜕形仙去。其图写楼居，乃如此精密；非徒精密也，萧散简远，无尘埃气。东坡先生尝赞曰：长松参天，苍壁插水。缥缈飞观，凭栏谁子。空闬寂历，烟雨灭没。恕先在焉，呼之或出。非神仙中人，孰能知神仙之乐而寓于画也。"③这里说到了郭忠恕的个性品格，是"璃驰不羁，放浪玩世，卒以傲恣流窜海岛"。其豪放不羁的傲然恣态跃然纸上。因而，其画才能够表现出"长松参天，苍壁插水。缥缈飞观，凭栏谁子。空闬寂历，烟雨灭没"的超然意味。

放浪者，其要旨在不拘于成规，如北宋画家乐士宣："早年放浪，不束于绳捡。"其性格如此，则："方其未知书，则喜玩丹青，独爱金陵艾宣之画。既胸中厌书史，而丹青亦自造疏淡，乃悟宣之拘窘。于是舍其故步，而笔法遂将凌轹于前辈。"④这说明放浪之人，首先是要有创新的精神，不拘泥于成规，不守成于前学。

又有："眉山老书生，不得其名。作《七才子入关图》，山谷谓人物亦各有意态，以为赵云子之苗裔。摹写物象渐密，而放浪闲远，则不逮也。"⑤其意是说，这位老书生，虽然人物各有意态，但却达不到"放浪闲远"的更高境界。这里作者所赞誉的所谓"放浪闲远"，一闲一远，颇显出一种幽静、恬淡、旷远的意境，其非艺术之品味境界，又若何也？

---

① [清]张宗法. 三农纪. 仲春
② [唐]张彦远. 法书要录. 卷十. 右军书记
③ [宋]李廌. 德隅斋画品. 楼居仙图
④ [宋]无名氏. 宣和画谱. 卷十九. 花鸟五. 宋. 乐士宣
⑤ [宋]邓椿. 画继. 卷四. 搢绅韦布

谈书法者，更求其放浪意味："故意与境会，肆笔而成文，挺如植璧，清如凌虚，千古罕俪。希哲放浪不羁，故自豪侠；徵仲虽非至者，而恬淡高洁，不堕蹊径，故书法于中叶独擅声焉。"①希哲，祝允明也；徵仲，文征明也。两人都是明代书法艺术的大家。其意与境会，肆笔成文，放浪不羁，恬淡高洁，不堕蹊径，都反映了一种非同寻常的艺术旨趣。而在这里，作者似乎更推崇"放浪不羁，故自豪侠"的祝希哲。

在很大程度上，"放浪"表现为一种自然奔放的形态，故画中之山水，园林景观中之湖石，多应取放浪之姿态。古人评画时，也暗示了这一点："布置景物，及用笔意思，皆当合题中气象。……称恬退之幽人，纵散楞乱石，亦具清灵；方外清流，但觉烟霞遍体；才华文士，可知廊庙雄姿；农圃呈时世之升平，渔樵识湖山之放浪；飞仙本不可见，宜恍惚而飘扬；鬼物原无所凭，宜奇变而诡谲；以及绮园歌舞，极秾华美丽之观；猎骑飞腾，穷鞚控纵送之态。靡不各尽其致。"②这里既是说画，也是言景。则湖山放浪者，景观艺术之趣尚也。画如此，园林景观亦应如此。这里暗示了一种园林艺术的趣味取向。

放浪，还表现为一种逸情山水的生活态度，秦有仙逸之人萧史，常常"放浪山水间"。③宋人安昌期："以事去官，遂不复仕，独与一童游广东，放浪山水间。"④这其中反映了一种道家遁世离俗的人生观。当然这种生活态度也不仅仅限于老庄之道，释家弟子中受到老庄思想影响者，也取尚之，如《大宋高僧传》提到唐代金陵僧人元崇："志在无为，祜然不顾。乃放浪人世，追踪道流，考盘灵踪，遂东适吴越天台、四明，清心养素。"⑤所谓"放浪人世，追踪道流"，似是受了老庄无为思想影响而遁身于世外之意。历代高僧中，持这样一种态度者，不在少数，如谷泉禅师："去为沙门，拨置戒律。任心而行，眼盖衲子。所至丛林，辄删去。泉不以介意。造汾阳，谒昭禅师。昭奇之，密受记别。南归放浪湘中。"⑥虽为僧人，

---

① [明]项穆. 书法雅言. 原序
② [明]沈颢. 芥舟学画编. 卷四. 人物琐论
③ 历世真仙体道通鉴. 卷三. 萧史
④ 历世真仙体道通鉴. 卷四十九. 安昌期
⑤ [宋]赞宁. 大宋高僧传. 卷十七. 护法篇第五. 唐金陵钟山元崇传
⑥ [宋]明白庵居沙门惠洪撰. 禅林僧宝传. 卷十五. 衡岳泉禅师

却置戒律于不顾，任心而行，放浪湘中山水间。唐代僧人药山和尚："负不羁之志，放浪于山水之间，以接来学。"①宋代觉海法因庵主："晚年放浪自若，称五松散人。"②说明，放浪也成为佛教禅宗僧人所青睐的一种人生态度。

儒生中亦有同好者，如南朝梁吴兴令江淹，其官之任在"闽越之旧境也，爰有碧水丹山，珍木灵草，皆淹平生所至爱，不觉行路之远也，山中无事，专与道书为偶，及悠然独往，或日夕忘归，放浪之际，颇著文章自娱。常原卜居筑宇，绝弃人事，苑以丹林，池以渌水，左倚郊甸，右带洒泽，青春受谢，则梜弋平皋，素秋澄景，则独酌虚室……不则逍遥经纪，弹琴咏诗，朝露几间，忽忘老之将至云尔。"③由放浪山水，到卜居筑宇，而其居"苑以丹林，池以渌水，左倚郊甸，右带洒泽"，俨然一片林泉景象。那么扩而延之，自西晋以来，钟情于山水，流连于林泉的历代儒士文人，其实多少也都抱有这样一种生活态度，其建筑与景观审美意向中无疑也蕴含有这样一种艺术旨趣。

图10　北宋·李成·晴峦萧寺图轴
（局部）

唐玄宗时人姚崇，遗令诫其子孙："优游园沼，放浪形骸，人生一代，期亦足矣。"④近代文人徐枕亚在其小说《玉梨魂》中，也特别描写了小说中的主人公"放浪形骸之外，流连水石之间"⑤的生活趣向。所谓"优游园沼"，所谓"流连水石之间"，说的其实都是传统中国文人所特别青睐的园居生活。而在园林之中，最重要的生活状态就是"流连水石"，

---

① [唐]释德诚. 船子和尚拨棹歌（机缘集）. 灵隐善庆序
② [宋]普济. 五灯会元. 卷十八. 临济宗. 南岳下十三世下. 云居祐禅师法嗣. 觉海法因庵主
③ [唐]欧阳询. 艺文类聚. 卷五十五. 杂文部一. 史传
④ [宋]李昉. 册府元龟. 卷八百九十八. 总录部. 治命
⑤ 徐枕亚. 玉梨魂. 第二十二章. 琴心

"放浪形骸"。我们或者可以将之归为中国古代文人园林艺术创造的主要艺术旨趣。谨言慎行的庙堂宦海生活、中规中矩的居宅儒家礼仪，都使那些心性旷达的文人士夫感到压抑、束缚，而"优游园沼，放浪形骸"，正可以弥补传统社会这种令人压抑的生活情境。这可能也是古代文人特别喜欢营造园池，放浪于园林山水之间的原因所在了（图10）。

中国古代儒家向来秉持"穷则独善其身，达则兼善天下"的主张。而所谓穷者，则往往怡情于山水，放浪于园池。如明代嘉靖二十三年（1544年）进士、户部主事蒋孝："才情绮丽，颇任侠气。早岁罢官，放浪自适，筑山穿池，每临赏辄酣畅忘返。"①史称"逸气纵横"的明代文人徐渭（字文长）："放浪麹蘖，恣情山水，走齐、鲁、燕、赵之地，穷览朔漠。其所见山奔海立，沙起云行，风鸣树偃，幽谷大都，人物鱼鸟，一切可惊可愕之状，一一皆达之於诗。"②前者放情于园池，后者浪迹于朔漠山海。虽然二人的做法有所不同，但其放浪形骸，寄情山水的艺术趣尚却是相近的。

东晋文人谢灵运辞官而避居山野，并撰有《山居赋》，赋中详细描绘了其山居周围的自然山水，如："葺基构宇，在岩林之中，水卫石阶，开窗对山，仰眺曾峰，俯镜浚壑。去岩半岭，复有一楼，回望周眺，既得远趣，还顾西馆，望对窗户。缘崖下者，密竹蒙迳，从北直南，悉是竹园。东西百丈，南北百五十五丈。北倚近峰，南眺远岭，四山周回，溪涧交过，水石林竹之美，岩岫隈曲之好，备尽之矣。刊翦开筑，此焉居处，细趣密玩，非可具记，故较言大势耳。"③这又是怎样一种既充满野趣，又有人工开凿痕迹的居处环境？而东晋陶渊明则有《归园田居》，其诗中有："羁鸟恋旧林，池鱼思故渊。开荒南野际，守拙归园田。方宅十余亩，草屋八九间。榆柳荫后檐，桃李罗堂前。暧暧远人村，依依墟里烟。狗吠深巷中，鸡鸣桑树颠。户庭无尘杂，虚室有余闲。久在樊笼里，复得返自然。"④园田、方宅、草屋、虚室、榆柳、桃李，这些都是文人所向往或陶醉的居处空间。而

---

① 贵阳. 陈田辑. 明诗纪事. 己签. 卷八. 蒋孝. 一首
② 贵阳. 陈田辑. 明诗纪事. 己签. 卷十七. 徐渭. 十三首
③ [清]严可均辑. 全宋文. 卷三十一. 谢灵运（二）. 山居赋（有序并自注）
④ 钦定四库全书. 集部. 别集类. 汉至五代. [晋]陶渊明. 陶渊明集. 卷二. 归园田居. 其一

他们两位所描绘的放浪生活，也得到了历代文人的歌咏与向往。如唐代诗人杜甫就有"优游谢康乐，放浪陶彭泽"①的诗句，隐隐透露出他对二人这种优游放浪的生活景境的羡慕。

宋代诗人苏轼亦有诗："不惜十年力，治此五亩园。初期橘为奴，渐见桐有孙。清池压丘虎，异石来湖鼋。敲门无贵贱，遂性各琴樽。我本放浪人，家寄西南坤。敝庐虽尚在，小圃谁当樊。"②这里又描绘了一个文人所创造的园居空间，其中有橘，有桐，有池，有石，有敝庐，有园圃，规模大约为五亩，正是一个可以令诗人放浪其中，自然野趣，可游、可居的园宅空间。

五、空间篇

20世纪初，中国古代先哲老子的一段话"三十辐共一毂，当其无有，车之用。埏埴以为器，当其无有，器之用。凿户牖以为室，当其无有，室之用。有之以为利，无之以为用"③被西方现代建筑师所接受，并奠定了中国建筑思想在世界现代建筑中的地位，其核心观念就是，中国建筑既重视构成建筑物之结构、形体（有），亦重视由建筑之结构、形体所围绕，所包容的空间（无）。

然而，关于空间组织本身，古代中国人还有一些特立独行的思想。如主张儒家礼制观念的中国人，更强调宫室建筑空间的"方正"、"端直"。然而，与这种方正、端直观念相对应的纡环曲折的空间理念，古代中国人那里也颇为重视。

这样，在古代中国建筑的发展历史上，就形成了另外一对似乎相反，却又相成的建筑之灯——方正之灯与纡曲之灯。

1. 方正之灯

古代中国人向来相信，没有规矩，不成方圆，正如《礼记》中所云："礼之于正国也，犹衡之于轻重也，绳墨之于曲直也，规矩之于方圆也。"④规矩者，圆中

---

① [清]曹寅等. 全唐诗. 卷218. 杜甫. 石柜阁
② [宋]苏轼. 苏轼集. 卷十八. 诗一百一十八首. 寄题梅宣义园亭
③ [春秋]李耳. 老子. 道经
④ 礼记. 经解第二十六

规，方中矩。所以，孔夫子才会有"从心所欲，不逾矩"①之说。

矩者，方也，直也。而古代中国人对于"方、直"似乎有特别的重视。《周易》坤卦六二爻："六二：直方大，不习无不利。"其疏曰："居中得正，极於地质。"②直方而大，居中得正。这既是古代人心目中厚德载物之"坤"卦的一种认知，也是对方正持中之空间理念的一种执著。

宋人所撰建筑专著《营造法式》中，在"看详"与"总释"节，两次提到了宫室营造的"取正"问题："取正《诗》：定之方中。又：揆之以日。注云：定，营定也。方中，昏正四方也。揆，度也。度日出日入，以知东西。南视定，北准极，以正南北。《周礼·天官》唯王建国，辨方正位。"③辨方正位，定之方中。这是中国古代建筑营造过程中的一个重要环节。其中很可能包含了方正、方中、方直三重概念。

中国城市讲求方正。这一点从《周礼·冬官考工记》中有关王城规划的思想中看得十分清楚："匠人营国，方九里，旁三门。国中九经九纬，经涂九轨，左祖右社，面朝后市，市朝一夫。"④这里的意思是说方。"匠人建国，水地以县，置槷以县，眂以景，为规，识日出之景与日入之景，昼参诸日中之景，夜考之极星，以正朝夕。"⑤这里的意思是说正。

这里的方正观念，首先是就城市规划的方与正而言的。早在2100多年以前，西汉文人晁错，就十分明确地表述了古代中国人的城市规划理念："臣闻古之徙远方以实广虚也，相其

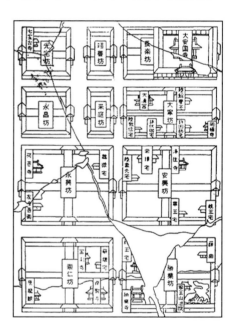

图11 唐长安里坊图

① 论语. 为政第二
② [魏]王弼等注. [唐]孔颖达疏. 周易正义. 上经. 乾传卷一
③ [宋]李诫. 营造法式. 营造法式看详. 方圆平直
④ 周礼. 冬官考工记第六
⑤ 周礼. 冬官考工记第六

阴阳之和，尝其水泉之味，审其土地之宜，观其草木之饶，然后营邑立城，制里割宅，通田作之道，正阡陌之界，先为筑室，家有一堂二内，门户之闭，置器物焉，民至有所居，作有所用，此民所以轻去故乡而劝之新邑也。"①

所谓"营邑立城，制里割宅"，其中包括了至少三个层面的方正空间。一是城邑：城是城邑的围合体，城中为邑，合称城邑。古代中国城邑，多为方正的平面。二是里：里者，里坊也。其规模大约为一里见方，其形态也大约是方形或矩形。三是里坊之中要"割宅"：割者，割切分划之意（图11、图12）。

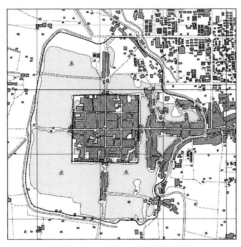

图12　方正之城——古聊城平面图

在方正的里坊中，自然应该划分出方正为矩形的住宅，即所谓"方宅"。将土地分割成矩形的地块，在其上建造屋宅，这是古代中国人习惯的做法，如唐人李绅有碑记云："会稽地滨沧海，西控长江，自大禹疏凿了溪，人方宅土。"②这里所说的"人方宅土"，就是说在大禹治水，疏凿了溪之后，会稽之地就变成了可以供人居住生活之地，人们将土地分割为方形的宅地，营建居宅，形成里邑、城池。

中国古代还有所谓"井田"思想："古者三百步为里，名曰井田。井田者，九百亩，公田居一。"③所谓井田，就是将方为一里（300步）约900亩的一块土地，以井字格形式，分成九等份，每份为100亩。其中八家，种植800亩方田，余100亩为

①　[汉]班固. 汉书. 卷四十九. 爰盎、晁错传第十九
②　[清]董诰等. 全唐文. 卷六百九十四. 李绅. 龙宫寺碑
③　春秋谷梁传. 宣公 十五年

公田，由八家共同耕种，以为公帑之源。古代中国人常常说起的"九宫格"空间形式，大约就是按照这种"井田"的观念形成的。

这种由900亩地组成的井田，还成为古代中国城市的一个基本规划单元："都鄙井田也。九夫为井，四井为邑，四邑为丘，四丘为乘。"①都鄙者，公侯贵族的城邑。夫者，百亩之地。乘，亦称甸。所谓十六井为丘，六十四井为乘，为甸。在这里，城邑与井田形成一种同构的空间规划模式。而其核心的特征，就是方正。

方正概念中，还蕴含着"正"与"直"两个概念。唐人纂《艺文类聚》中，提到董仲舒关于宫室适形的思想时说："夫高近阳，广室多阴，故室适形而正。"②这里特别提到"适形而正"的思想，既要"适"，又要"正"。

除了方正之外，古代中国人还讲求"端直"。端直，首先是一种风骨："结言端直，则文骨成焉。"③也是一种品格与美德："其莅政，柔仁端直之德，治于府寺，而外美彰焉。"④这样一种观念，其实也影响到中国宫殿建筑的布局，宋人所撰《石林燕语》中，记载了宋太祖的一则故事："太祖建隆初，以大内制度草创，乃诏图洛阳宫殿，展皇城东北隅，以铁骑都尉李怀义与中贵人董役按图营建。初命怀义等，凡诸门与殿须相望，无得辄差，故垂拱、福宁、柔仪、清居四殿正重，而左右掖与昇龙、银台等诸门皆然，惟大庆殿与端门少差尔。宫成，太祖坐福宁寝殿，令辟门前后，召近臣入观。谕曰：'我心端直正如此，有少偏曲处，汝曹必见之矣！'群臣皆再拜。后虽尝经火屡修，率不敢易其故处矣。"⑤这说明宋代宫殿是沿着一条笔直的中轴线布置其主要殿堂的。这样一种布局方式，既表现了一种直方端正的空间理念，也蕴含了一种率正端直的政治品德。其核心的思想，似仍可以纳入"正德"的建筑原则之中，但表现形式却是一种蕴含"直方大"理念的建筑空间。

中国古代建筑在空间组织上的这一特点，也被我们的东邻——朝鲜王朝时期的著名学者朴趾源注意到了，他特别谈到了两国建筑空间的差别：

中原屋宇之制，必除地数百步，长广相适，铲划平正，可以测圭安针盘，然

---

① [汉]郑玄注．[唐]孔颖达疏．礼记正义．卷二十五．郊特牲第十一
② [唐]欧阳询．艺文类聚．卷六十一．居处部一．总载居处
③ [南朝梁]刘勰．文心雕龙．风骨第二十八
④ [唐]柳宗元．柳宗元集．卷八．行状
⑤ [宋]叶梦得．石林燕语．卷一

后筑台。台皆石址，或一级，或二级三级，皆砖砌，而磨石为甃。台上建屋，皆一字，更无曲折附丽。第一屋为内室，第二屋为中堂，第三屋为前堂，第四屋为外室，前临大道为店房，为市廛。每堂前左右翼室，是为廊庑寮厢，大抵一屋，长必六楹、八楹、十楹、十二楹。两楹之间甚广，几我国平屋二间，未尝随材长短，亦不任意阔狭，必准尺度为间架，皆五梁或七梁，从地至屋脊，测其高下，檐为居中，故瓦沟如建瓴，屋左右及后面冗檐，以砖筑墙，直埋椽头，尽屋之高，东西两墙，各穿圆窗，西南皆户，正中一间，为出入之门，必前后直对。屋三重四重，则门为六重八重。洞开则自内室门至外室门，一望贯通，其直如矢。所谓"洞开重门，我心如此"者，以喻其正直也。[①]

这里通过一种比较的视角，十分明确地描述了古代中国建筑方正、端直的空间特征。而这里所说的，恰恰是普通百姓的住宅建筑，可以与前面提到的北宋宫殿互为印证，反映了古代中国建筑之方正、端直的空间观念，已渗透到了宫殿、衙署、住宅、寺观、祠庙、坛壝、陵寝等不同的建筑类型之中。其空间是方正的，其轴线是端直的，其象征理念中又恰恰蕴含有《周易》坤卦六二爻之"直方大"（正直、端方、大气）的厚德载物的"正德"意义。

2. 纤曲之灯

中国人对于艺术，从来不会简单地只用一把尺牍来衡量。清代乾隆时人吴定（1744—1809年，字殿麟，号澹泉）关于诗文艺术有过一些讨论："其论诗也严於格，以为诗之有格，犹射之有鹄，工之有规矩也。入乎格，则为诗，不入乎格，则不可以为诗。不入乎格者之於诗，其工者，骈俪文耳，其奥者，古赋耳，其妍者，词耳，其快者，曲耳，其朴直者，语录耳，其新颖者，小说耳，其纤曲委备者，公牍与私书耳。"[②]

诗者，严乎格。不入格之诗，若工整，则为骈文；若玄奥，则为古赋；若妍丽，则为词；若快捷，则为曲；若朴直，为语录；若新颖，为小说；若纤曲委备，

---

① [朝鲜]朴趾源（1737—1805）. 热河日记. 四册. 首尔. 文艺院. 2012. 58. 转引自：白昭薰. 明朝与朝鲜王朝地方城市及建筑规制比较研究. 清华大学博士学位论文，2013年

② [清]刘声木. 苌楚斋随笔. 卷九. 吴定论诗语

乃为公牍与私人书信。公牍、私书，乃社会人员直接交往对话之文体，出于礼貌、谦恭、避讳等的考虑，在文体上不宜太直，直则有犯；不宜太妍，妍则有虚。故而可能纡曲委备。显然，仅就诗歌、词赋、小说等文学艺术而言，亦有规矩、工整、玄奥、妍丽、朴直、新颖、纡曲之分。则建筑空间艺术，特别是城市、建筑与园林的空间艺术，除了方正、端直之外，也应该有其他的艺术表现形式。

在观察事物方面，也存在着两个不同的视角。如："某言贾生《惜誓赋》之超绝，如云'黄鹄一举兮，知山川纡曲，再举兮，睹天地圆方'，此言居身益高，则所见益远矣。今人汩於情伪，沈於利欲，犹坎蛙壤蚓，积处洼下，欲几高明，得乎？"①黄鹄飞腾，一举而见山川纡曲，再举则见天地圆方。则纡曲也好，圆方也好，都是大自然的真实，只是视角不同，其感受也不尽相同。因而，对于古代中国城市、建筑、园林等在空间艺术方面的观察，也应该有两个不同的视角。

从城市空间的角度观察，与诗歌等文学艺术一样，古代中国人除了追求方正、端直之外，还可能另求一端，即纡曲委备。如在中国古代城市规划思想中，就存在一种与方正、端直的城市理念截然相反的城市空间观。这一思想首先见之战国时的管子有关城市规划的一段论述："凡立国都，非于大山之下，必于广川之上。高毋近旱而水用足，下毋近水而沟防省。因天材，就地利，故城郭不必中规矩，道路不必中准绳。"②不必中规矩，是相对于方正而言的，不必中准绳，是相对于端直而言的。这显然是对《周礼·冬官考工记》中有关王城规划思想的一个颠覆。

在古代城市营建实践中，却也真实地遇到了这样的问题，《世说新语》中提到南朝建康城建设的一个例子：

宣武移镇南州，制街衢平直。人谓王东亭曰："丞相初营建康，无所因承，而制置纡曲，方此为劣。"东亭曰："此丞相乃所以为巧。江左地促，不如中国。若使阡陌条畅，则一览而尽，故纡余委曲，若不可测。"③

这里的丞相是指东晋的王导，他认为江南地区河湖港汊很多，土地比较狭促，故其城市规划不应该像北方中原地区那样道路通畅、平直，而应该纡余委曲，富于

① [元]马端临. 文献通考. 卷二百二十四. 经籍考五十一
② 管子. 乘马第五
③ [南朝宋]刘义庆. 世说新语. 言语第二

变化。这应该反映了一种与《周礼·冬官考工记》王城规划思想截然不同的城市空间理念。而我们从南方地区明清城市中，确实可以看到许多并不方正、端直，反而因山就势，纡迂曲折的城市形态（图13）。

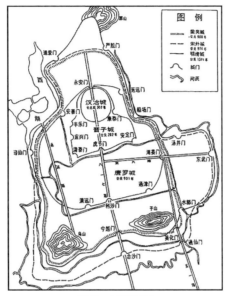

图13 古福州城图

此外，我们所熟知的北宋东京汴梁城，本来似乎更多一些方正、端直的因素。如其太祖赵匡胤建造洛阳宫殿时，就主张"凡诸门与殿须相望，无得辄差"。然而，同是宋太祖赵匡胤，在汴梁城的建设中，却采取了相反的态度：

开宝戊辰，艺祖初修汴京，大其城址，曲而宛，如蚓诎焉。耆老相传，谓赵中令鸠工奏图，初取方直，四面皆有门，坊市经纬其间，井井绳列。上览而怒，自取笔涂之，命以幅纸作大圈，纡曲纵斜，旁注云："依此修筑。"故城即当时遗迹也。时人咸周测，多病其不宜于观美。熙宁乙卯，神宗在位，遂欲改作，鉴苑中牧豚及内作坊之事，卒不敢更，第增陴而已。①

宋太祖是在扩建汴京城池的时候，采取"曲而宛，如蚓诎焉"的策略的，而他这样做，正是针对工匠们所预先设计的图纸"初取方直，四面皆有门，坊市经纬其间，井井绳列"的固有方正、端直的规划理念，则"自取笔涂之，命以幅纸作大

① [宋]岳珂. 桯史. 卷一. 汴京故城

圈，纡曲纵斜"而成的。因而，正是采取了一条与井井绳列的方直城市截然相反的空间旨趣。

显然，这在当时的汴京，是不被普通人所接受的一种做法，故人们"多病其不宜于观美"。也就是说，这样的城池与空间，看起来并不好看。后世帝王曾想加以修正，但却不敢轻易修改。直到后来，奸臣蔡京擅国："丞奏广其规，以便宫室苑囿之奉，命宦侍董其役。凡周旋数十里，一撤而方之如矩，墉堞楼橹，虽甚藻饰，而荡然无曩时之坚朴矣。一时迄功第赏，侈其事，至以表记，两命词科之题，概可想见其张皇也。靖康胡马南牧，黏罕、斡离不扬鞭城下，有得色，曰：'是易攻下。'令植炮四隅，随方而击之。城既引直，一炮所望，一壁皆不可立，竟以此失守。"①由此，反而可以理解宋太祖最初将城市布置得"曲而宛"的真实原因，是出于军事防御方面的考虑。这样的做法，在古代并非孤例，如北魏时有团城："团城，在县西北十八里。后魏筑以防稽胡，其城纡曲，故名团城。"②这座团城也是出于军事防御的考虑，而将其城规划成"纡曲"之状的。

纡曲，有时会成为建筑细部处理中所追求的目标，如三国时曹魏的景福殿："尔乃察其奇巧，观其微形，嵚崟纡曲，盘牙歌倾，或天矫而云起，或诘屈而镶萦，众木附枝以连注，栾栭倚亚而相经。"③这里谈论的是这座殿堂的结构与装饰细部（观其微形），故而极言其奇巧、纡曲、诘屈、镶萦。显然，在建筑物的细部结构与装饰处理方面，奇巧、纡曲、复杂、多变，恐怕是古代中国人可以追求的一种艺术旨趣。

在宫殿建筑或园苑中，追求纡曲多变，更是常见的艺术手法（图14）。如清代人眼中的北京皇城西苑，其"庭中引水为池，左右有廊相通。斋后修竹万竿，其西即春耦斋也。由德昌门折而西，有门东向，入门循山径纡曲而南，为春耦斋"。④这显然是一个具有园林意味的宫殿建筑群。而我们在清代皇家园林，如颐和园、承德避暑山庄中，很容易体味到这种纡曲多变的空间艺术特征。

---

① [宋]岳珂. 桯史. 卷一. 汴京故城
② [唐]李吉甫. 元和郡县图志. 卷第十三. 河东道二
③ [唐]欧阳询. 艺文类聚. 卷六十二. 居处部二. 宫. 魏夏侯惠景福殿赋
④ [清]鄂尔泰、张廷玉等编纂. 国朝宫史. 卷十五. 宫殿五. 西苑中

江南园林中，这样的例子更为多见。如南京的又来园："江宁有又来园，在南门外雨花台侧……皆就天然形势而位置亭榭台馆焉。……由刘公墩渡山涧，入梅林，曰'访桥'。桥西有堤，亘界溪，于其曲为罢钓湾，溪南为又来堂。堂后拓水榭，出溪间，环以湖石，缭以文槛，曰'凌波仙馆'。溪北为云起楼。溪自南而西，循荼䕷廊，自西而北，曲径通幽。师竹之轩居其左，倚竹之亭翼其右。自北而东，入水月虚明室。自东而南，越山涧，巡回廊，登萦青阁，俯瞰梅花数百本。沿堤过板桥，折而东，则广且数亩，循东皋西堤，南入卧波桥而西，亦纡曲。环溪夹岸，则垂杨与桃林相间，故有'小桃源'之目，溪莲尤盛。陈列之器具，皆以竹

图14 绮曲之宫苑

为之，极古朴。"①江南园林讲求曲径通幽，故其水纡曲，其山缭绕，其堤其溪亦多回环曲折。总体艺术风格上，所极力体现的，无疑是"纡曲"二字。

明代造园家张南垣，创作了许多精巧的园林，而其造园之要，正在于巧妙因借，雅合自然："南垣游于江南诸郡者五十余年，自华亭、嘉兴外，于江宁、于金山、于常熟、于太仓、所过必数月。其所为园，则李工部之横云、虞观察之预园、王奉常之乐郊、钱宗伯之拂水、吴吏部之竹亭为最著。经营粉本，高下浓淡，早有成法。初立土山，树木未添，岩壑已具，随皴随改。烟云渲染，补入无痕，即一花一竹疏密敧斜，妙得俯仰。山未成。先思着屋，屋未就。又思其中之所施设。窗棂几榻。不事雕饰，雅合自然。为此技既久，土石草树咸能识其性情，每创手之日，乱石林立。或卧或倚，张踌躇四顾，正势侧峰，横支竖理，皆默识在心，借成众手。"②显然，在张南垣的园林艺术语汇中，似乎没有方正、端直的位置，却充满了如高下浓淡、疏密敧斜、正势侧峰、横枝竖理等等充满自然雅趣的艺术意旨。而这

---

① 徐珂编撰. 清稗类钞. 园林类. 又来园
② 徐珂编撰. 清稗类钞. 园林类. 张涟工垒石

些看似不拘一格的园林艺术手法，究其根本，还是反映在了古代中国人在建筑与园林创造方面的"纤曲之灯"上了（图15）。

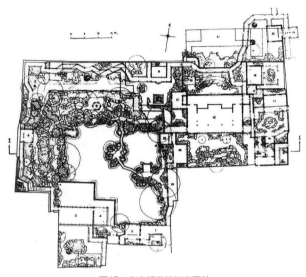

图15　自由纤曲的江南园林

结语

纵览历代中国文献，古代中国人在艺术理念与哲学观念上，有诸多与城市、建筑与园林艺术创造密切关联的思想论述。择其要者，可以归结为中国建筑三原则：正德、利用、厚生。三原则之核心是：惟和。在这样一个基本原则的框架之下，还可以条分缕析出十条与建筑有关的思想与艺术旨趣。我们参照英国人拉斯金的《建筑七灯》，将之归结为"中国人的建筑十灯"。古代中国人关于建筑的这十盏明灯又可以从与建筑思想及艺术有关的五个方面加以表述：

以其崇尚人伦正德，则有节俭之灯，中和之灯；

以其强调礼乐秩序，则有大壮之灯，适形之灯；

以其倾向尽善尽美，则有质朴之灯，绮巧之灯；

以其主张君子风骨，则有儒雅之灯，放浪之灯；

以其追求利用厚生，则有方正之灯，纤曲之灯。

卷一之二
宁波保国寺大殿礼赞①

　　2003年是一个与中国古代建筑史上的两件大事都有关联的年份。一是中国历史上最早，也最完备的建筑学与建筑技术专著——宋《营造法式》刊行900周年；二是中国江南现存最为古老也最为重要的木构建筑之一——浙江宁波保国寺大殿建成990周年。中国人以九为尊，九为阳数之最，象征高贵、久远、隆重。900年、990年，历史何其长也，经历何其多也，一个是曾经900年沧桑巨变，而今昭明天下，为世人所瞩目的珍稀古代建筑典籍；一个是经历990年风雨侵蚀，如今依旧岿然屹立的古代木构建筑实例，两件国之珍宝，共同走过了900年的艰难历程。

　　900年是一个漫长的时期，在这个时期中，经历了人类历史上最为重大的变革。西方人从黑暗的中世纪走出来，经过了文艺复兴、宗教改革、启蒙运动、工业革命、现代主义，直到21世纪的今天；中国人从繁花似锦到满目疮痍，又从山河破碎到江山一统，其间几起几落，历两宋，跨辽金，再经蒙元、明清，又经历了抗战的洗礼，直至中华民族重振雄风的今日，其间多少杰材伟构，早已灰飞烟灭。在这样一个漫长的时段中，能够经受住风摧雨折、虫蚀火劫、天灾人祸、战争磨难的建筑物，尤其是木结构建筑，几如凤毛麟角，珍稀备至。

　　900年前正是中国的北宋时代，北宋时期是中国的中古时期，是中国封建社会经历千余年积累而臻于繁荣鼎盛之时。伟大的中华文明，滥觞于三代，勃发于秦汉，鼎盛于隋唐，肇极于赵宋。唐宋时代，人文日进，文化昌明，这一时期的建筑也在漫长的中国建筑史上，拥有特殊的一席之地。唐代建筑气势雄大，造型质朴，体态遒劲；辽承唐风而古朴素雅；北宋建筑丰姿绰约，造型华美，色彩宏丽；金续宋韵

---

① 说明：本文系于2003年夏为由宁波保国寺大殿文管所与清华大学建筑学院联袂组织的"纪念宋《营造法式》刊行900周年暨宁波保国寺大殿建成990周年国际学术研讨会"而作。

而放浪形骸，不拘一格。唐、宋、辽、金数百年间，造就了中国古代建筑史上最为辉煌的一个时代。言其雄也，有长安、洛阳，大明宫遗址岿然，佛光寺雄风犹在；言其盛也，有汴梁、临安、六合、西湖风韵尚存，相国、灵隐梵音依旧，言其真也、实也，有诸多唐辽宋金建筑遗构，虽各自孑然孤立，却仍然雄姿英发，昭显着一个伟大时代的艺术真谛。

宁波保国寺大雄宝殿，重建于北宋大中祥符六年（1013年），正是北宋王朝经过了50年休养生息而文明勃发的时期。宋初立国之时，刚刚经历唐末、五代战乱，北方中原地区城垣残破、寺宇凋零，工匠离散，大唐建筑的雄风不再。辽人虽绍继唐风，毕竟疆域隔离，宋初的建筑与艺术，多仰赖江左工匠。五代时期江南吴越之地，相对比较稳定、繁庶，建筑与手工业十分发达。宋代杭州已经成为制造业的中心，由史料所知，北宋重要寺庙的铜佛造像，均在杭州铸造，并通过船运车载，运送到各地寺宇。宋初著名哲匠、曾执斧汴梁开宝寺塔的喻浩，就是浙江杭州人氏。则宋初汴梁工匠、其技术工艺必然受到江南建筑的影响，如果说，北宋汴梁官式建筑，主要传承的是五代江浙一带工匠的技术与艺术，其语当为不诳。

宋亡而元兴，建筑一度受到外来工匠的影响，并以北方工匠为主，其建筑结构多大胆粗犷，其艺术风格也狂放不羁。然而，明初立国南京，主要仰赖江南工匠，永乐移都北京，北京宫苑建设，也以南方工匠为主。明代建筑严谨、工丽、清秀、典雅，颇具江南艺术的风范，只是经过皇家贵胄的渲染，体量宏巨，色彩浓重，则去江南雅淡之风远矣。但其根系，实与江南建筑相近。有清一代，绍续明统，建筑传承上，仍明之旧。由此而推度，则宋代木构建筑，实为后世中国建筑之正统。明清宫苑之盛，殿阁之丽，组群之方式，廊榭之蜿蜒，实滥觞于江南建筑哲匠，绍继于宋代建筑文化。虽然后世工匠并非完全依据于宋《营造法式》，但工匠之间口传为碑的技术与艺术，主要根系于江南建筑，则其艺术与技术主旨，仍然以江南工匠的传承为主。

然经靖康之火，曾经繁华之极的北宋一代，城池湮灭，殿宇摧折，再经岁月摧残，宋代建筑遗构日渐凋零。侥幸残存者几可屈指，零星散布在山西、河北、河南等地。幸之又幸者，在北宋建筑的发祥之地，在今日的浙江宁波市洪塘北面的灵山山岙，因山就势，矗立着一座几近千年的古刹，其主殿大雄宝殿，就是目前尚存江南地区最为古老的木构建筑遗存之一——著名的宁波保国寺大殿。这是北宋鼎盛时期的建筑，又地处江南腹地，其建筑艺术与技术，虽然与汴梁、杭州不尽相同，但却应是代表了宋代江南工匠技术与艺术水准的宏丽之制。

保国寺大殿采用了宋代典型的"厅堂式"构架方式，结构逻辑简明扼要，柱额明快、梁架洗练，没有任何赘余的构件，用材制度严谨规范，梁断面广厚比用科学合理的3∶2为比例，斗栱用连续多跳偷心，铺作上用长达两椽架的状如斜梁的长昂，柱头与补间铺作，用双杪双下昂单栱造，并在第一跳华栱上偷心，铺作分布也比较疏朗，月梁的曲线峻秀饱满而富于弹性，彩画则采用了较低等级的"七朱八白"做法，这些都是既接近宋《营造法式》，又早于《营造法式》的做法。恰恰证明了北宋之《营造法式》所继承并总结的内容，是与江南地区工匠的建筑实践密不可分的。

保国寺大殿的建造，早于宋《营造法式》颁布90年，这90年时间，宋代建筑渐趋成熟、完善。偷心造已被计心造所取代，单栱造也发展为重栱造，铺作造型更加工整细致，梁栿更加精美雅丽，彩画则趋于富丽堂皇。与现存唐宋辽金建筑实例相比，保国寺大殿所具有的特征，一方面与《营造法式》的诸多规定最为接近，另一方面又恰好保存了比《营造法式》更早的做法。其价值不仅与《营造法式》相互印证，而且，是研究《营造法式》之技术与艺术发展的重要佐证（图1）。

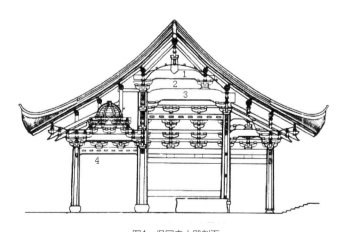

图1 保国寺大殿剖面

1. 平梁 2. 内槽 3. 三椽 4. 外槽

弥足珍贵的是，保国寺大殿中保存了最为接近《营造法式》之规则的藻井做法。传统中国建筑装饰中，最具艺术水准的就是对室内空间特加强调的藻井处理，然而，古代建筑的室内现存建筑实例中，藻井的做法多晚于宋《营造法式》，如金代山西应县净土寺大殿内藻井等，其造型与风格，与法式的规定已相去甚远，且其艺术韵味上已经趋于繁密细腻，与唐代建筑的雄阔及宋代建筑的宏丽之风，已不可同日而语。而在保国寺大殿这样一座三开间的小殿中，其藻井

图2　保国寺大殿前廊藻井

结构之严谨、造型之工整、风格之洗练、气势之宏大，实在是此后金、元、明、清建筑遗构中所不得而见者，可以使我们一睹宋代建筑的艺术风范。而由藻井特意渲染出佛座前的礼佛空间，使进入其中的礼佛之人，感觉到了人的空间的存在（图2）。

在一座中古时代的宗教建筑物中，将放置佛像的空间与由人参与的礼佛空间，通过结构与装饰手法的不同而区别开来，这不仅具有技术上或建筑空间处理上的意义，而且具有人文理念上的意义，说明在宋代时中国人的理念中，人的活动已经居于重要的地位，人的空间已经得到了充分的尊重。这一空间特征与宋代社会文化具有一定的开放性，尤其是文人士大夫阶层受到比较高的礼遇，应当有着某种关联。相反，比较晚近的建筑，如金代的应县净土寺大殿及诸多明清佛殿建筑中，建筑物室内装饰的重点已经集中在了佛座的周围。通过藻井的设置而凸显出佛的空间，从而使人所居处的礼佛空间，变成从属而次要的空间。这一空间处理手法，在理念上也与宋以后封建皇权的不断强化，及对人性压抑之不断升级的历史事实难解难分。

宋代江南地区，是文化荟萃之地。访宋日本僧人图写的五山十刹，主要集中在江南一带。然而，曾经鼎盛一时的五山十刹，早已经过再三修缮重建而面目全非，

人们看到的只能是明清时代，甚至现代人重建的寺宇殿堂，而若要一睹宋代五山十刹之殿堂的真容，舍保国寺大殿还有其谁？保国寺大殿与五山十刹的建筑都是大约一个时代的工匠的创造，从这座苍古的建筑中，我们似可看到令日本人敬仰的五山十刹，曾经是何等的宏伟而壮美，其建筑物结构的精巧与造型的风韵，当令我们今人也叹为观止。

我们所看到的宁波保国寺大殿，不仅仅是一座有990岁高龄的历经沧桑的老者，我们还看到了繁荣鼎盛的唐宋文化，看到了誉满古今的五山十刹的建筑原生形态，看到了中国古代建筑史上最为重要的典籍——宋《营造法式》编著者所可能依据的建筑技术与艺术实例，看到了居于主流的中国官式建筑木结构体系的发展脉络。不难得出的结论是，这是一件弥足珍贵的历史与艺术珍宝。

无论如何，宁波保国寺大殿是一座已经经历了近千年风雨的老者。它能够存留至今，本身就是一个奇迹，是一种历史的偶然。按照史料的记载，及一般的常识，即使是在正常的条件下，因为自然的原因，木结构建筑一般在60年左右，就开始倾圮、损毁。古人史书上常常描述那些建造了六七十年而风雨飘摇，不得不重修、重建的建筑。经历数百年风雨而依然为原构而存者已经是奇迹，若矗立千年而不颓败者，更是珍奇之极。尤其是在气候湿润、白蚁横行的南方地区，其可能性更是微乎其微。

我们侥幸地在江南地区仍然保存了一座有990年高龄的宋代建筑物，但是我们绝不能侥幸于它一定能够长久地保存。因此，缜密地保护、细致地研究、审慎地加固、科学地维护，这些都是我们时时要着力而为的事情。我们的政府部门，应该为这样一位沧桑老者多一分关怀，多一点呵护，多投入一点研究与保护的人力与物力；我们的人民，应该为这样一件稀世珍宝多一分自豪，多一点责任，多一点爱护与宣传；我们的文物建筑研究保护工作者，更应该加倍小心、加倍努力，要审慎地保护它，要深入地研究它，要让这负载着丰富民族文化信息的历史瑰宝能够与世长存而奉献我们的知识与力量，要以甘心做一位历史建筑遗存的守望者为己任的心态，为我们的民族，也为人类呵护好这座古代建筑物，以及其他许许多多珍贵的历史遗存。

让我们的后人在下一个990年之后，仍然能够为保国寺大殿而骄傲。

原载于保国寺古建筑博物馆编《东方建筑遗产》2007年卷

卷一之三
房屋与城市

——欧亚大陆两端的故事

地球上有一块永恒的大陆，
向东西南北延宕无垠，
苍莽的高山横亘其中，
大陆两端如中悬的天平，
向山的两侧延伸绵亘。
山这边与山那边住着各样的人群，
人群中说着不同的语言。
远古的先民赤裸身体，
快乐的生活无忧无虑。

山这边起了暴风雨，
天空被闪电撕出道道裂痕，
雨水淹没了四周的田园。
先民们以为天崩地裂，
战兢兢围绕洞中的篝火，
看女魃作补天的巫法。
巫法过后暴雨渐渐过去，
天空又恢复了往日的湛蓝。
先民们却仿照天地的四极，
用四柱搭造了自己的棚穴（图1）。
人们还模仿天界的紫宫太微，

图1 半坡遗址1号大房子复原

细心地建造都城与房舍，

宫室的布置按照日月星辰的回环律动，

王者的起居依据宇宙的周流运转。

木柱支撑的宫室星罗棋布，

河流从都市的街衢中穿过，

有如天穹中星垣围绕的银河。

山那边的先民也用四柱造屋，

石造的大屋正中是不熄的塘火（图2），

火塘象征大地的中央，

大屋周围是狭小的矮房。

人们将湖旁的大树奉为神明，

护卫树上"金枝"的卫士，

持剑荷戟日夜彷徨。

仰望高耸入云的树冠，

遥想上苍宫宇的辉煌，

人们对天国的彼岸翘首以望。

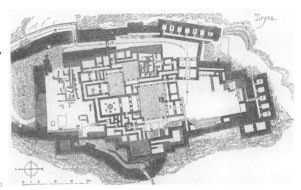

图2 迈锡尼中央的四柱厅

匍匐在大地上时间太久，

人们想攀援天国的乐园。

山那边的人们堆起山一样的高台，

台顶上造起神的庙堂。

山这边的人们也建起了通天的高台，

台顶上是嵯峨的楼宇，

铜铸的仙人手擎玉盘，

翘首企盼上苍的恩赏。

山那边的人们曾经相信自然的万神，

华美的神庙散布水畔山巅，

后来却皈依了上帝的恩威，

将异教的神殿夷为废墟。

又精雕细刻出十字的穹隆，

将上界的天国化作人世的殿阁。

上帝成为宇宙的中心，

辉煌的教堂耸立在城市与村镇的中央。

教堂内林立的石柱耸入天穹，

狭长的中厅坐东面西，

东端的圣坛上罩着太阳的光环，

两侧幽暗的彩绘玻璃，

将通往天国之路变得扑朔迷离。

山这边的人们相信祖先的威名，

也把山川万物奉作有灵的神明。

人们建造各样的祠堂庙宇。

时间如流水日换星移，

西来的佛祖日益泽被四方，

即使是深山幽谷的寺宇，

也渐渐变得金像生辉。

为佛建造的高塔如擎天的立柱，

塔角的金铎随风摇曳。

塔阁的铃铎叮叮作响，

与缭绕的诵经声和为悦耳的梵音。

山两边的文明发展如平行的双线，

起伏跌宕，亘古绵延。

远古的克里特与爱琴，

和东方的商周遥相呼应。

希腊城邦哲人的智慧之光，

与春秋战国智者的睿智交相辉映。

公元前后的四百年间，

秦汉与罗马两个帝国同时崛起。

公元之初的曙光初绽，

大陆两端的两大帝国，

同时面对了外来宗教的挑战。

四、五世纪的欧亚大陆，

西方面对了蛮族的入侵，

东方深陷于五胡的骚乱，

统一帝国各自处在崩溃的边缘。

其后神圣罗马帝国的短暂统一，

却难与大唐的辉煌同日而言。

中世纪哥特教堂趋于鼎盛（图3），

宋辽金的楼殿塔阁也臻于辉煌（图4）。

横跨大陆两端的马可·波罗之行，

将如梦如幻的东方带给了西方。

漫长的中世纪如黑暗的长夜，

山那边的人们对上帝的教诲日渐厌烦。

对古代文明充满憧憬的人文主义者，

将尘世的自我看做与上帝同在的"人"，

人文的觉醒如青春的萌动，

自尊与自负搅扰在心中，

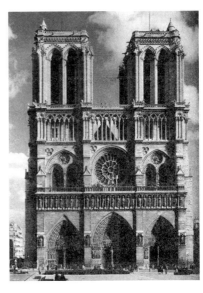

图3　哥特教堂——巴黎圣母院

图4　宋元界画中的楼阁

用集中式高耸的穹隆，

把为上帝建造的殿堂变成人的力量的复兴，

连自己生活起居的别墅，

也建造得孤高自傲中心对称（图5）。

人群中的智者又向人们宣称，

自然的法则已被彻底把握。

宇宙万物有恒定的等级，

严谨的数学规定了万物的秩序。

几何形的广场与放射状道路，

将城市与园林变得井然有序。

冷峻的几何体与严格的比例，

使宫苑与殿堂成为理性的象征（图6）。

图5　维琴察园亭别墅

山这边的人们虽然烧香礼佛，

却念念不忘古往的圣哲。

先王的圣德为万世之表，

圣贤的祠庙遍布州县郡国。

人世的君主为上天的宠儿，

至尊的明堂表征天地圆方。

普天之下的城垣屋舍，

都来拱卫这天子的金銮。

屋舍与服饰有分明的等级，

宫室住宅有层层的院落，

檐宇梁栋钩心斗角，

楼榭、亭轩，接栋连檐依山枕波，

如诗似画的万园之园，

移天缩地如自然天成。

图6　理性主义古典风格的凡尔赛宫

天地的秩序透出阴阳的谐美，
万物的差别掩映赫赫寰宇。

山那边骤然又起风波，
四野的工厂烟囱林立，
拥挤的车马将城垣挤破。
交易所、市政厅、火车站与歌剧院，
重新勾勒出城市的轮廓。
大陆之外的大海中，
又发现新的大陆，
新大陆上也建起了各样新奇的屋舍。
又一位智者大声疾呼：用进废退，适者生存。
适应于进化是事物的法则。
房屋成为了居住的机器，
设计的原则是"少就是多"，
多余的装饰就是罪恶。
用立柱支撑起简单的方盒（图7）。
条形的横窗嵌入光洁的墙面，
平屋顶上映现出花园的绿色。
流动的空间上下穿插，
围合的四壁也左右错落。

图7　萨伏伊别墅

山那边的风雨愈刮愈烈，
乌云挟着雷暴向山这边侵袭，
万园之园被火焰吞食，
静谧的田园也旦夕毁圮，
城头变幻大王的旗帜，

街角矗起各种异样的楼宇。
天子宫苑与官衙府邸，
渐渐黯淡了昔日的华美。
庙堂变成了学童的校舍，
楼屋冲破了宅院的藩篱，
万国的屋舍样式混杂一体。

世界上空忽然战火蔓延，
大陆两极烽烟突起，
亿万生灵惨遭涂炭，
古往的文明饱受摧残。
战火熄灭，万物复苏，
城市又恢复了往日的生机，
高耸的楼屋如滋茂的森林，
繁杂的车流拥塞街衢，
急匆匆的人群摩肩接踵，
喧嚣的噪音昼夜轰鸣，
乌蒙的天空烟气缭绕，
浊污的河流侵蚀着大地，
寂寥的绿野也失去往日的静谧。
房屋的式样单调乏味，
空间的形式却变化无极，
传统与现实混杂一体，
大陆两极渐渐淡化了彼此的差异，
浩渺的地球日益变成一个小小的村落。
万千的变化突如其来，
躁动的人群措手不及。

聪明的智者又道出新的真谛：

天地宇宙原本是混沌的整体，

万千的事物东冲西撞，

秩序是普遍混沌中偶然的飞地。

混乱中杂糅突现与适应，

混沌的边缘孕育着新的有序。

城市是有如生命般复杂的机体，

各样的建筑在矛盾与复杂中崛起（图8），

人类与自然应该和睦共处，

传统与现实是过程的连续。

房屋与城市是人造的环境，

应该在时空的网络中连为一体。

图8　毕尔巴鄂古根汉姆美术馆

地球将会是什么模样，

人类将怎样营造自己的巢穴，

房屋是否会飘浮半空，

城市是否会延入海底，

聪明的智者也难解这未来之谜。

但永恒的大陆将依然存在，

人们赖以生活的房屋与城市，

仍将生生不息，充满活力。

无论古老的欧亚大陆还是新大陆，

都将面对同样复杂而棘手的问题。

人类将繁衍不止生生不息，

文明也会新陈代谢不断延续，

大陆两极的故事仍将继续。

建筑是人造的环境，

城市是文明的容器，

建造的魅力世代相承，

和人类的生存与共休戚，

人类居住环境的创造与完善，

需要人们做出永恒的努力。

原载于杨永生主编《建筑百家言》

中国建筑工业出版社，2001年

卷二　学界先驱

　　景素好文章书籍。……尝与故吏刘琏独处曲台，有鹊集于承尘上，飞鸣相追。景素泫然曰："若斯鸟者，游则参于风烟之上，止则隐于林木之下，饥则啄，渴则饮，形体无累于物，得失不关于心，一何乐哉！"

　　——[唐]李延寿. 南史. 卷十四. 列传第四. 宋宗室及诸王下

卷二之一
建筑学专业早期中国留美生与
宾夕法尼亚大学建筑教育

中国现当代的建筑教育，与位于美国东部城市费城的宾夕法尼亚大学之间久已存在的特殊的联系，已经引起国内外从事建筑教育与近现代建筑史研究的学者们愈来愈大的关注与兴趣。甚至如果说，中国现代建筑教育的源头，在宾夕法尼亚大学建筑系，似乎并不为过，因为，自20世纪初以来的一批具有奠基意义的中国建筑师与建筑教育家、建筑历史学家与理论家，如杨廷宝、陈植、梁思成、林徽因、童寯等，都是毕业于这所大学的美术学院建筑系与艺术系。继之而起的一大批卓越的建筑师与建筑教育家，大都出自这些名师的门下。正是这些璀璨的群星，映亮了中国现代建筑教育与中国现代建筑创作的蜿蜒前进之路。因而，要深刻理解中国现当代建筑教育与建筑创作，就需要对美国早期建筑教育及宾夕法尼亚大学建筑教育的历史有所了解。

一、宾夕法尼亚大学与美国早期建筑教育

宾夕法尼亚大学位于美国东部城市费城，这里是美国建国之初的首都所在地，位于城市中心的独立广场、签署独立宣言的木匠大厅，以及鸣响了代表美国独立的第一声钟鸣的独立钟，都是这座城市的骄傲。费城周围的环境平坦开阔自然无斫，到处是浓密的林木与蜿蜒的河流，使这座城市有如镶嵌在绿色绒毯上的翡翠。也使这座城市充满了对于自己土地的热爱与珍重。费城的人们拒绝了纽约拥挤的街区与芝加哥的摩天大楼，城市沉浸在一片充满了红色砖墙的浓郁传统气氛之中。大约20年前，城市里几乎见不到什么高层建筑，只是近些年来，随着社会经济的不断发展，才在城市中心区，集中建造了一些高层商业与办公建筑，初步形成了这座城市大小适度、高低适中、构图集中的中心区轮廓线，而在城市中心区以外，则很少看

到高层建筑。城市周围大片的红砖住宅与公寓建筑，掩映在浓郁的绿色之中，使城市透出一种清秀与妩媚（图1）。

图1　费城城市一瞥，从宾大校园方向望去

费城建筑教育的历史可以追溯到19世纪60年代，而宾夕法尼亚大学的历史，则可以追溯到18世纪中叶。宾夕法尼亚大学的前身"费城学院"（The College of Philadelphia）是在1777年建立的，两年以后学校改名为"宾夕法尼亚学院"（The College of Pennsylvania）。1791年学校冠以大学的称谓，成为全美第一所大学。[①]

学校的创始人本杰明·富兰克林（Benjamin Franklin）为这所学校最初制定的教育方针是：面向实际需求的教育（practical education）。在这样一个方针下，学校建立了医学院等一些社会急需的基本学科，建筑学教育体系的建立自然也在学校发展的规划之中。

最早在费城从事建筑创作的，是在英国受过建筑教育的本杰明·亨利·拉特伯（Benjamin Henry Latrobe）。他的费城建筑设计事务所也成了美国第一所建筑学校。一些早期美国建筑师，如罗伯特·米尔斯（Robert Mills）和威廉姆·斯蒂克兰（William Strickland）都是出自他的门下。正是斯蒂克兰于1817年扩建了医学院，1829年设计建造了位于第9街的联邦学院及医疗建筑。而这些建筑就成为后来的宾夕法尼亚大学最早的校舍。在19世纪60年代，最早的建筑学课程就是在这些位于城市中心的早期校舍建筑中讲授的。此后不久的1872年，随着学校系科的增多，需要更

---

①　Annl. Strong & George Thomas: *"The Book of the School-100 Years"*，第4页。

大的校舍空间，学校决定卖掉位于第9街的旧校舍，迁址到费城西部，即现在的校园所在处。新校舍的设计就是由宾大的第一位建筑学教授托马斯·理查德（Thomas W. Richards）设计的。新校址为后来学校的发展提供了较为开阔的空间。[①]

在宾大设立一个教授建筑学与"艺术"系科的想法是在1850年产生的。起初，因为正沉浸在商业与工业迅速发展时期的美国，对于大学教育投入的热情还没有充分调动起来，因而，没有适当的赞助人，这一提议也被暂时搁置。仅仅过了两年，校董会的理事们就开始认真地对待这一提议。1852年，学校成立了一个名为"采矿、艺术与工业系"（Department of Mines, Arts and Manufactures）。仅从名称上，我们也可以猜想，当时的美国人把艺术看做与工业生产一样的东西。但在这个系里，已经开设了"徒手画与平面图绘制"的课程。一个较为完全意义上的艺术系，是在南北战争以后才开始建立的，时间大约在1865年的冬季，这时，校方将艺术与科学放在了一个门类，并在其中开设了法语、德语与绘画等课程。1867年1月，当时新上任的教务长查尔斯·斯蒂勒博士（Dr. Charles Stille）提议建立"艺术系"（Department of Arts），而到了1868年，这个新成立的系，又改名为"科学系"（Department of Science）。科学系内开设了一门课，叫做"绘画与建筑"（Drawing and Architecture）[②]。显然，这时的宾大，已经将建筑学的课程纳入了正式的教学体系。

1857年，美国建筑师们成立了自己的全国性专业协会——美国建筑师协会（the American Institute of Architects，简称AIA）。最初，协会设在纽约。南北战争结束后的1869年，在费城与芝加哥建立了分会，在紧接着的第二年，在波士顿也设立了分会。因为在19世纪初期，在全美还没有一家较为完整意义上的建筑教育系科，建筑学专业的一些课程，如建筑绘图等，是设立在主要教授现代科学的院系的，如费城富兰克林学院就是这样。而第一个真正集中在绘画、建筑设计与建造技术方面的课程班，是理查德·摩利斯·汉特（Richard Morris Hunt）在纽约第10街的工作室开设的。[③]汉特曾经在巴黎美术学院（Ecole des Beaux-Arts）受过良好的建筑与艺术教

① Annl. Strong & George Thomas: *"The Book of the School-100 Years"*，第5页。

② Annl. Strong & George Thomas: *"The Book of the School-100 Years"*，第12页，注9。

③ Annl. Strong & George Thomas: *"The Book of the School-100 Years"*，第12页，注12 引 *"The Architecture of Richardon Morris Hunt"*，第47—50页，芝加哥大学出版社，1986年。

育，19世纪50年代以来，一批南北战争以后出现的著名建筑师，都曾受到过汉特的影响，甚或直接出自他的门下。其中有最早在国际上取得影响的亨利·霍伯逊·理查德逊（Henry Hobson Richardson）；有麻省理工学院建筑学院（1868年）和哥伦比亚大学建筑学院（1881年）的创始人威廉姆·罗伯特·威尔（William Robert Ware）；以及在南北战争之后的费城建筑设计领域执牛耳、并从根本上塑造了当时费城的城市建筑面貌的法兰克·弗尼斯（Frank Furness）。

麻省理工学院是在1862年创立的，在创立之初的第四年，校方就延请了出自汉特门下的威尔组建建筑课程体系。为此，威尔在欧洲考察了两年。1868年他回到美国后，拿出的教学方案却与他在汉特那里学到的法国美术学院式的强调设计与画图表现技能的教学思路大相径庭，而是以班级为单位、以课程训练为主的德国式的课程体系。他所提出的教学方案更重视工程技术与建筑历史方面的训练。可以说，威尔所提出的美国式建筑教育体系，是在以德国式的强调技术训练的基础上，融合了英国式的务实的教育思路与法国式的学院派的画图表现技巧的混合物。从而为美国的建筑教育奠定了一个基础。课程的设置是四年。后来在美国建筑界崭露头角的路易斯·沙利文（Louis Sullivan），就是在麻省理工学院受教于这样一个四年制的课程体系的。①

威尔的教学方案很快普及到美国各地，宾夕法尼亚在1869年，伊利诺伊和康奈尔在1870年，都开始采用这一建筑教学方案。有趣的是，按当时的教学方式，只有一位教师执教全部建筑课程。例如，起初在麻省理工学院执教建筑学课程的只有威尔一人，到1872年才来了第二位教师，叫弗朗西斯·钱德勒（Francis Chandler），负责建筑制图的教学，以减轻威尔的压力。后来，威尔去了哥伦比亚大学，组建一个新的建筑学系，钱德勒成为麻省理工学院建筑系的系主任，而负责建筑设计与绘图的教师，则换成了一位法国人埃蒂内·勒唐（Etienne Letang），他采用自法国巴黎美术学院沿袭而来的方法来组织建筑教学。而在这时，宾夕法尼亚大学教授兼校董会理事亨利·摩尔顿（Henry Morton）也在积极地寻找一位能够担当建筑学专业教学

---

① Annl. Strong & George Thomas: *"The Book of the School-100 Years"*，第12页，注14，引沙利文："The Autobiography of an Idea"，第181—191页，纽约多佛出版社，1924年。

的教师。

尽管当时校方的选择余地较大，一些与校方联系更为密切，且受过更为良好的建筑教育的人，如当时已经小有名气的弗尼斯、来自德国的爱德华·克林斯（Edward Collins），以及查尔斯·奥登雷斯（Charles Autenreith）等，但是，学校最终却选择了起初看起来并不适合做建筑学教授的托马斯·韦伯·理查德（Thomas Webb Richards）来担当此任。理查德在建筑图渲染画方面有着杰出的天才，而且他也不是一位在建筑创作与建筑教育两者之间只能择其一的人，或者说，他兼有了从事建筑创作与建筑教育两个方面的能力与兴趣。同时，1868年，理查德也正好因为失去了工作而赋闲在家。从事建筑教学，使理查德在建筑创作方面的兴趣也大增，在1871年的一场设计竞赛中，他为位于费城西区的宾大新校址设计的教学楼中选。最初，理查德的教学是每周上4天课，每天授课一个小时。面对的学生大约在6至7位。渐渐地，由他一个人独立支撑的课程已有6门之多。[①]他在宾大前后执教22年，与学生长期的教学相长，以及他待人平和、对学生谆谆善诱的教学风格，赢得了学生们的尊敬。在他看来，建筑绘画技巧是区别建筑师与土木工程师的主要特征，因此，他将这门课作为他专业教学的核心课程。

在理查德的教学计划中，一般是在第一年教授建筑徒手画、建筑实例描摹，与透视图绘制。第二年的教学以与建筑设计有关的建筑历史课程为主，主要集中在罗马、希腊与文艺复兴建筑，也学习古典柱式与作图方法。第三年加入了水彩画，第四年又增加了建筑材料与建筑构造方面的一系列讲课的内容。此外，为了获得一个大学学位，学生还要学习数学、物理、语言与文学等必修的课程。学生的人数也在不断增加，最初校方估计每年大约有6至7名学生学习建筑学专业，很快，选修这门课程的学生就有30人之多，尽管选课的人可能来自各个不同的工程专业，但因为必须要为每位选课的人提供一个绘图桌，校方为这个专业提供了一个较大的专用教室。当时的宾大，每年大约有2至3名建筑学专业的毕业生。而当时麻省理工学院毕业的建筑学专业学生的数量，似乎也并不比宾大建筑学毕业生的数量更多。

在19世纪的最后几年里，在费城活跃着一些由年轻的建筑师组成的松散的学术

---

① Annl. Strong & George Thomas: *"The Book of the School-100 Years"*，第6—8页。

团体，如"T广场俱乐部"（T-Square Club），而美国建筑师协会（AIA）费城分会也十分活跃，如举行各种各样的设计竞赛，也组织一些有关建筑教育方面的会议。到了1889年，AIA费城分会的负责人T. P. 钱德勒（Theophilus Parsons Chandler）建议宾夕法尼亚大学重组建筑学专业的课程体系。1890年10月，校方聘请T. P. 钱德勒作新的宾大建筑学专业的负责人，由他主持重组建筑学课程及扩大建筑系教师规模的工作[①]。他花了大约十年的时间，为这所建筑系建立一个新的体系，例如，让曾经承担几乎所有建筑学课程的理查德，集中精力在建筑历史与基础绘画方面的教学，而将大部分的建筑设计及理论课程，安排给那些对未来的建筑好尚与发展趋势感觉十分敏锐的年轻建筑师们，其中有一些就是在他的事务所里工作过的青年建筑师。钱德勒为20世纪之初的宾大建筑系教学模式的最后确立，奠定了基础。

经过调整的建筑系，教师的数量大大扩展，学生的数量也大有增加，课程设置也比较丰富多样，但仍然保持原有的基本体系。年轻的教师们还承担了宾大新校舍的设计，一些典型的既古雅又清新的校舍建筑，如新的学生宿舍院落组群、宾大博物馆组群、牙医学院大楼等，都是当时建筑系年轻教师的作品，这些建筑至今仍然是宾大校园内最为优雅秀丽、最具历史代表性的建筑物。显然，在美国早期建筑教育体制中，建筑系教师与实践建筑师之间，并没有一道截然的分界线。教师可以从事建筑设计实践，有经验的建筑师，也常常被延请到学校，成为专职的建筑系教师。当时，这些建筑系教师的创作，主要还是那种受过严格训练的折中主义风格的作品。

二、法国巴黎美术学院及其影响

如前面已经谈到的，早期美国的建筑教育与建筑设计实践有着密切的联系。由汉特于1857年在纽约建立的美国最早的建筑工作室，成为当时美国建筑教育的中心。出自他的门下，并在多家法国建筑设计工作室工作过的理查德逊，在1866年成为一名职业建筑师，他不仅努力将法国的建筑创作方法引入美国，还致力于用法国式的建筑教育培养与训练年轻一代建筑师。[②]

---

① Annl. Strong & George Thomas: *"The Book of the School-100 Years"*，第10页。
② 参见Spiro Kostof: *"The Architect—Chapters in the History of the Profession"*，第310页。

所谓法国式的建筑教育，或法国建筑创作方法，无疑与当时具有世界影响的法国巴黎美术学院的建筑教育体系是分不开的。这一建筑教育体系，直接影响了19世纪至20世纪初的美国早期建筑教育与建筑创作，从而也间接地影响了中国的建筑教育与建筑创作。

作为19世纪欧洲最为著名的建筑与艺术院校，法国巴黎国家专业美术学院（The Ecole National et Spéciale des Beaux-Arts in Paris）的创建可以追溯到路易十四时代的1648年至1671年。与之同时建立、并在18至19世纪具有同样影响的，还有巴黎理工学院（Ecole Polytechnique in Paris）。尽管法国大革命及时代的急剧变化，对这所学校有着种种的影响，但它一直保持了一种连续而独特的创作风格与教学体系。甚至直到20世纪初，它仍然具有世界顶尖建筑艺术院校的声誉。然而，到1968年，这所学校却走向了寿终正寝。

事实上，在早期美国建筑师看来，巴黎美术学院一直是他们寻求良好建筑教育的一个范本。尤其是到了19世纪末，当美国建筑师感觉到他们需要通过更好的教育来改进自己的建筑创作，并为自己所从事的专业提供一个更高水平和一致认可的标准时，巴黎美术学院就成为了当然的楷模。因为，在当时的美国人眼里，巴黎美术学院有着一个经过精心组织的课程体系，一种理性的设计理论，并有着政府资助的背景。这所历史悠久的建筑院校，几乎理所当然地成为当时美国人所景仰的学府。甚至在建立当时美国建筑师执业法律时，在对大量粗制滥造的公共建筑的批评中，在组织专业协会中，以及在建立新的建筑院校时，巴黎美术学院也都是他们的思想源泉。可以说，在1865年到1915年间的美国，巴黎美术学院就代表了美国人所向往的建筑教育体系与建筑训练模式。[①]

巴黎美术学院是一所受到政府资助的学校。其内部分为两部分，一部分是建筑学，另一部分是绘画与雕塑。它的学生从入学考试到获得政府颁发的毕业证书，需要经历一系列的严格步骤。学生的选拔和晋级，需要通过一系列的设计竞赛，例如已经进入第二级的建筑师，需要在积累了一系列竞赛分之后，才有可能成为第一级的成员。而如果想要得到一个毕业证书，需要在更多的竞赛中获奖，并且要完成一

---

① 　参见Spiro Kostof: *"The Architect — Chapters in the History of the Profession"*，第209—210页。

篇毕业论文，同时还需要有一年的设计实习。在诸多的竞赛中，有一个专为法国人设立的年度"罗马大奖赛"（Grand Prix de Rome），获奖者将被送往设在罗马的法兰西学院（French Academy in Rome）深造四年，在这所学校读书的学生，学业结束后，就可以获得法国政府官员的资格。

巴黎美术学院无疑受到法国大革命的影响，他们也积极参与了拿破仑时期的一系列建筑的创作活动。大革命前夕著名理性主义建筑师勒杜（Ledoux）与部雷（Boullée）及其学生的创作与评论，更直接影响了巴黎美术学院的教学。1819年，巴黎美术学院随着皇家绘画与雕塑学校与皇家建筑学会学校的并入而扩大。当时，由于大革命的影响而在学院一度占主导地位的学术思想是希腊—罗马古典主义（Graeco-Roman Classicism），后来又渐渐地被一些新的思想所代替。然而，尽管新的学术思想倾向于对历史的简化与标准化，但仍然认为，在建筑与艺术领域，无论是在历史渊源、建筑法规，还是在设计原理、创作理论诸方面，都应该回溯到希腊人那里，并认为是罗马人将这一切播撒到了整个文明世界。在他们中的一些人看来，哥特建筑是不屑一顾的。对希腊与罗马艺术的偏好，使巴黎美术学院倾向于一种严格的具有浓厚理性主义色彩的古典主义美学观念。①

图2　巴黎美术学院图书馆

（资料来源：Spiro Kostof："*The Architects-Chapters in the History of the Profession*"）

巴黎美术学院在教学上也有很大的特点，虽然学校倾向于用强制性的教学范式塑造学生，却也给了学生很大的自由发展空间。在何时或用何种方式完成学校规定的教学内容方面，学生有着很大的选择自由。到了19世纪与20世纪之交，学校的任务只是组织一系列的讲座课程，设置竞赛题目，管理

---

① 参见 *Hanno-Walter Kruft*："*A History of Architectural Theory from Vitruvius to the Present*"，第21节，"*Nineteenth-century France and the Ecole des Beaus-Arts*"，第272页，第277—278页。

好竞赛评审委员会，并且为学生提供一个藏书丰富的图书馆（图2），以及一个陈列学生美术作品的艺术展廊（图3）。而学生们的活动中心，则是在各自的工作室中，这是一个布满了图板与丁字尺的空间，是学生们完成各种竞赛题目的空间（图4）。这些工作室中，大约有五分之一是由那些担任学校设计教学课程的执业建筑师们所资助的独立工作室。资助这些工作室的建筑师，只是在傍晚时到工作室来一下，对学生的设计作一些点评，而工作室的日常活动，则是由学生们自己组织的。学生们可以自由地安排工作时间，因为他们每年只有不多的几个必须完成的设计题目。巴黎美术学院强调对学生的严格训练，但却主张充分鼓励学生们的个性发展。①

图3　巴黎美术学院陈列室

（资料来源：Spiro Kostof：*"The Architects-Chapters in the History of the Profession"*）

图4　巴黎美术学院学生工作室

（资料来源：Spiro Kostof：*"The Architects-Chapters in the History of the Profession"*）

正是在这样一个世纪之交的时代，在19世纪末到20世纪初，巴黎美术学院以其严格的古典训练、免学费，并且对所有合格的学生敞开大门而名声在外，许多美国学生涌入这所学校进行深造。当然，那一时代，也有少数学生到英国求学，而那时的英国，学习建筑专业的学生，还具有手工作坊式的学徒式训练特征，没有专门的建筑院校，那里的专业标准甚至比美国还要自相矛盾。而在19世纪时的美国，与欧洲大陆或英国比较，建筑教育才刚刚开始。受过良好训练的建筑师还很少，只有为数不多的几所建筑专业学校。而充满了人文气息和理论氛围、有着严格的古典主义训练与浓郁的学院式折中主义背景的巴黎美术学院，就当然地成为了学生们的首选

① 　参见Spiro Kostof: *"The Architect – Chapters in the History of the Profession"*，第210—212页。

之地。学生们在这里学习希腊、罗马、意大利文艺复兴与法国巴洛克的建筑。他们以折中主义的创作态度，是避免对古代或现代建筑的直接模仿，而是尝试着运用采自种种不同来源的传统要素，创造一种新的适当的组合。或者说，他们是在努力重新发掘文艺复兴时期的设计思想，用于现代的建筑创作之中。[1]而这些在巴黎美术学院就读的美国学生，必然会对20世纪之初的美国建筑设计风格与建筑教育模式产生影响。宾夕法尼亚大学美术学院建筑系就是在这样一种历史与学术的背景下产生的。

三、美国宾夕法尼亚大学美术学院建筑系

1. 美术学院设立之前

巴黎美术学院的传统是由两个人带到宾夕法尼亚大学的：一个是冷静而杰出的管理者瓦伦·莱尔德（Warren Laird），他带来了在巴黎学习到的传统，更强调专业性教育；另一个是充满热情与感染力的艺术家保罗·克莱特（Paul Cret），他则坚持建筑的艺术性。他们并没有对巴黎美术学院的教育传统循规蹈矩，而是力图吸收所有西方教育的精华，以期塑造一个全新的美国式建筑教育。尽管莱尔德在巴黎受到过严格的专业教育，但他并不试图在宾大重塑一个纯粹的巴黎美院体系，例如，他并不将他的教师简单地划分为技术性和艺术性的两个领域，而是认为建筑教育必须兼顾艺术与技术两个方面。在最初的宾大建筑教师中有教中世纪建筑史的，其结果是，在当时的校园中，设计建造了一批充满浓郁中世纪复兴风格的建筑。教师中还有教钢笔画与水彩渲染的、教建筑设计的，也有城市方面的专家，还有当时在费城小有名气的建筑师。他们共同组成了一个充满专业热诚的教师群。

莱尔德对于学生的要求也十分严格，他主张严格的淘汰制。例如，在他主持建筑学专业的第一年，当时的建筑学学生有二十多人，他几乎与每一个学生单独谈过话，一再警告他们被淘汰的可能。到毕业的时候，这个班只有三个人拿到了毕业证书。[2]在经过五年的教学模式探索之后，莱尔德曾经为自己最初五年的工作做了总

---

① 见Spiro Kostof：*"The Architect – Chapters in the History of the Profession"*，第213页。
② Ann l. Strong & George Thomas：*"The Book of the School-100 Years"*，第29页。

结，我们或可从中略窥早期宾大建筑教育的一斑：①

1. 由专家承担日常教学的政策已经确立；

2. 有预先设定的入学条件；

3. 将科学学士改为建筑学学士；

4. 每年四次颁发1000美元的学术旅行奖；

5. 专业教育与学术研究并重；

6. 设计课程占主导地位；

7. 要求学生暑期在事务所实习或建筑画练习；

8. 学生数量增加了6倍；

9. 图书馆从一个30英寸的书架增加到有1000册书；

10. 学校对建筑学专业日益看重。

20世纪之初的宾大建筑学专业的课程设置，并没有比19世纪末有很大的改变。为了表达与交流，学生首先要学习英语与作文；其次，学生要学习法语，以能够阅读法国的建筑杂志；学生要学习艺术史与建筑史，以建立一种对于建筑风格与理论理解的基础；要学习物理与三角学，以掌握结构与构造的技术。此外，学生要学习徒手画、画法几何、阴影，而建筑设计课程最初是从古典柱式的分析开始的，在莱尔德的主张下，又渐渐地转而着力于建筑元素分析与较大规模建筑方案的设计，并且开出了一门"建筑的元素与理论"（The Elements and Theory of Architecture）的课程。这门课经过多年的完善更新，形成了一门更具美国特点的课程"建筑设计研究"（The Study of Architecture Design），相当于我们现在建筑学专业的主干课——建筑设计与理论。

但是，学生们的日常学习生活，仍然是在从法国人的私人工作室那里沿袭来的设计绘图室中度过的。最初的绘图室有一个可以作讲演用的大教室的规模（图4），渐渐地，建筑系有了一个长200英尺（合65.6米）的大厅作为学生的绘图间。这间大的绘图间，整整伴随了宾大建筑系有半个世纪之久，早期留美的中国学生，也都是在这间大厅中度过他们的留学生活的。这种大型绘图室的最大特点是不分年级，这样，低

---

① 瓦伦·莱尔德："*Memories of a School of Architecture and the Career in Fostered*"，打字稿第18—19页；转引自 Ann l. Strong & George Thomas："*The Book of the School-100 Years*"，第28页。

年级的学生很自然地成了高年级学生在设计绘图方面的助手，高年级的学生会指导低年级的学生如何画图、如何渲染、如何在令人感觉神秘的设计过程中渐渐入手。高年级的学生自然也成了评判员，可以对低年级学生的绘图与设计作业指手画脚。

这些沿袭自法国巴黎美术学院模式的绘图室或工作室，都有自己的赞助人。在后来的宾大教学中，工作室的赞助人，也是工作室的负责人，同时还是指导学生设计课程的教授。这样一种传统在宾大延续了很多年，直到20世纪50年代，这一教学模式才渐渐淡出了宾大的建筑教学体系。在20世纪之初的那些工作室中，对后来的建筑教学有较大影响的是1903年来到费城，并负责宾大建筑工作室的保罗·克莱特（Paul Cret）。克莱特以其杰出的设计而影响着学生，他先后4次获得全美设计竞赛的第一名，另外还有7次排在了第二与第三名。他在教学中沿用了巴黎美术学院的传统，将学生的设计课程分别以他们的水平与能力而区别对待，即使是同一个设计题目，不同的学生也可以有不同的绘图期限与强度要求。

法国式传统还体现在对优秀学生的选拔上。这就是用竞赛制度来形成另外一套教学过程。竞赛是在不同的工作室之间进行的。竞赛的结果也成为了判断一所学校或一个工作室水平的标志。学生们要通过各种竞赛来积累他们的成绩记录，只有获得一定级别的竞赛奖的学生，才能够进入下一个更高级别的、更复杂的竞赛题目的资格。竞赛的组织者既不是建筑院校，也不是美国建筑师协会，而是一家由毕业于巴黎美术学院的毕业生们组成的、设在纽约、后来称为美术设计学会（Beaux-Arts Institute of Design）的机构组织。

如同法国人将优秀学生送往罗马深造一样，这家学会组织每年也为获奖者提供到巴黎深造的两年期的奖学金。这在当时成了激发建筑系的学生与年轻建筑师们在专业领域向上进取的强大动力。许多学生梦寐以求的，就是通过一系列竞赛的获奖来赢得这样一个奖学金，从而也赢得了荣誉。正是在克莱特的教学模式下，在1911—1914年间，宾夕法尼亚大学连续4次获得了这项全国性的巴黎大奖。而到1930年时，宾夕法尼亚大学以其在20年中，独揽了这项全美大奖赛的25%，而居于全美最好的建筑系之列。[1]

---

① Ann l. Strong & George Thomas：*"The Book of the School-100 Years"*，第34页。

还有一点十分重要的是，系主任莱尔德在教学思路上强调艺术与技术的并重，他认为学校的作用要远比人们期待的高，它不仅仅是培养一批技术娴熟的"画图匠（draftsmen）"，而是要把学生培养成真正的"建筑师"。在他眼里："越是那些有丰富文化素养的人，越能成为一名作品高雅的建筑师（The more cultured his mind the nobler will be the work of the architect.）。"[1]因而，他更强调建筑师所应该具备的人文精神，主张宾大建筑系培养的学生应该既有很好的专业能力，也有很强的社会责任感。也许正是因为这一点，宾大的毕业生中有很多杰出的社会活动家，自20世纪初以来，先后有五位宾大建筑系的毕业生，担任过全美建筑师协会的主席。

2. 宾大美术学院建筑系

关于建筑系的准确确立时间，似乎还没有一个十分肯定的答案。但从1890年瓦伦·莱尔德（Warren Laird）开始为建筑学课程物色教授的时候，建筑系的雏形已经开始形成。到了19世纪与20世纪的转折时期，已经逐步形成了一个由莱尔德精心选择的既有学识，又有教学经验的包括建筑历史、工程技术、建筑理论等方面专家的教师群。这时应该说，它已经具有了一个系的规模，但当时的建筑系是附设在一个科学学院（Towne School）下面的。

1920年，随着世界各地的学生渐渐汇入宾夕法尼亚大学，也随着建筑工作室逐渐发展壮大校董会的成员们开始考虑组建一个独立的学院。显然，学院设立的范本还是巴黎美术学院，其目标还是试图将所有艺术类的学科都囊括进这个学院，这其中包括建筑学、音乐和其他相关艺术类的学科，如绘画、雕刻等。学院的第一任院长是瓦伦·莱尔德，下设三个系，包括建筑系、音乐系、美术系。建筑系的系主任是约翰·哈勃逊（John Harbeson）。当时，在刚刚设立的美术学院内，还在积极筹备着设立一些其他的系科，排在首位的是景观建筑系（Landscape Architecture），其中包括城市规划学科，仅仅几年之后，景观建筑系也成为了现实。

值得一提的是，正是在1920年，中国教育界与美国大学之间的交往与交流也变得更加频繁。宾大档案馆内现藏有当时的中国清华学校教务长给美国各著名大学的

---

① Ann l. Strong & George Thomas：*"The Book of the School-100 Years"*，第29页。

一封信，从信中可以知道，1911年用庚子赔款建立的清华学校，在过去的10年中，每年都向美国各大学选送50名学生。这些学生在美国学习的平均时间是5年。在1920年时，尚有在美清华学生400人，其中既包括男生也包括女生。在即将面临建校10年之际的1920年，清华也开始扩大自己的留学生输送规模，从往年的50名，增加到了80名，并委派教务长赴美，详细调查清华留美生的学习生活情况。[①]从目前所知的资料来看，最早到达宾大美术学院建筑系的中国留学生杨廷宝先生，是在1921年进入宾大学习的，这是宾大美术学院成立后的第一届建筑系学生，也恰好是清华与美国大学寻求开展进一步合作、扩大选送留学生规模的时候。

在这里，有一点需要特别指出的是：在美术学院设立之前，宾夕法尼亚大学已经开始接受中国留学生。就目前所知的资料，中国留学生最早进入宾夕法尼亚大学读书的时间是在1899年。但最初的几年中，留学生的数量增加得很慢，在校生的数量也很少。而到1908年时，留学生的数量明显增加，已达到了16人之多。因而，初具规模的费城中国留学生也开始建立自己的学生会。当时，中国学生将宾夕法尼亚大学翻译作"本薛佛义大学"。1908年宾大中国留学生的一份名录《本薛佛义大学之中国学生》的前言中写道："一千九百零七年之前中国留学生进此大学者寥寥无几至是年秋学者骤增至十六人之多于是有费城中国学生会之设其宗旨在联结情谊交换智识……于假期之暇与哥伦布耶路哈佛诸大学之中国学生相往还相讨论……"[②]由此，可以大略窥得20世纪之初时，中国留美学生的大致规模与学校分布的情况。从这份名录所附最早的12名中国留学生的名单中，1908年时还没有一名学习建筑学专业的学生。当时的中国留学生中，以学习经济与科学的为多。如宾大最早的12名中国留学生中，有6名学经济的，3名学科学的，1名学医学的，还有2名学法律的。这也大致体现了20世纪之初的中国人在向西方学习时的主要专业倾向。[③]

新成立的宾夕法尼亚大学美术学院，于1921年开始招收建院之初的第一批学生，也正是在这一年的4月4日，新学院迁入了经过改建装修的哈里森楼（Harrison

---

① 见王贵祥：《美国宾夕法尼亚大学早期中国建筑留学生的几件史料》，清华大学《建筑史论文集》第17辑。
② 同上。
③ 这份资料藏于宾夕法尼亚大学档案馆，标题是："*(These) APEAR TO BE THE FIRST TWELVE CHINESE STUDENTS AT U. OF P*"，其中These一词为手写，标题中的其余字及名单本身为打字。

Hall）。①正是在这座教学楼中，杨廷宝、梁思成、林徽因（注：原名林徽音，1931年改名林徽因）等一批杰出的中国建筑教育与建筑创作的奠基人，开始了他们的国外学习生活。

也正是在1921年，美术学院发布了它的第一本包含有学院师资、课程安排、学生名录、学院简介等内容的小册子。这本小册子里，关于美术学院的介绍中，陈述了美术学院的办学思想与宗旨：

"美术学院是基于艺术是生活的基础这一概念之上的；艺术以其各种表现形式，其中包括诗歌、音乐、建筑、绘画与雕塑，形成了文化遗产的一个完整部分，因而关于艺术的知识，对于真正意义上的教育而言，是必不可少的。如果，我们期望将这一传统作为一种富于活力的遗产传授给我们的后世子孙，艺术家们必须具有不低于技术专家们的教育水准。"②

在这本小册子中，我们注意到，当时宾大美术学院有教授8名，其中艺术史教授1名，建筑史教授1名，建筑设计教授1名，建筑构造教授1名，制图教授1名，绘画教授1名，音乐教授1名，建筑学教授1名，并由建筑学教授莱尔德担任学院院长。另外，有助理教授5名，指导教师5名，图书管理员1名，助教12名。为美术学院承担诸如英语、数学、建筑材料、体育等课程的外系教授与助理教授13名。③

当时的美术学院开设有建筑学、音乐、美术三个方面的课程。其中为建筑学专业开设有常规的建筑学学士课程、一年期建筑学硕士课程、两年期建筑学专科课程、包含有数门常规课的暑期专修课程、包含有美术等课程并能最终获得建筑学硕士或美术硕士的六年期建筑学课程等，共5种课程体系。④

按照这本小册子的说法⑤，宾夕法尼亚大学最早开设建筑学课程的时间是在1874年，这与由职业建筑师在宾夕法尼亚州开始设立建筑学课程的时间（1869年）约相隔5年，而到1890年时，宾大才设立了一个独立的建筑系，到1920年又将建筑系并

① 宾夕法尼亚大学的校舍建筑，都是以捐赠人的名字命名的，Harrison Hall最初是由教务长Harrison的兄弟以阿尔弗莱得·哈里森（Alfred Harrison）的名誉命名的，原来属于医学院的牙医系。1921年经过重新装修后由美术学院使用。参见Ann l. Strong & George Thomas："*The Book of the School-100 Years*"，第36页。
② "*University of Pennsylvania-Bulletin-School of Fine Arts-Announcement, 1920—1921*"，第5页。
③ 同上，第8—10页。
④ 同上，第11页。
⑤ 同上，第12页。

入新设的美术学院内。这也大致体现了美国建筑教育从职业教育向大学专业教育发展、演化的过程。

这本小册子还明确地声称，它的教学方法沿用了巴黎美术学院工作室训练式（atelier training）的法国式教学体系，并力求使之适应美国的实际需求。同时，强调了美国建筑师必须具备一般性教育与专业性训练两个方面的素质培养要求。在学习的第一年，除了一些专业基础性课程外，学生应该有宽泛的课程选择范围；第二年，所选课程与专业的联系将更加密切；第三年到第四年，学生应该全身心地投入专业课程学习。而且，如同巴黎美术学院一样，在这四年中，学生被分配到各个工作室中，以接受曾经在巴黎美术学院受过专业训练的职业建筑师们的单独指导[①]。在这里我们既可以看到，在1920年时，美国建筑教育仍然与巴黎美术学院的教育体系有着十分密切的联系；也可以看到，我国的建筑教育课程设置体系，与宾大美术学院的这一教育模式也有着千丝万缕的联系。

1920年的美术学院建筑系已经有了相当的教学设施基础，除了在哈里森楼内拥有一个有9000平方英尺、可以容纳240名学生的绘图桌的大型绘图教室外，还有图书室、演讲厅、展览室、小型讨论室（seminar rooms）、绘画教室、教授研究室、管理办公室，及一个专为建筑学会特设的房间。在另外一座建筑物中，另设有自北面采光的徒手画与水彩画教室，同时，大量的水彩画课程是在大学的博物馆里上的，因为在博物馆内，有大量精美的古代艺术藏品。同时，建筑系的藏书已有5000余册；订阅有40种美国及其他国家的有关杂志；有15万幅装裱得很好的照片与图版；有8000张经过详细分类的幻灯片；有大量的徒手画稿和模型，以及大量根据古代器物与建筑装饰构件塑铸或制作的建筑饰件[②]。此外，费城所具有的大量设计优秀的建筑，费城美术协会、宾州历史协会、纪念馆及宾大博物馆所收藏的大量绘画、雕塑与建筑构件藏品，也都被宾大美术学院列为可供利用的建筑与美术教育资源。

据这一年的小册子所说，这时的宾大美术学院建筑系，已经具有了相当的国际影响，来这里读书的不仅有美国人，而且有来自加拿大、中美洲与南美洲的一些国家、菲律宾等亚洲其他国家和地区、新西兰及澳大利亚的学生。这些来自不同学校

---

① "University of Pennsylvania-Bulletin-School of Fine Arts-Announcement, 1920—1921"，第13页。
② 同上，第13—14页。

图5　20世纪20年代学生美术作业

（资料来源：宾大美术学院档案室）

图6　20世纪20年代学生设计作业

（资料来源：宾大美术学院档案室）

图7　学生设计作业

（资料来源：宾大美术学院档案室）

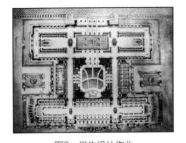

图8　学生设计作业

（资料来源：宾大美术学院档案室）

的外国学生主要是把宾大美术学院看做一个研究生院。而宾大美术学院也专门设立了一个一年制的研究生课程体系，在这一课程体系中，学生可以在四个研究方向上进行选择，一是建筑设计方向，主修建筑设计、建筑绘画、水彩渲染、建筑历史、艺术史、建筑构造；二是建筑历史与建筑批评方向，主修建筑历史、绘画与雕塑史、古代语言、一般历史；三是建筑构造方向，为那些没有选修本科四年制建筑构造课程的研究生开设；四是建筑构造方向，是为那些已经选修了四年制建筑构造课程的研究生开设的。完成了一年的研究生课程学习，就可以获得为建筑学专业学生所设的伍德曼国际旅行奖学金（Woodman foreign traveling scholarship）的候选资格。这一奖学金是年度发放的，只要是获得建筑学硕士学位的学生就有资格参选[①]。这也是许多外国学生愿意来这里就读的原因之一。

在1926年的小册子中，我们可以看到，在宾大美术学院增加了一个新的专业，即在原有的建筑学、音乐、美术三个专业的基础上，又增加了景观建筑学（Landscape Architecture）这一专业。不像建筑学专业那样，分成标准课、研究生课、三年专修课等不同的课程体系，新设的景观建筑学专业，仅仅开设了一个标准的五年制课程。据小册子中所说，自1924年，在建筑学专业的课程体系中，已经有了一个景观建筑学课程的雏形。新设的景观建筑学专业由景观建筑师罗伯特·威尔莱特（Robert

---

① "University of Pennsylvania-Bulletin-School of Fine Arts-Announcement, 1920-1921"，第14、16、20页。

Wheelwright）教授主持。威尔莱特毕业于哈佛大学，于1906年获得建筑学学士学位，1908年获得景观建筑学硕士学位，是美国景观建筑学会的成员，也是学会刊物《景观建筑学》（*Landscape Architecture*）的资深编辑①（图5～图8）。

四、宾大美术学院的中国留学生

宾夕法尼亚大学美术学院建筑系成立于1920年，在这新学院成立的第一年，就有一位来自中国上海的留学生入学就读。这位留学生是来自中国上海的赵深（Chao, Chen），他入学时，就进入了二年级的课程。同时就读的，还有另外两位来自中国的学生。一位是来自上海的罗伯特·兰（Lent, Robert f.，音译），在三年级读书，这究竟是一位华裔学生，还是一位侨居上海的西方人，尚不清楚；另外一位是来自广东的楚平（Chu, Pin，音译），就读于四年级。

1921年，中国建筑教育与建筑创作的先驱学者——杨廷宝先生来到了宾大美术学院建筑系就读，他也是直接进入二年级课程。值得注意的是，后来蜚声世界的建筑大师路易·康②（Kahn, Louis Isadore）与杨廷宝先生恰好在一个班，并且一直到研究生时期仍然是同班同学。这一年在宾大美术学院建筑系的还有三年级的赵深，四年级的楚平与罗伯特·兰。1922年在册的中国学生有三人：杨廷宝（三年级）、赵深（四年级）与楚平（研究生）。罗伯特·兰可能已经毕业离去。

1923学年至1924学年，在宾大美术学院建筑系的学生名册上增加了4位中国学生，他们分别是来自北京的陈植（Chen, Benjamin C.），来自香港的李永昂（Lee, Young On, 音译），来自上海的卢树舜（Loo, Shu-Shung Francis, 音译），以及来自墨西哥的广东华侨黄耀辉（Wong, Yau Wai, 音译）③。他们都在一年级就读。这一年杨廷宝先生与路易·康在四年级注册。

---

① "University of Pennsylvania-Bulletin-School of Fine Arts-Announcement, 1925-1926"，第31页。
② 习惯上我们将之译作"路易斯·康"，但因为他有法国血统，其词尾辅音不发音，故译作"路易·康"似更为恰当。
③ 在宾大档案馆内所存的一封信，是梁思成先生在宾大的一位同学写给费慰梅女士的，其中谈到了来自中国的庚款学生比同在一系的北美中国学生（North America Chinese students）更用功。她提到这位来自墨西哥富商的中国学生很有钱，也有当时还很不普及的小汽车。庚款学生与爱炫耀的华侨学生之间很少来往。由此可知此人是华裔无疑。

1924学年至1925学年的名册上，中国学生的数量又有增加，其中最为引人注目的就是中国建筑学界的两位重要先驱学者——梁思成与林徽因（当时用名为"音"）。这一年在建筑系二年级注册的有来自中国上海的哈利·莫瑞·温（Whynne, Harry Murray, 音译）以及来自墨西哥的黄耀辉；在建筑系三年级注册的有陈植、卢树舜和新入学的梁思成（Liang, Shih-Cheng）。与梁思成一起来到宾大读书的林徽因（Lin, Phyllis Whei-Yin）因为建筑系招生政策的原因①，注册在宾大美术学院美术系三年级。这一年，杨廷宝与路易·康都在当年的研究生名册中。

1925学年至1926学年，童寯来到了宾夕法尼亚大学美术学院建筑系，在三年级就读。与他同在三年级的是来自上海的哈利·莫瑞·温。陈植、李永昂、梁思成与林徽因在四年级注册。当然，林徽因仍然在美术系。这一年在美术系的二年级，还有一位来自中国江苏省无锡市的孙仕敏（Suen, Shi Min）。

1926学年至1927学年，陈植、梁思成与李永昂都同时列在四年级课程与研究生课程的名册中，这说明他们在继续修读四年级课程的同时，已经开始攻读研究生。童寯与哈利·莫瑞·温，以及来自墨西哥的黄耀辉也在四年级。林徽因这时仍然在美术系四年级。这一年，梁思成与林徽因都被聘为建筑系的设计课指导教师。

1927学年至1928学年，陈植、李永昂、童寯在读建筑系研究生，从这一学年的名册中可以知道，陈植于1927年2月12日，李永昂于1927年6月15日先后获得宾大的学士学位，随后，童寯于1928年2月18日也获得学士学位。童寯还同时列在这一学年的本科四年级课程的学生名册中。同在本科四年级注册的还有哈利·莫瑞·温与黄耀辉。这一年，又有来自新入学的中国留学生，如在一年级注册的来自中国上海的

---

① 在1924年的宾夕法尼亚大学招生办公室的小册子中，在美术学院的栏目下，赫然写着："音乐与美术课程是同时对男生与女生开放的。建筑学课程只允许男生入读。"参见"University of Pennsylvania, Office of Admissions, 1924"，第13页。关于这一规定的理由，招生小册子中并没有说明。但这还不能简单地归结为是出于对妇女的歧视。实际上在19世纪70年代开始开设建筑学课程之始，就允许妇女选修建筑学课程。但却不允许她们进入人体写生课程（Life drawing course）。按照校方的解释，女生进入人体写生教室，既会分散男生的注意力，也会使女生感到尴尬。而当时要获得建筑学学位，必须通过人体写生课程的学习。而在当时，一位女生若要获得宾大的建筑学学位，只有到没有此项限制的哥伦比亚大学修完这门课程后才可申请。因而，林徽因只得注册于美术系就读，略晚她一届的建筑系女生芭芭特·蒙特戈莫莉（Babette Montgomery）是在一个专为她设的小教室上课的。而第一位宾大建筑系的女毕业生，是在20世纪30年代才获得建筑学学位的。详见"The Book of the School-100 Years"，第31—32页。这里没有解释美术系人体写生课程的情况。

约翰·舍文·本（Brenneman, John Sherwin, 音译），就读五年制班。在三年级注册的来自中国江苏无锡的郭远席（Kuo, Yuan His, 音译）就读五年制班；以及来自中国广东的吴朝金（Wu,Chauncey King, 音译），就读四年制班。这一年，梁思成与林徽因已经离开宾大，梁思成去了哈佛大学读研究生。

1928学年至1929学年，哈利·莫瑞·温、黄耀辉、吴朝金读四年级；约翰·舍文·本读二年级。二年级还来了一位来自墨西哥的亚裔人，名叫华宏春（Wah, Wong Chung, 音译，似为华侨）。在三年级注册的有一位新从中国北京来的梁尹（Liang,Yen, 音译）。

1929学年至1930学年，黄耀辉、吴朝金读四年级。同时读四年级的还有来自中国北平的哈雄文（Ha, Harris Wayne）。同是来自北平的王华彬（Wang, Huapin Pearson）在读三年级。来自上海的约翰·舍文·本仍然在读二年级。同时在二年级就读的还有一位来自北平的萨本源（Sah, Benn Yuan, 音译）。1930学年至1931学年王华彬与哈雄文读四年级，吴朝金读研究生课程。1931学年至1932学年，王华彬与哈雄文仍然在四年级注册，同时在四年级注册的还有来自墨西哥的华宏春。这一年，本·约翰·舍文在读三年级。

此后的情况，笔者只查阅到抗日战争爆发的1937年，因为抗战开始以后，中国学生赴美留学已经十分困难。其中1935学年至1936学年的档案资料缺失。这几年的简单情况是：1932学年至1933学年，本·约翰·舍文在读四年级；在三年级就读的是来自上海的张·托马斯·杰（Chang, Thomas B. Jokon, 音译）；在一年级就读的是来自上海的张杭聪（Chang, Hang Tsung）。1933学年至1934学年，张·托马斯·杰在读四年级课程。1935学年至1936学年的情况无从查知。1936学年至1937学年，在宾大美术学院注册的仅有一名中国留学生，他是来自上海的罗辰山（Loh, Cheng Shan, 音译）。从这几年的资料来看，来自中国的留学生已经越来越少，这与当时中国国内的政治与军事形势越来越紧张不无关系。①

根据宾大及美术学院档案室的资料统计，在美术学院设立的1920年，至抗日战争爆发的1937年，先后在宾大美术学院就读的来自中国的或来自墨西哥但可能是华

---

① 以上资料均出自宾夕法尼亚大学档案馆与宾大美术学院档案馆中所藏1920年至1937年间的有关招生及学校简介的小册子。

裔的留学生，总共有24人。这其中除了两位来自墨西哥的华侨子弟之外，还有几位虽然来自中国大陆，但完全用西式姓名注册的学生，不清楚他们究竟是华人还是侨居中国的西方人，但因名册中明确注明来自中国，因而也都统计在内。此外，还有只在宾大美术学院读了一年的学生，如1928—1929学年的梁尹，也都统计在内。总的来看，从中国大陆去的留学生，多数是直接进入本科二年级或三年级就读的，这说明他们入学时的基础很好。关于自1920年至1937年间，历年宾大中国留学生的情况，可见附录。

在宾大美术学院成立之初的1920年，就有中国留学生进入这所世界著名的建筑学府，他们中的一些人，如杨廷宝、梁思成、林徽因、陈植、童寯等，成为中国建筑教育与建筑创作及建筑历史理论研究的先驱者与奠基人。这说明了中国现代建筑教育与美国宾夕法尼亚大学美术学院建筑教育之间所存在的特殊关联。

这些中国留学生在校学习都很努力，杨廷宝、梁思成、陈植、童寯都读到了研究生阶段。在1926—1927学年时，在读研究生的梁思成与在读四年级课程的林徽因，同时都被美术学院建筑系聘为建筑设计课程的指导教师（梁思成被聘为Demonstrator in Architecture；林徽因被同时聘为建筑系的Part-time Assistant to Architectural Design Staff与美术系的Part-time Instructor in Design）[1]。这也说明他们在班里的成绩优秀。林徽因在读书期间还曾获得了学生圣诞卡设计比赛的第一名。

他们与美国教师与同学之间也有着十分深厚的友情。梁思成在回国之后，为了表达对他的老师，著名建筑教育家保罗·克莱特的尊敬之情，曾将自己测绘研究的中国古建筑图册寄赠克莱特作为礼物[2]；而梁思成的老师哈伯逊（Harbeson）先生，还特意让他的设计合伙人为梁思成的女儿捐存了1000美元，作为资助她来宾大读书的经费。1960年时，在墨西哥城的一次国际会议上，梁先生请来自宾大的代表转达他的意见，将这笔存款转赠给了宾夕法尼亚大学。[3]

---

[1] 参见王贵祥. 美国宾夕法尼亚大学早期中国建筑留学生的几件史料. 清华大学《建筑史论文集》第17辑。

[2] 参见宾大档案馆内所藏该馆给费慰梅女士的复信。信中提到这些图册在克莱特去世后，已赠给宾大图书馆保存。

[3] 参见宾大档案馆内所藏该馆给费慰梅女士的复信。

结语

　　笔者在美从事访问研究期间，并不是从事这一课题的专题研究，只是顺便搜集了一些资料，虽然尽可能希望收集得细一些，但仍难免有疏漏，其中少量史料已经披露在清华大学《建筑史论文集》第17辑上。2002年回国后即着手这一研究，原来的计划中还有关于宾大美术学院建筑系早期课程设置，主要是杨廷宝、梁思成，直至王化彬等在校时的20～30年代的建筑学专业的课程设置，以及紧随建筑学专业之后建立的景观建筑学（Landscape Architecture）专业的课程设置，并附上了一个历年课程一览，希望能对中国建筑学专业课程的基本设置有所理解，同时，想讨论一下宾大建筑系早期的招生情况及相关政策，尤其是大家比较熟悉的早期宾大建筑系不招收女生的情况，其原因与我们所猜度的"女性歧视"无关，因而需要澄清一下。另外，还希望对宾大建筑教育的变化，尤其是20世纪50年代发生的变化做出一些分析。因为这是一个比较大的题目，起初因为没有时间和精力完成，目前又因为论文集恰在催稿，且字数有限，因此只好暂时搁置。留待以后的续篇。仅在文后附上一个附录：《1937年以前在校中国留学生（含华裔）一览》，或能对与此相关课题研究的人士有所补益，亦聊补未全之憾。

附录:

1937年以前宾夕法尼亚大学美术学院中国留学生情况一览

	FRESHMEN 一年级	SOPHOMORES 二年级	JUNIORS 三年级	SENIORS 四年级	POST-GRADUATES 研究生	备注
1920—1921		Chao, Chen; Shanghai, China 赵深	Lent, Robert f.; Shanghai, China	Chu, Pin; Canton, China		
1921—1922		Yang, Ting Pao; Honan, China 杨廷宝	Chao, Chen; Shanghai, China 赵深	Chu, Pin; Canton, China Lent, Robert f.; Shanghai, China		
1922—1923			Yang, Ting Pao; Honan, China 杨廷宝	Chao, Chen; Shanghai, China 赵深	Chu, Pin; Canton, China	
1923—1924	Chen, Benjamin C.; Peking, China 陈植 Lee, Young On; HongKong, China Loo,Shu–Shung Francis; Shanghai,China Wong,Yau Wai; Canton, Mexico			Yang,Ting Pao; Honan, China 杨廷宝 (Kahn, Louis, Isadore) (路易·康)		这里列出路易·康的名字,只是为了说明这位建筑大师与杨廷宝先生同班
1924—1925		Whynne, Harry Murray Shanghai, China Wong, Yau Wai; Xicotencotl, Tamps, Mex.	Chen, Benjamin C.; Peking, China 陈植 Lee, Young On, HongKong, China Loo, Shu–Shung Francis; Shanghai, China Liang, Shih–Cheng; Tientsin, China 梁思成 (Department of Fine Arts): Lin, Phyllis Whei–Yin; Pekin, China 林徽因		Yang, Ting Pao Honan, China 杨廷宝 (Kahn, Louis, Isadore) (路易·康)	

	FRESHMEN 一年级	SOPHOMORES 二年级	JUNIORS 三年级	SENIORS 四年级	POST-GRADUATES 研究生	备注
1925—1926		(Department of Fine Arts): Suen, Shi Min; Wusih, Kiang Su Prov., China	Tung, Chuin Mukden, China 童寯 Whynne, Harry Murray; Shanghai, China	Chen, Benjamin C.; Peking, China 陈植 Lee, Young On; HongKong, China Loo, Shu-Shung Francis, Shanghai, China Liang, Shih-Cheng; Tientsin, China 梁思成 (Department of Fine Arts): Lin, Phyllis Whei-Yin; Peking, China 林徽因		
1926—1927				Chen, Benjamin Chih; Peking, China 陈植 Lee, Young On; HongKong, China Liang, Shih-Cheng; Tientsin, China 梁思成 Tung, Chuin; Mukden, China 童寯 Whynne, Harry Murray; Shanghai, China Wong, Yau Wai Xicotencatl, Tampalipas, Mexico (Department of Fine Arts): Lin, Phyllis Whei-Yin; Foochow, China 林徽因	Chen, Benjamin Chih. Peking, China 陈植 Lee, Young On; HongKong, China Liang, Shih-Cheng Tientsin, China 梁思成	注：这一年，陈植、梁思成与Lee Young On同时列在研究生与四年级本科生名册中

	FRESHMEN 一年级	SOPHOMORES 二年级	JUNIORS 三年级	SENIORS 四年级	POST-GRADUATES 研究生	备注
1927—1928	Brenneman, John Sherwin ; Shanghai, China (五年制)		Kuo, Yuan His; Wusin, Kiangsu Prov., China (五年制) Wu, Chauncey King; Canton, China (四年制)	Tung, Chuin; Mukden, Manchuria Prov., China 童寯 Whynne, Harry Murray; Shanghai, China Wong, Yau Wai; Xicotencatl, Tampalipas Prov., Mexico	Chen, Benjamin Chih.; Peking, China 陈植(1927年2月12日，获宾大学士学位) Lee, Young On; HongKong, China(1927年6月15日，获宾大学士学位) Tung, Chuin; Mukden, China 童寯(1928年2月18日，获宾大学士学位)	注：童寯等三人同时列在研究生与四年级本科生名册中
1928—1929		Brenneman, John Sherwin; Shanghai, China Wah, Wong Chung; Piedras Negras, Coahuila Prov., Mexico	Liang, Yen; Peking, China	Whynne, Harry Murray; Shanghai, China Wong, Yau Wai; Xicotencatl, Tampalipas Prov., Mexico Wu, Chauncey King; Canton, China		
1929—1930		Brenneman, John Sherwin; Shanghai, China Sah, Benn Yuan; Peiping, China	Wang, Huapin Pearson; Peking, China 王华彬	Ha, Harris Wayne; Peiping, China (Upper Junior) 哈雄文 Wong, Yau Wai; Estacion Limon, Tampalipas Prov., Mexico Wu, Chauncey King; Canton, China		
1930—1931				Ha, Harris Wayne; Peiping, China (Upper Junior) 哈雄文 Wang, Huapin Pearson; Peking, China 王华彬	Wu, Chauncey King; Canton, China	

	FRESHMEN 一年级	SOPHOMORES 二年级	JUNIORS 三年级	SENIORS 四年级	POST-GRADUATES 研究生	备注
1931—1932			Brenneman, John Sherman; Shanghai, China (五年制)	Ha, Harris Wen; Peiping, China (Senior) 哈雄文 Wah, Wong Chung; Piedras Negras, Coahuila, Mex. (Senior) Wang, Huapin Pearson; Peking, China (Senior) 王华彬		
1932—1933	Chang, Hang Tsung; Shanghai, China (五年制低级班)		Chang, Thomas B. Jokon; Shanghai, China (五年制高级班)	Brenneman, John Sherwin; Shanghai, China (Upper Junior)		
1933—1934		Chang, Hang Tsung; Shanghai, China （五年制低级班）		Brenneman, John Sherwin; Shanghai, China (Senior) Chang, Thomas B. Jokon; Shanghai, China (Senior) (五年制高级班)		
1934—1935				Chang, Thomas Jokon B.; Shanghai, China (Senior) (五年制高级班)		
1935—1936						1935—1936年资料缺失
1936—1937		Loh, Cheng Shan; Shanghai, China (五年制低级班)				

说明：本表为清华大学建筑学院王贵祥整理，主要资料来源于美国宾夕法尼亚大学档案室与美术学院档案室，并得到了宾大美术学院与两个档案室的热心帮助，在此顺致谢忱。名单中部分中国留学生的中文姓名，亦经王华彬先生的女儿中国建筑学会王国泉女士的校订，亦在此致谢。

<h1 style="text-align:center">卷二之二
美国宾夕法尼亚大学早期中国建筑留学生的
几件史料</h1>

20世纪二三十年代的美国宾夕法尼亚大学是早期中国建筑留学生较为集中的地方，现代中国建筑教育与建筑创作的奠基人，如杨廷宝、梁思成、林徽因、陈植、童寯等，当时都曾就读于这所大学美术学院的建筑系或艺术系（如林徽因）。笔者在宾夕法尼亚大学访问进修期间，在学校的档案馆中注意到几件史料，与中国早期清华留美生有关，或者直接与梁思成、林徽因有关，对于研究这一时期的中美教育交流、留美学生状况，及梁思成、林徽因先生在该校的经历，有一些史料价值。

一、1920年7月10日清华学校给宾夕法尼亚大学校方的一封信

从行文上看来，这是当时的清华学校给多所可能接受中国留学生的美国大学的一封信，而不是专门给宾夕法尼亚大学的。值得注意的是，这封信写于1920年，而中国大陆到宾夕法尼亚大学就读的第一位留学生杨廷宝先生，是于1921年从清华学校进入宾夕法尼亚大学学习的，因此可以说，这封信对于了解中国向美国输送建筑留学生的前奏，具有十分重要的意义，也对了解当时中美教育交流的历史有所助益。信的译文如下（原件见图1）：

图1

北京清华学校

校务办公室

教务长

1920年7月10日

亲爱的先生：

建立于1911年的清华学校是美利坚合众国政府将庚子赔款的一部分还付中国，以支持中国学生赴美深造事宜的一个直接结果。清华学校专责于为赴美国进入更高学府深造的学生的预备培养。

在过去的10年中，清华学校每年输送了至少50名学生到美国的多所学院与大学。在这一基金的支持下，有数百名中国学生在美国度过了平均5年的学习生活。目前，有接近400名在美国的学生，包括男生与女生，接受了清华的支持，而在未来的一些年中，清华将持续输送她的毕业生前往美国。今年夏天有大约80名毕业生将离开清华前往美国。

清华学生的大量输送对于太平洋地区的和平与繁荣，对于中美两国之间的友谊，对于进一步发展中美之间的政治、经济与文化联系等等，都具有至关重要的意义，正是由于这一原因，一直以来美国教育界都对清华学校寄予了极其浓厚的兴趣。因而，您以往所表现出来的善意与协助，向我们证明了您将继续与我们的合作。

受校方委托，由我负责今年夏天清华学生赴美国之团体的管理工作。我将在美国停留三个月，从事调查工作，以期进一步提高清华学校的成效，以及进一步加强美国各学校与我们之间的紧密合作。

由于时间的有限，我不能够访问每一所美国的学校，因而，我的一些调查将不得不采取间接的形式。因此，我将随信附上一份问卷，如果您能善意地拨冗尽您所能地回答其中的问题，并将您的回答寄还于我，我们将对您致以最诚挚的谢意。

为您的学校的成功表示最真诚的期待！

您最诚挚的，

（签名）①

教务长

遗憾的是，我没有能够从档案中找到附于此信的清华问卷。否则，将对当时清华的教育教学及中美之间的教育交流，有更多的直接史料性意义。

二、费城宾夕法尼亚大学中国学生名录

宾夕法尼亚大学建筑系是1921年建立的，正是在这一年，中国建筑教育与建筑创作的奠基人之一杨廷宝先生，与美国著名现代建筑大师路易·康同时进入这所大学的建筑系就读。因此，最早赴宾大留学的中国学生中，尚没有攻读建筑学专业的学生。这里有一份藏于宾大档案馆的1908年的宾大中国留学生名录（原件首页见图2）只是当时的宾夕法尼亚大学，被中国留学生译为"本薛佛义大学"。

图2

本薛佛义大学之中国学生

一千九百零七年之前中国留学生进此大学者寥寥无几至是年秋学者骤增至十六

---

① 签名为英文连体，较难识别，待查。

86　承尘集

人之多于是有费城中国学生会之设其宗旨在联结情谊交换智慧然其意犹为未慊恒于假期之暇与哥伦布耶路哈佛诸大学之中国学生相往还相讨论用倾其平时之绩理之学识之经验洵可谓游学之盛事中国学者有愿留学此间者倘见此编有所未尽未晰之处敢请随时按洋文住址赐询中国学生一切可也。

（纪元千九百零八年刊印）

本薛佛义大学之中国学生 五十三

笔者未能详细记录该名录，但记录下了与此名录同放在一个档案袋中的一份最早的12名中国留学生的名单，及一些早期建筑学专业的中国留学生的资料目录。如下是最早就读于宾大的12名中国留学生：

THESE APPEAR TO BE THE FIRST TWELVE CHINESE STUDEETS AT U. OF P.

CHAUN，Moon Hung—D.D.S. 1899

CHANG，Henry Kunghui–L.L.B.1909

CHEN，Kwang Pu—B.S.in Econ.1909

LI，Tsing—Men—M.D.1909

LIU，Ching Shan—B.S.in Econ.1909；M.S.1910

ING，Tsu En—B.S.in Econ.1910；M.S.1910

YANG，Ngan Chan—B.S. in Econ. 1910

YANG，Ying Yueh—Coll. 1910 n. g.

HSIN，Yaochang Henry—M. S. 1911

YAO，Chung—Lin—B. S. in Econ. 1910；A. M. 1911

Quo，Tai—Chi—B. S. 1911；LL. D. 1946

TSANG，Kwong—Sheung—B. S. in Econ. 1911；A. M. 1911

由上面的名单可以看出，20世纪初，在最早一批中国留学生中，几乎还没有以建筑学或艺术学为求学方向的，比较之下，在早期留美学生中，学习科学与经济的较多。这与当时中国困于科学落后、经济停滞的社会现状及其时人追寻科学昌明、国家强盛的理想与期待是分不开的。

如下是可能尚存于宾夕法尼亚大学档案馆中的早期建筑专业中国留学生的资料简目，但笔者仅看到了梁思成、林徽因、童寯三人的资料，随后笔者将仅仅略微谈及梁思成与林徽因的一些相关资料。

CHAU，Shen

Of Shanghai，China—B. Arch. 1923；M. Arch. 1923—no other information available

CHU， Pin（g）

Of Canton，China—B. Arch. 1922；M. Arch. 1923—4 pages

FAN，Robert（B. Arch. 1921—5 pages

KUO，Yuan—His（Y. H.）（过元熙）

Of Wusih，China—B. Arch. 1929—2 pages

LIANG，Phyllis Whei—Yin（Lin）（林徽因）

Of Peking，China—B. F. A. 1927—no other information available

LIANG，Shih—Cheng（梁思成）

Of Tientsin，China—B. Arch. 1927；M. Arch. 1927—10 pages

LEE，Yong—On（李扬安）

Of Hong Kong， China—B. Arch. 1927；M. Arch. 1928—1 page

SUTRO，Elizabeth Wheatley（married name—Bendiner）

Of Philadephia，Pa. —B. F. A. 1927

ADDRESS：Mrs. Alfred Bendiner

　　　　　　The Wellington Apartments，#1004

　　　　　　135 South 19th Street

　　　　　　Philadephia，PA. 19103[1]

TUNG，Chuin（童寯）

Of Mukden，China—B. S. 1928；M. Arch. 1928—1 page

WHYNNE，Harry Murray（谭桓）

Of Shanghai，China—B. Arch. 1929；M. Arch. 1930—1 page

---

① 该目录可能是档案人员的一个简单记录，写于何年代，尚不清楚。而且，为什么会有一个美国当地学生的资料列在其中，也令人不解。另外，本目录中的中文是笔者加上的。

WONG，Yau Wai（黄耀伟）

Of Mexico—B. Arch. 1930—1 page

TOTAL=25 pages

Wu，Chauncey King（吴景齐）

Canton，China—B. Arch. 1930；M. Arch. 1931—died in China in 1944—other

Information available

由此可以大略知道目前宾大档案馆中所藏早期中国留学生的个人资料情况。这也说明宾大早期建筑专业中国留学生的个人资料，还是相当少的。但所幸的是，梁思成先生的个人资料，所存有10页之多。另外，由此可知，早在1908年，在费城的中国留学生就建立了自己的联络机构。从资料目录中还可以知道，美国人将来自不同国家与地区的华人，都归入了"中国留学生"的范畴之内，如来自墨西哥的华侨留学生就是一例。本表中有一人似乎不是中国留学生，何以也放在这一名录中，尚不得而知。

在宾大档案馆中，还有一份1926年至1927年的《美国费城中国学生会会员录》，其中既不限于建筑学专业，也不限于宾夕法尼亚大学，应当还包括在费城的其他大学的中国留学生的名单。可贵的是，名单中不仅用了英文姓名，还用钢笔逐一附上了每个人的中文姓名。这对于我们确定一些较难识别的英文姓名译音，提供了很大的依据。当然，这仅限于1926年至1927年在校并加入了学生会的学生。这个名录中一共包括83个人，其中有建筑学专业的留学生陈植（Chen，Benjamin C.）、梁思成、林徽因、童寯、过元熙（Kuo， Yuan-His）、李扬安（Lee，Young On）、谭桓（Whynne，Harry Murray）、黄耀伟（Wong，Yau Wai）、吴景齐（Wu，Chauncey King），他们都是宾夕法尼亚大学的学生。

三、梁思成先生的简历稿

十分珍贵的是，在宾大档案馆内还存有一份梁思成先生亲自写的简历打字稿。这份简历有两份稿子，一份可能是完成稿，是完全的英文稿，很可能是在原稿的基础上重新打字；还有一份是过程中的稿子，上面有梁思成先生用中文所写的著作与论文题目，清隽的字迹，一看就是梁先生的笔迹。从时间上看来，像是梁先生于1947年赴美参加联合国大厦设计的时候，应宾大特邀作学术报告而写的个人简历（原件首页见图3）。这里将那份过程稿的中文译文附上，可以作为研究梁思成先生的一份重要的原始资料：

梁思成

大学教育

毕业，清华学校，北平，1923；

建筑学学士，宾夕法尼亚大学，1927（2月）；

建筑学硕士，宾夕法尼亚大学，1927（6月）；

（哈佛大学研究生院[美术学院]，1927—1928，文学博士[名誉]，普林斯顿，1947；）[①]

斯培德·布鲁克建筑设计金奖（Spayd Brook Gold Medal），1927；

名誉联谊会，Sigma Associate Xi，Tau Sigma Delta，宾夕法尼亚大学建筑协会。

研究与教学

研究员兼研究负责人，中国营造学社，1931—

执行助理教授，建筑系，东北大学，1928—30；（创立该系）[②]

执行教授，建筑系，东北大学，1930—31；

建筑历史讲师，国立北京大学，北平，1932—33；

建筑学讲师，国立清华大学，北平，1933—34

教授兼系主任，建筑系，国立清华大学，北平，1946—（创立该系）[③]

所长，建筑研究所，国立清华大学，1946—（创立者）[④]

美术专业访问教授，耶鲁大学，1947—47。

---

① 括号内为钢笔添加。
② 括号内为钢笔添加。
③ 括号内为钢笔添加。
④ 括号内为钢笔添加。

在文化与专业领域的工作与兼职

中华研究会，会员，1933—

北平国立研究会，会员，1934—

中国建筑师协会，会员，1928—

中央古迹保护委员会，建筑专家组，成员，1934—

四川省古迹保护委员会，成员，1939—

国立古都历史修复委员会（北平），成员兼技术专家，1934—

国立中央博物馆，建筑专业顾问，1935—

国立中央图书馆，建筑专业顾问，1937—

国立中央博物馆，中国建筑历史文献整理委员会，主席，1939—（创立者）①

中国战区文化设施保护委员会，副主席（相当于美国的"罗伯特委员会"），1945—46

北平故宫博物馆，技术顾问，1934—

【通讯委员，Ostasiatische Kunstgeschichte Something（1 fagor），法兰克福或柏林，（1 also fagor），1936（？）—】②

（联合国总部规划委员会，设计顾问委员会，中国建筑师代表，1947）③

学术论著

专著

清式营造则例，1933；④

蓟县独乐寺辽观音阁考，1934；

曲阜孔庙建筑及其修葺计划，1935；

文渊阁，1935，（与刘敦桢合作）

大同古建筑调查报告，1933，（与刘敦桢合作）

---

① 括号内为钢笔添加。
② 本行添加字为英、德文，字迹连笔，不易辨认，其中的问号（？）为原件所有，下同。
③ 括号内为钢笔添加。
④ 本节均为英文打字前附中文钢笔字，这里仅录中文。

图解中国建筑史（中、英文），即将出版，可能在美国；①

宋营造法式今释，将要发表；

一部中国建筑的语法，拟中、英文发表，在准备中。②

论文

我们所知道的唐代佛寺与宫殿，1932；

宝坻广济寺三大士殿，1932；

杭州六和塔复原状计划，1935；

晋汾古建筑预查纪略，1935，（与林徽音合作）；

云冈石窟中所表现的北魏建筑，1933；

汉代之建筑，1934，（与刘敦桢、鲍鼎合作）；

正定古建筑预查纪略，1934；

安济桥，1935；

Two Open-spandrel Bridges of Ancient China（上文的英文压缩稿），Pencil Points Magazine，1938年，3月，5月；③

Five Ancient Pagodas of China，亚洲杂志，1940？

纪五台山佛光寺建筑，1945；

The Oldest Wooden Structure in China（上文的英文压缩稿），亚洲杂志，1940？

Chinese Architecture & Art，为再版《美国大百科全书》而写；

Chinese Architecture，为再版《美国大百科全书》而写；

等等。

建筑考察

为了开辟建筑考察这片处女地，从1932至1937年，中国营造学社的成员们每年有两次建筑考察。自1937至1945年的有间断的考察。（考察范围）覆盖了15个省，

---

① 原件中，本书仅有英文，没有用钢笔作中文译名，这本书稿几经周折，直到20世纪80年代才在国外找到原稿并用英文出版。

② 原件中仅有英文，书名为"A Grammar of Chinese Architecture"，这里的中文书名是笔者所译。

③ 此为英文出版物，原件无英文译名，下同。

200多个县。考察了超过2200座的建筑实例（拍摄与测绘）。其中的大多数考察工作是由梁思成主持的。所搜集材料的约近十分之一，将能够发表。

建筑创作

吉林省，吉林大学建筑组群，1930年，与陈植、童寯、林徽因合作；

Chin-chou[1]，交通大学建筑组群，与林徽因合作，（已在战争中毁坏）；

北平，国立北京大学，地质楼，1936年，与林徽因合作；

北平，国立北京大学，男生宿舍楼，1937年，与林徽因合作；

南京，国立中央博物馆（顾问建筑师），1937年，（因战争而中止，1946年恢复）；

以及一些居住于商业建筑等，与林徽因合作。

（古建筑）修复工作

作为北京古都委员会的技术专家，参加对北平寺庙、塔幢和宫殿的修复工作

（工作始于1934年，目前仍在进行中）；

孔庙建筑组群修复，曲阜（因战争而中止）；

杭州六和塔修复（因战争而中止）；

赵县大石桥修复（因战争而中断）；

西安小雁塔修复（因战争而未能实施）；

宣平（Hsuan-p'ing）崇福寺大殿（因战争而未能实施）；

大同云冈石窟（因费用太昂贵而未能实施）。

四、宾夕法尼亚大学给梁思成、林徽因先生的聘书

1926—1927学年，在梁思成与林徽因先生即将毕业前，两人均被校方聘任为半时的建筑学教师，其聘任卡[2]的格式如下：

---

① 地名，原文仅有英文，中文地名待查。

② 从形式与内容看，这应该是一个聘任卡，或是作为已被聘任的通知卡。

1. 林徽音（因）的聘任卡

NAME LIN, PHYLLIS W. Y.

PROFESSOR, TEACHERS, OFFICIALS

University of Pennsylvania-Recorder's

Office

Part-time Assistant to Architectural Design Staff   1926

Part-time Instructor in Design   1926—1927

Biographic References

Date of Resignation June 30, 1927, NOT REAPPOINTED.

Date of Death

2. 梁思成的聘任卡

NAME LIANG, SHIH-CHENG

PROFESSOR, TEACHERS, OFFICIALS

University of Pennsylvania-Recorder's

Office

Demonstrator in Architecture (Part-time)   1926—1927

Biographic References

Date of Resignation June 30, 1927, NOT REAPPOINTED.

Date of Death

这两件聘任卡是当时的聘书，还是档案馆存留的卡片，尚不很清楚。但由此推证的有关梁思成与林徽因参加宾大建筑系教学工作的史实，却没有任何疑问。由上件资料看，梁思成与林徽因先生的受聘日期截止于1927年的6月30日。林徽因受聘作设计指导教师（instructor），而梁思成先生虽然也受聘为建筑学专业学生的指导教师，但在聘任的措辞（demonstrator）上，是比林徽因地位略高的教职。这应当是他们在宾大读书的最后一个学年的事情。在宾大当年的学生名册中，也记录了这一情况。在结束了他们在宾大的学习与工作之后半年多，即1928年的3月22日，梁思成与林徽因在加拿大首都渥太华举行了婚礼。在宾大的档案馆内还保存了剪于报纸上的关于这次婚礼的一条消息。这条简短的消息是这样写的：

OTTAWA—Is Miss Agnes Mc-Phail, only woman in the Canadian parliament, to wed? Well, she caught the bride's bouquet after a marriage in the Chinese consulate. Shi Cheng Liang, brother-in-law of the consul-general, was married to Phyllis W. J. Lin, whose father was once minister of justice at PeKing. Bride and groom are Christians and graduates of the University of Pennsylvania.

从文字上看，与这条消息相配的还应该有一幅照片，其中有手拿着一束花的加拿大议会唯一的一位女议员。但消息的主题是关于梁思成与林徽因在加拿大渥太华举行的婚礼。在这里举行婚礼，是因为梁思成的姐夫是中国驻渥太华的总领事。宾大所保存的仅仅是一小片剪下来的报纸片，并不确知这是刊登在哪家报纸上的，也不知道准确的时间。但在同一个档案袋中，有一个小纸片，同样也是关于这一事件的，像是档案馆用来作为记录与分类的卡片：

CROSS　　　REFERENCE SHEET
NAME　　　Phyllis W J Lin
CLASS　　　FA-'27
DATE　　　March 22, 1928
SUBJECT　Chinese wed in Ottawa
NEWS　　　BUFFALO N. Y.

另外一张相似的纸片上则写着：

SEE
NAME　　　Shih-Cheng Liang
CLASS　　　Ar-'27

从这两件资料，可以确知梁思成与林徽因的婚礼是在1928年3月22日在加拿大的渥太华举行的，而上面那则消息，有可能是发在美加边境城市纽约州布法罗市的一家报纸上的。这两张卡片，正是为这一则消息而作。但尚不清楚这两张卡片作于何时。它们只是作为一般性档案资料放在梁思成先生的资料袋中。

此外，在宾大档案馆中，还藏于宾夕法尼亚大学在1947年4月至5月间给当时在耶鲁大学的梁思成的几封信，是邀请他到宾大参加校友活动及作学术演讲的。与这几封信在一起的，有当时宾夕法尼亚大学校长乔治·麦克-克利兰（George Wm. McClelland）于1947年5月8日给宾大建筑学专业校友会负责人乔治·罗威特（George I. Lovatt）的一封信，信中主要讨论关于授予梁思成名誉学位①的问题。从信中看，是因为提议授予梁思成名誉学位的时间已晚，已经不能纳入1947年的名誉学位授予程序，但宾大校方同意这一授予，只是需要选择恰当的时间及邀请梁思成来宾大参加授予仪式问题。在此信中，校长已在询问：不知梁思成在1948年初校方拟议的可能授予时间内，是否还会在美国？遗憾的是，这次名誉学位授予仪式没能实现。限于篇幅，本文不附录这些信件的原文。

在宾大所藏有关梁思成与林徽因的档案资料中，还有几封他们读书时的同学所写的、关于二人学生生活的回忆性信函，是应研究梁思成与林徽因的有关人士的请求而写的，也具有很重要的史料价值。因篇幅所限，恕不一一译录。

原载清华大学主编《建筑史》总第17辑，2003年

---

① 信函中仅说是名誉学位（an honorary degree），但以梁思成先生早已获得宾大的硕士学位来看，这里所指的应该是"名誉博士"学位。

卷二之三（上篇）
驳《新京报》记者谬评

——为梁思成先生辩

2014年伊始，当人们还沉浸在沉湎旧事与向往新岁的岁末年初之忙乱状态时，1月9日的《新京报》上忽然发表了一篇评论梁思成先生的文字，其标题有些夺人眼球：《梁思成文章大段借鉴日本学者？》，文章是以广西师范大学出版社举办的文化沙龙开始的，其中的内容更是黑白浑说，因为弄不清究竟是该文化沙龙主角朱涛的原话，还是记者添油加醋的文字，就按照报纸原文的顺序来加以辩驳。

该文中首先骇人听闻地下了结论："香港大学建筑系助理教授朱涛称，梁思成和林徽因在1932年发表的一篇文章中，大段文字都借鉴了日本人伊东忠太写的《支那建筑史》一书，而非他们原创。"

接下来的小标题似乎比较客气——"梁思成研究还有大量空白"。说这话的人，俨然一副中国建筑史学评判者的口气，好像都是为了学术的完善与深化。若果如此，当然无可厚非，然而再往下读，就不是那么回事了："我吃惊地发现，梁思成的研究还有大量的空白，大量的研究都是想当然的重复和抄袭，很少有独立发掘史料的分析。"这应该是朱涛的话。接着，记者就开始了发挥："朱涛举了1932年梁思成和林徽因各自发表文章的例子，文章全面概括了中国建筑史。'但是他们在1932年6月才开始第一次研究中国古建筑（评注：1929年梁、林在东北大学时就做过沈阳北陵的测绘，怎么是1932年才开始"第一次"研究中国古建筑？），来到河北蓟县。'（又是朱涛的话）于是朱涛就找到当时相关书籍和梁林的文章对比，发现其中很多内容借鉴了《支那建筑史》一书。"其言下之意再明白不过了。

梁思成、林徽因1929年测绘沈阳北陵的照片（秦佑国先生提供）

"1932年的文章"、"蓟县"，明眼人一看便知这是暗指梁思成在《中国营造学社汇刊》第三卷第二期发表的《蓟县独乐寺观音阁山门考》。这篇文章发表在民国21年（1932年）出版的《中国营造学社汇刊》第三卷第二期中。想不出还有哪篇文字恰好是梁思成在1932年4月去蓟县考察之后完成的（评注：不是朱涛先生信口开河所说的1932年6月）。从上面的这段话可以推测出，朱涛与《新京报》记者指的正是这篇文章。那么我们就将讨论的重点集中在这篇文章上。

众人皆知，这是梁思成先生发表的第一篇古建筑实物考察论文。首先，这是第一篇由中国人完成的以现代科学田野考察为基础的古建筑研究论文。其全文的依据，就是梁思成所直接面对的蓟县独乐寺观音阁与山门两座古代建筑物，其论文的宗旨与中心议题，就是证明这两座建筑是辽统和二年所建的原创木构建筑实例。

这里我们不妨了解一下《新京报》记者特别提到的日本学者伊东忠太的书，其日文原书书名确实是用了具有民族歧视性的语言《支那建筑史》（评注：不知道朱涛与记者为什么喜欢用这个书名，而不用国人皆知的翻译成中文后所用的《中国建筑史》？），但这本书是在1937年才翻译成为中文并由商务印书馆出版，且用了中国人能够接受的《中国建筑史》这一书名。其中的内容，将中国建筑的历史分为了前后两期，前期是上古三代至秦汉，后期是三国、魏晋南北朝至隋。其文多涉古代石窟与早期石构建筑。隋代以后的建筑，特别是木构建筑，伊东没有充分研究，也基本上没有谈及。

这样问题就来了：梁思成1932年的文章，怎么会大段文字借鉴伊东1937年才在中国出版之书籍的文字？当然，谬评者也可以说是梁先生从日文中直接借用来的。然而，伊东的这本书中并没有谈到隋代以后的木结构建筑实例，梁思成从何而借鉴呢？或也有言，蓟县独乐寺是日本人首先发现的，所以，可以认为梁思成借鉴了日本人的研究。从现有的史料观察，日本人的早期研究中，确实注意到了蓟县独乐寺，但他们并没有给出一个准确的判断，甚至连详细的测绘图纸也没有发表，只是一般性的考察。至今并未见日本人研究蓟县独乐寺的专门学术文章发表。面对一座古代建筑实例，谁都可以做研究，关键是谁通过考察与研究得出了科学的结论。如果说日本人在此之前考察了这座建筑，梁思成就不能够再做研究，这样的逻辑是否也有点霸道呢？

这里提出两个概念：1. 梁思成为什么会研究独乐寺观音阁？2. 梁思成的研究对于中国人有什么意义？

先说前者，了解一点历史知识的人都知道，在营造学社之前，中国建筑史的研究，主要被西方人与日本人所把控。他们的研究是具有殖民地性质的学术掠夺性研究。将中国的文物古建筑大量搜集去，作为自己的学术资本。但是，他们的研究视角从来就是带有偏见的。先是德国人鲍希曼将中国建筑作为一种文化猎奇，中国建筑是非历史的文化奇观（其视点的基础来自英国人弗莱彻尔"世界建筑史之树"，在那棵著名的建筑史之树上，中国建筑是"非历史的"旁枝左杈）。接着是日本人大量搜掠中国古代建筑资料，既为自己积累学术资本，也为日本军国主义的文化侵略作前期准备。

日本人的研究，主要集中在早期石窟寺上，对于中国古代木构建筑的研究，鲜有突破。关于这一点，当时的法国学者伯希和就曾谈到："我们的同志常盘和关野认为中国木建筑没有确实比1038（年）更古的，在1931年《通报》第221页及413页上我已将此点讨论。" 关于这一点，梁思成指出："信中所指常盘、关野之说，是指他们共著《支那佛教史迹》所载大同下华严寺薄伽教藏而言，见原书'评解'第二册第59页至61页。伯先生在《通报》1931年第221页'书评'中介绍该书，文中有一段说：'……照他们的说法，中国木建筑可考之最古年代当为1038，但我们在敦煌有一处檐廊，较此更古数十年。……'"

伯希和在1931年的这段话，既点明了日本人当时的研究水平，也告诉了我们，为什么梁思成在1932年要不辞辛苦地去往当时交通并不方便的蓟县，考察独乐寺观音阁。很显然，作为一个有学术气节与民族情结的中国学者，是希望通过自己的研究，打破日本人关于"中国木建筑可考之最古年代为1038年"的固有结论。

也就是说，在梁思成之前，日本人根本没有弄明白蓟县独乐寺是怎么回事，他们还认为创建于1038年的大同华严下寺薄伽教藏殿是中国现存最早的木构建筑实例。正是梁思成用自己的研究，打破了这种说法，论证了蓟县独乐寺是初创于辽代统和二年（984年）的原构。进而梁思成与林徽因又考察了河北、山西等一大批古代木构建筑，坚定地认为"国内殿宇必有唐构"。直至在1937年抗战爆发前夕，在极其偏僻的五台山豆村，发现了唐代木构建筑佛光寺大殿（857年创建），不仅将日本人的谬说封了口，而且为后来建构中国古代建筑史打下了坚实的基础。正可谓其功厥伟。这其中哪里有一点借鉴日本人的影子呢？

梁思成那一代中国学者，对于前辈日本学者们还是友好与客气的，在中国营造学社成立大会上，特别邀请了伊东忠太来作演讲。从伊东的演讲中，也可以看出当时日本学者的心境："真正支那建筑研究之大成，非将文献与遗物，调查至毫而无遗憾不可，此事前途，甚为辽远。吾人对此，止有得寸进寸，得尺进尺，循序渐进，始终不懈而已。完成如此大事业，其为支那国民之责任义务，固不待言。支那诸公当其局者之任务也；而吾日本人亦觉有参加之义务。盖有如前述：日本建筑之发展，得于支那建筑者甚多也。所望支那日本两国，互相提携，必使此项事业，克底于大成之域。至其具体方法，据鄙人所见：在支那方面，以调查文献为主；日本方面，以研究遗物为主，不知适当否？" 伊东说得很明白：你们中国人就去钻故纸堆、读文献吧，古建筑考察就交给我们日本人好了。这不正是在他们那种殖民地文化掠夺性与学术独霸性心态作祟时，才可能说出的话吗？

偏偏梁思成先生不听那一套。他要用自己的实践证明，科学的古建筑考察，不仅日本人能做，中国人同样能做，而且能够做得更好。你们不是说中国没有1038年以前的木建筑实例吗？如何见得，我们要用自己的方式来回答这个问题。

1932年的梁思成，放着北京大量比较便捷、比较容易研究的清代宫殿、祠庙、园林不去深究，却不辞辛苦地跑到那些偏僻的乡野山沟中去考察古代建筑，其全部的心境，就是为了打破日本人在中国古代建筑史方面的这种学术垄断与虚妄断言。同时，更是为了建构一部中国人通过自己的科学研究而撰写的中国建筑史。梁思成这一代人做到了。他们为中国人争了气，为中国建筑历史的学术大厦打下了深厚的根基。这一点正是从被朱涛与《新京报》记者有意无意加以诬评与贬低的所谓"大段文字借鉴了日本人"的"想当然的重复和抄袭，很少有独立发掘史料的分析"的"1932年"梁思成去"蓟县"才完成的《蓟县独乐寺观音阁山门考》开始的。

之后梁思成、刘敦桢、林徽因的一系列研究，不仅初步建构了完整的中国木构建筑的历史，并且清晰地解读了中国木构建筑的基本法式制度，从而使中国古代建筑史屹立于世界建筑史之林；也令曾经垂涎于中国古代木构建筑实例遗存研究的日本学者艳羡不已。关于这一点：可以从民国学者傅斯年先生的一封信中看出来："思成之研究中国建筑，并世无匹，营造学社，即彼一人耳（在君语）。营造学社历年之成绩为日本人羡妒不置，此亦发扬中国文物之一大科目也。"这段七十多年前的评价，至今令人振聋发聩，其中所说营造学社历年之成绩，为日本人"羡妒不置"，确实说到了事情的本质。即使日本人侵占了大半个中国，但他们的研究成果，也没有能够超越梁思成等中国学者们从1932年至1937年，短短数年的研究水平。而其语所谓"发扬中国文物之一大科目也"也恰回答了前面提出的第二个问题：梁思成的研究对于中国人有什么意义？

我们不想就此做更进一步的讨论。因为，朱涛及《新京报》记者们的危言耸听，其实并不值得一驳。因为早在此之前傅斯年先生的结论，就已经说得很清楚了。

联合撰文：王贵祥、刘畅、贾珺、李菁

2014年1月15日

卷二之三（下篇）
再驳《新京报》记者谬评
——为林徽因先生辩

1月9日《新京报》的文章《梁思成文章大段借鉴日本学者？》剑指梁思成先生，因为提到了梁先生1932年去蓟县以后所写的论文。其文曰："香港大学建筑系助理教授朱涛称，梁思成和林徽因在1932年发表的一篇文章中，大段文字都借鉴了日本人伊东忠太写的《支那建筑史》一书，而非他们原创。"接下来《新京报》记者作了特别的发挥："朱涛举了1932年梁思成和林徽因各自发表文章的例子，文章全面概括了中国建筑史。'但是他们在1932年6月才开始第一次研究中国古建筑，来到河北蓟县。'（又是朱涛的话）于是朱涛就找到当时相关书籍和梁林的文章对比，发现其中很多内容借鉴了《支那建筑史》一书。"从这篇文章的叙述，熟悉中国建筑史研究的人，很容易联想到这是在暗指梁思成在1932年考察蓟县独乐寺之后所完成的论文《蓟县独乐寺观音阁山门考》。笔者已经就这一问题，对记者的谬评作了驳斥。

然而，笔者的那篇拙文也受到某种质疑，质疑的焦点是，朱涛所指的可能是指林徽因先生于1932年在《中国营造学社汇刊》上发表的另外一篇文章《论中国建筑之几个特征》。所以，笔者的反驳是不在点子上的。

先声明一下，笔者没有读过朱涛的书，之前所发的拙文，也没有任何有关朱涛书的评论。笔者只是就《新京报》记者直言直语的《梁思成文章大段借鉴日本学者？》并根据其文中所引朱涛有关梁先生1932年6月（实际是4月）去了"河北蓟县"而逻辑地认为是指梁先生的那篇文章。如果说其文所指不是那篇文章，在现场听朱涛演讲，并且可能也见了朱涛原书的《新京报》记者，为什么要作出这样明显的暗示，并且将矛头毫无隐晦地直接指向梁思成呢？难道张冠李戴、指桑骂槐是这位记者的职业病吗?

不过,对拙文的质疑,倒也提醒了笔者。因为《新京报》的记者说"朱涛举了1932年梁思成和林徽因各自发表文章的例子",也就是说,朱涛可能另有所指,只是记者为了更加夺人眼球而将目标集中在了梁思成身上。不管记者是什么居心,但脏水最终是泼在了梁思成与林徽因两个人身上。如此,笔者也不得不为林徽因先生作一点辩解。

1932年林徽因的确也发表了一篇文章,那就是《中国营造学社汇刊》第三卷第一期上的《论中国建筑之几个特征》。也就是说,那位记者,或者朱涛所指"很多内容借鉴了《支那建筑史》一书"之文,很可能指的就是这篇文章(再重申一遍:笔者没有读过朱涛的书,这里也是根据记者文字中描述的时间段逻辑地推测出来的)。那么,让我们来看一看林先生1932年的这篇文章,并将其与在1937年才翻译出版的伊东忠太的《中国建筑史》(即记者及朱涛所说的《支那建筑史》)一书中的相应章节做一个比较。

诚然,伊东的书中确实有一个章节,谈了与林徽因相同的话题。其书第一章第七节的标题是"中国建筑之特征",从标题看,这一节与林徽因的《论中国建筑之几个特征》一文最为接近。那么,我们就将这两篇文字做一点比较。(要注意,伊东的标题是"中国建筑之特征",而林文的题目是《论中国建筑之几个特征》,有一个"论"字,即使之前有什么人提出过"中国建筑之特征",或学界有这方面的共识,也可以去"论"。例如"论人之直立",人之直立是共知的事实,也是人区别于其他动物的特征,但可以用不同的视角去"论"。)

先看伊东这段文字的叙述结构。伊东忠太为中国建筑总结了7个方面的特征:

1.宫室本位; 2.平面; 3.外观; 4.装修; 5.装饰花样; 6.色彩; 7.材料与构造。

这7个方面的内容有一个大致的逻辑架构:从以宫室为本位的特点,谈到平面、立面、装修、色彩、材料、构造。这几乎是所有讨论房屋建筑的文章,都可能因循的基本逻辑。如果说林徽因借鉴了伊东的文章,最可能的做法应该是参照这7个方面的讨论展开。

然而,事实上林先生却用了截然不同的思路与逻辑链。首先,林徽因并没有将其文作小节划分，而是以她特有的一种具有散文意味的逻辑叙述方式展开论述：先有一个总论，说明中国建筑"为东方最显著的独立系统；渊源深远，而演进程序简纯，历代继承，线索不紊，而基本结构上又绝未因受外来影响致激起复杂变化者"。

其次，从西方建筑史上著名的"维特鲁威建筑三原则"出发，对中国建筑达到结构和艺术上极复杂精美的程度，而外表上仍呈现一种单纯简朴的气象做了独到的论述。

最后，就建筑之由初创，到成熟，再到堕落的历史发展规律加以表述，并以其特有的简洁明快而颇具文学性的文字，对中国建筑最初形成的基本特征加以分析，从间架，到架构，以及屋顶、屋顶的曲线、瓦饰、脊吻、角梁等等。接着林先生谈到了中国建筑最具特色的部分——斗栱、斗栱以下的柱子，以及屋身以下的台基。显然，林徽因与伊东在文章结构上了无相同之处。两者间唯一相同之处是都谈到了"平面"一节。此外，伊东专设"外观"一节，其中谈到了屋顶部分，而林徽因是从结构间架的叙述自然过渡到对屋顶的描述的。

林徽因的叙述方式以及相应内容，如对斗栱的特别强调，对间架的描述，对材料受力特征的分析等，并未见于伊东书中的这一节。的确，两人都谈到了中国建筑的不足，林徽因谈的是中国建筑对木材之力学性能及三角形几何特征的认知不足，从而造成木料的浪费。伊东所说却是檐端上翘之不甚合理，年代一久，反而招致檐角受挫或下垂。两相比较，彼此没有任何交集，说明两者没有关联。

值得注意的是，一些有关建筑理论性、艺术性的表述，如实用、美观，以及材料的力学特征等等，在伊东忠太书中的那一节都没有提及，这或也从一个侧面证明，林徽因更重视"论"，包括艺术层面与技术层面的"论"。

对这两篇文字稍加阅读就会发现，这是两个性格截然不同（且年龄相差37岁）的学者，各自就同一件事情所做的风格迥异的表述。如果说伊东忠太的这段文字，更像是一位老成的建筑史家刻板、严谨、逻辑的学术性文字，那么林徽因的这篇文章，信笔由墨，挥洒自如，文笔简练，如散文般娓娓道来，却自成逻辑，对极刻板的建筑问题，如讲故事般轻松潇洒，更像一位优雅而朝气蓬勃的青年建筑师的文论性表述。

与伊东忠太"就房屋说房屋"不同，林徽因受的是西式教育，其论开门见山就谈维特鲁威的"坚固、实用、美观"建筑三原则，文中也多提及西方建筑、欧洲建筑、古典派等等概念。两者之间在文章结构上没有任何雷同的表述，在逻辑顺序上，更是各自成章，彼此没有关联。

那么，《新京报》记者所转述的朱涛的话——"我吃惊地发现，梁思成的研究还有大量的空白，大量的研究都是想当然的重复和抄袭，很少有独立发掘史料的分析"。就十分令人费解了。需要注意的是，据记者的引言，朱涛似乎在这里用了特别严苛的词——"重复和抄袭"。我不知道这样的罪名是依据什么样的逻辑方式得出来的，因为经过了仔细的对比，笔者也找不到两篇文字中任何一句话完全相同，可以称得上是"重复或抄袭"的语句。这一指责究竟是空穴来风，还是捕风捉影？

当然，毋庸讳言，林徽因先生的文章中，很可能也会有借鉴前人建筑著作中的内容。仔细地搜寻，大约能发现两处。

1. 提到了维特鲁威的"实用、坚固、美观"建筑三原则。这是建筑界的常识性知识。

2. 其文中所说："在四根垂直柱的上端，用两横梁两横枋周围牵制成一'间架'。" 像是借鉴了15世纪意大利人菲拉雷特的建筑起源观念，或18世纪法国人洛基耶的原始棚屋概念。只是这里用来表述中国建筑的"间架"概念，与菲拉雷特或洛基耶的观点没有任何上下文语境关系。应该属于间接借鉴，或受其启发，而用之于中国建筑表述。但也可以由此看出林徽因对西方建筑理论的熟悉程度。重要的是，这两点伊东都没有提到。

我们知道林徽因先生是在英国长大，又在美国读书，日文并非其专长。说林先生在伊东忠太的《中国建筑史》中文版出版之前写这篇文章的时候，就熟知伊东书中的内容，当是臆测。但也不排除林先生文字中，可能从不同渠道借鉴了与伊东书中内容相类似的东西。仔细搜寻，大约可以看出三点。

其一，林徽因在综述部分提到了"东方三大系建筑"（原文是："不止在东方三大系建筑之中，较其他两系——印度及亚拉伯（回教建筑）——享寿特长，通行地面特广，而艺术又独臻于最高成熟点。" ）；而伊东在其书总论第一节也提到了"在东洋亦自有三大系统"（原文是："三大系统者，一中国系，二印度系，三回教系。" ），两种表述各不相同，然而说的却是同一件事情。

这一说法究竟是始自伊东忠太，还是世界建筑史中已有的常识性概念，还无法确定。但是，至少在伊东之前的英国人弗莱彻尔的《比较建筑史》中，在那棵著名的"建筑之树"上，位于树干下部右侧的三根树枝，分别是中国建筑、印度建筑与亚述建筑。亚述文明代表的是阿拉伯游牧民族祖先闪米特人的古老文明。也就是说，这里的三根树枝，恰恰说明了英国人弗莱彻尔在其世界建筑体系中，就是将亚洲古代建筑分为中国、印度与亚述这三个古代文明体系的。伊东的三大系之说，很可能就是从这里借鉴而来（注意：伊东对于自己的诸多观点，也没有标明任何出处）。如此可以推测：熟悉西方建筑史的林徽因，很大程度上是从西方著作中获得这一概念的，尽管我们不排除她也可能知道伊东提到了这一概念。

其二，林徽因在谈到外国人眼中的中国建筑屋顶时，说到了："有说中国屋顶乃根据游牧时代帐幕者，有说象形蔽天之松枝者，有目中国飞檐为怪诞者，有谓中国建筑类儿戏者，有的全由走兽龙头方面，无谓地探讨意义，几乎不值得在此费时反证。"这似乎与伊东有关中国建筑特征之"外观"描述中，提到的天幕起源说、构造起源说，及喜马拉雅杉树说有一点关联。

对中国建筑的这一推测，亦出自西人的著作。1905年出版的弗莱彻尔的《比较建筑史》第五版第649页，提到中国建筑起源于"tent"（帐篷）或"bamboos"（竹）。而在该书第五版的索引文献中还透露出，在1890年出版的另外一本英文建筑书中，对于"tent"起源说已经给予了质疑。这说明中国建筑屋顶的"帐幕起源说"，早在19世纪的弗莱彻尔之前就已经存在，更遑论20世纪的伊东忠太。乐嘉藻的《中国建筑史》中也有类似的论述，如他在提到中国建筑的屋顶时，认为其可能来自北方之"幄"。他进一步延伸说："幄者，幕也，亦即今日蒙古人所用之行帐。……其最单简者，但用两片编系之物，相倚而成人字之形。"当然，乐嘉藻之书出版于1933年，时间略晚于林徽因文。由此可知，这些观念很可能在当时已成常识。

林徽因是从西方著作，还是从伊东书中获知这一概念，无从考证。因为两个人所引概念并不相同，伊东用了"天幕"概念，意为天穹，而林先生用了"帐幕"概念。可能两人在观点上并无交集。但林先生在"有说"之语时，其实已经申明此类诸说，其来有自。只是她不屑于深究这一话题。

其三，林徽因也提到了中国建筑的平面布置，中国建筑"平面布置上最特殊处是绝对本均衡对称的原则，左右均分的对峙"。她同时谈到："例外于均衡布置建筑，也有许多。因这样沉闷的布置，致激起浪漫的变化；此若园庭，别墅，宫苑楼阁者是，平面上极其曲折变化，与对称的布置正相反其性质。"伊东关于这一问题的论述，确实也取了类似的描述："中国建筑之平面布置，不问其建筑之种类如何，殆常取左右均齐之势，此亦事实也。""然中国人有特别之必要时，亦有破除左右均齐之习惯而取不规则之平面配置者。"这里既难以排除林先生可能从伊东处有所借鉴，也难以排除她早已从西方人有关中国建筑的描述中，了解了这一观点。或者说，作为一位建筑学家，她和梁思成先生，对于自己熟知的中国建筑，与西方人，或日本人，在面对相同问题时得出了相同结论。（关键是中国传统建筑"平面布置上均衡对称"是客观存在的"事实"，人所共察，只要是研究中国传统建筑的人都可以通过归纳总结得出这个结论。并非后来研究之人只能通过前人的结论才能认识到这一点。英国人弗莱彻尔的《比较建筑史》中，在谈到中国建筑时，也有相同的论述。）

对于林先生文章与伊东忠太中文版本（注意：中文版本的问世晚于林先生文章数年。）仔细对照找出的这三点可能有所关联的内容，如果加以评判的话，最严苛者，也不过是"借鉴"。而且，客观上，我们也不必排除林先生有可能通过懂日语的梁思成先生，对伊东著作中某些观点有所了解的可能。对梁思成、林徽因素有研究的赖德霖先生，也提到了梁思成与林徽因可能借鉴了伊东忠太著作中的个别观念。

洋洋近万言的文章，在仅仅几处几乎是常识性的概念上，略与伊东忠太相近，本来就算不得什么了不起的事情。如果从对于中国建筑史早期学者最初心路历程的形成，或学术语境之建构的解释，对这几点借鉴加以提及，并有善意的分析，是无可厚非的。但睁着眼睛说瞎话，硬是将不多的几处建筑常识性观念上的相互接近，说成是"大段文字都借鉴了日本人伊东忠太写的《支那建筑史》一书，而非他们原创"，"大量的研究都是想当然的重复和抄袭，很少有独立发掘史料的分析"。这种罔顾事实的胡说八道，就只能是令人不齿的了。

写到这里，不禁令笔者联想到了鲁迅的一段故事。鲁迅的《中国小说史略》

也曾被人诬为有"抄袭"、"剽窃"日本人盐谷氏书中内容的做法，鲁迅在其所写《不是信》一文中特别提到了这件事情，这里或可摘其一二：

> 盐谷氏的书，确是我的参考书之一，我的《小说史略》二十八篇的第二篇，是根据它的，还有论《红楼梦》的几点和一张《贾氏系图》，也是根据它的，但不过是大意，次序和意见就很不同。其他二十六篇，我都有我独立的准备，证据是和他的所说还时常相反。……其余分量，取舍，考证的不同，尤难枚举。自然，大致是不能不同的，例如他说汉后有唐，唐后有宋，我也这样说，因为都以中国史实为"蓝本"。我无法"捏造得新奇"，虽然塞文狄斯的事实和"四书"合成的时代也不妨创造。但我的意见，却以为似乎不可，因为历史和诗歌小说是两样的。诗歌小说虽有人说同是天才即不妨所见略同，所作相像，但我以为究竟也以独创为贵；历史则是纪事，固然不当偷成书，但也不必全两样。说诗歌小说相类不妨，历史有几点近似便是"摽窃"，那是"正人君子"的特别意见，只在以"一言半语""侵犯""鲁迅先生"时才适用的。

鲁迅先生比梁思成、林徽因要年长一些，不过，大约也在同一时代生活过一段。鲁迅的这些话，大致也代表了那个时候知识分子的学术原则。不同的诗歌与小说彼此是不能有相近之处的，但有关客观事实的讨论或历史性研究则不然。不同的文章在说相同的事情时，彼此有一点相互的借鉴，也是可能的。关键是要有自己的文字架构、自己的表述方式和自己的逻辑链。如果说在对于个别事实性问题上，有相同或相近的表述，就大惊小怪，那或也应了鲁迅所说的那句话："他说汉后有唐，唐后有宋，我也这样说，因为都以中国史实为'蓝本'。我无法'捏造得新奇'。"比如，说到中国建筑的平面特征，有谁能够凭空地"捏造出"一个与伊东忠太的描述毫无关联的"新奇的"事实呢？

林徽因在写中国建筑特征的时候，用了自己的话，表述的绝大部分也是自己独特的观点，甚至用了具有自己风格的语言特征，只是在个别常识性、事实性问题上，说了与同行学者大致相近的话，或者说，其中可能借鉴了一点什么，就被夸大为"大段文字都借鉴了……而非他们原创"并被归在"想当然的重复和抄袭"之列。这样的做法，或也正是貌似"正人君子"的人的"特别意见"，只是在颠覆建筑史学史、诋毁前辈学者，借以抬高自己身价的时候才适用的。

　　需要提到的一点是，在鲁迅的《中国小说史略》被诬有"抄袭"时，胡适曾经站出来为鲁迅辩解。这说明在当时的知识界，在谈到历史等客观性问题时，以事实为蓝本，"他说汉后有唐，唐后有宋，我也这样说"，并算不得有什么不当。只是今日后生无事生非罢了。

撰文：王贵祥

2014年1月18日

卷三　建筑史学

经堂入奥，朱尘筵些。

（注曰）西南隅谓之奥。朱，丹也。尘，承尘也。筵，席也。《诗》云："肆筵设机。"言升殿过堂，入房至室奥处，上则有朱画承尘，下则有簟筵好席，可以休息也。或曰：朱尘筵，谓承尘搏壁，曼延相连接也。经一作径，古本作升；奥《释文》作隩，搏一作薄。

——[汉]王逸注．楚辞章句．卷九．招魂

卷三之一
关于中国建筑史研究分期的几点拙见

中国建筑史研究作为一门学科，如果以乐嘉藻的《中国建筑史》算起已经有了近百年的历史，前后经历了20世纪30年代的奠基期，50年代的拓展期，80年代的发展期，直至近十余年来的繁荣期，渐渐出现了蔚为大观的景象。

一、中国建筑史学的奠基期

中国建筑史的研究之途上留下了几代人的足迹，如果说最初乐家藻、伊东忠太、关野贞的研究，还只是一个学科开展的前奏，还不具有充分的中国人的学术自觉意识，那么，由朱启钤先生主办的中国营造学社，是一个中国人主动、自觉地研究自己的建筑历史开端。而在这一学术机构中的两根擎梁柱就是刘敦桢与梁思成先生。

梁、刘两位先生在中国建筑史研究方面，也是各有特点的。这一点梁先生的弟子莫宗江先生特别说起过。莫先生认为，受过西方经典建筑教育的梁思成先生，及其夫人林徽因先生，对于西方建筑历史的研究路数十分谙熟。所以，梁先生主要走的是建筑考古与法式研究的路子。建筑考古，就是按照西方文艺复兴以来的传统路数，对重要的古建筑遗迹进行系统的测绘考察、记录。因为要理解这些建筑实物，必须对古代建筑的规则有充分的把握，所以梁先生特别着力于古典建筑法式制度的研究。这一点，从梁先生所作的大量建筑测绘考察及撰著的《清式营造则例》，及后来从事的《宋〈营造法式〉注释》研究，可以看出来。

同样受过良好现代建筑教育的刘敦桢先生，也十分重视考古学的建筑研究手段，做了大量古建筑调查，但是，由于有更多东方文化传统的熏染，刘先生对于历史文献与史料上看得更重。这从刘先生的《大壮室笔记》、《同治重修圆明园史料》、《〈清皇城宫殿衙署图〉年代考》等许多文章中都可以看出来。

正因为如此，两位巨匠分别负责了中国营造学社中两个最为重要的学术部门，梁先生负责法式部，刘先生负责文献部。

此外，梁思成先生更关注古建筑的保护与从历史建筑中汲取建筑创作的元素。这从梁先生对曲阜孔庙、杭州六和塔所作的修葺保护及复原设计，及梁先生所写的《建筑设计参考图集序》，以及参考图集每一集的简说，如《台基简说》、《石栏杆简说》、《店面简说》、《斗栱简说》等，反映了梁先生对于建筑历史研究可能服务于当前设计的热切心情。相比较之，如果说梁思成先生还保持了较多建筑师的热情与敏感，刘敦桢先生则更多地保持了史家的矜持与冷静。

当然，将两人生硬地划分也是不恰当的，梁思成先生同样有十分深厚的史料与文献功底，而刘敦桢先生也同样重视建筑案例的调查与研究，甚至自己参与古代园林的修复与设计。所以，应该说两位巨匠，在各自秉持自己学术文脉的同时，也都展现了其全面、综合的学术兴趣与深厚、广博的学术功力。

刘敦桢与梁思成先生最为重要的功绩是奠定了中国建筑史的学理基础，并基本上确立了中国古代建筑史的学术框架。自中国营造学社以来，中国建筑史研究虽然已经经历了半个多世纪的发展，但其基本的学术研究方法论、基本的学术研究方向、基本的学理范畴，都还是沿着梁、刘两位前辈学者所开拓的道路上前进的。我们现今的研究，除了史料发掘得更为深入，建筑实例的考察更为细致，研究的视角更为拓展之外，其大略的研究方法上，还没有超出刘敦桢与梁思成先生已经实践过的范围。

二、中国建筑史学的拓展期

中国营造学社作为一个学术机构，其学术贡献不仅在于奠定了中国建筑史的学科基础，为后来的中国建筑史研究引导了方向，拓展了道路；更重要的是，学社也是一个培养机构。在梁思成与刘敦桢两位巨匠的直接带领与指导下，中国建筑史学研究的第一代传承者在学社的环境下出现了。这就是曾经做过两位先生的助手的莫宗江、陈明达、罗哲文，以及曾经与梁先生等共事的鲍鼎、刘治平、龙非了、王璞子、单世元等先生。他们除了在学社工作或与学社合作期间的学术成就外，也在建国以后的五十年代，为中国建筑史的拓展性研究做出了重要贡献。特别是陈明达先生的研究，具有承上启下的作用。陈先生对于应县木塔的研究，以及对营造法式大木作制度的研究，为我们后来的建筑史学者树立了一个既严谨求实又富于探索精神的典范。与这些重要的学社成员大约同时或稍晚的，还有一些重要的学者，如赵正之先生、卢绳先生、祁英涛先生、杜仙洲先生、杨慎初先生等，他们都在各自的领域，为中国建筑史学做出了自己的贡献。

五十年代中国建筑史学的重要成就之一，是梁思成与刘敦桢先生创办的中国建筑历史研究室，即今天的建设部建筑历史研究所，当时分别在北京和南京都设有分室。这一研究室的建立，使中国建筑史研究纳入了国家支持的研究范围。在这一研究室的学者，以及五十年代梁思成先生等为文物局系统开设的古建培训班的基础上培养的一批学者，为中国建筑史的拓展做出了贡献。他们不仅对中国古代建筑的保存现状做了一次普遍的考察研究，确立了第一批全国文物保护单位与省级文物保护单位，初步摸清了中国古代建筑的保存状况，也对这一大批建筑实例进行了较为系统的研究。正是在这一时代，培养与锻炼了一批中国建筑史学研究的中坚力量，包括傅熹年、杨鸿勋、王世仁、孙大章等独具成果的学者，以及柴泽俊、孟繁兴等一批活跃在文物建筑保护与研究第一线的保护专家与研究学者。

同时，在这一时期活跃在高等院校中的从事中国建筑史教学与研究的学者，从潘谷西、郭湖生、刘叙杰，到楼庆西、徐伯安、郭黛姮、陆元鼎、路秉杰、侯幼彬等，都是辛勤耕耘在中国建筑史教学与研究第一线，在自己的研究领域孜孜以求的重要学者。他们的贡献不仅在于培养了大量建筑史学研究与教学的后来者，也更多地体现在他们通过严谨治学而获得的丰富成果上。他们以自己的言传身教以及研究成果，直接地参与、引导，并影响了20世纪80年代兴起的建筑史学研究的发展期。如郭湖生先生开拓的对于东方建筑的综合研究，就是一个颇具视野的研究领域。为活跃拓展与活跃中国建筑史学研究做出了贡献。

这一时期最重要的学术成果，就是刘敦桢先生主编、八易其稿的《中国古代建筑史》一书。同时，还有一本集体协作的《中国建筑技术史》，也是这一时期的成果之一。

刘敦桢先生主编的《中国古代建筑史》集中了一个时代的学术研究成果，堪称典范之作。其架构、内容，及严谨、朴实的学风，都为后来的建筑史学工作者提供了一个明晰的样板。尽管由于时代的局限，以及当时考古、文献资料的不足，还只是一个阶段性的成果，但也是那个时代所能够达到学术的制高点。最令人感到赞叹的是，在那样一个是非颠倒的时代，中国传统文化遭到了前所未有的冲击与破坏，但这本书无论从其所选用的史料之严谨，还是其所阐发的观点之得体方面，都可以说是恰到好处。正因为如此，这才是一部与那时的许多跟风之论大相径庭的、经得起时代检验的学术大作。

为什么要将这一时期称为拓展期，而不是发展期，原因是这一时期中国的特定历史状态。在20世纪50年代至60年代，是一个非常不适合学术大发展的时期，特别是像中国建筑史这样的学科，其研究的对象，是传统社会的城市与建筑，而这些时代建筑中大量留存的主要还是帝王的宫殿、陵寝，神佛的庙堂，官吏的衙署，地主的宅舍，这在那个特定的时代，都是要被否定的因素。而且，在极端的情况下，只要是古代的、传统的，都在被批判，被否定之列，否则，一顶"厚古薄今"的帽子，就可以压得人抬不起头来。梁思成先生就反复受到了"复古主义"的批判。

在这样一个特殊的历史背景下，一方面，学术受到了压抑，但在另外一个方面，毕竟是在一个和平的环境中，又是新中国成立之初，对于自己的传统文化发掘与研究，也在一定程度上得到了国家的支持与提倡，如那一时期开展的文物建筑普查，以及集体编写的中国建筑历史书籍等，都反映了这一点。这应该是一个料峭春寒的时期，是一个有寒流，也有春风的时期。

三、中国建筑史学的发展期

1978年以来的改革开放，使中国建筑史的研究进入了一个重要的发展期。一方面，前面说到的以傅熹年、潘谷西为代表的那一代学者，无论是在建筑历史与考古研究机构中，还是在高等院校中，都进入了最为旺盛的学术创造期。他们的学术积淀，在这一时期得到了充分的发挥。

同时，改革开放初期培养的一批研究生、本科生，也恰好承续了这一发展潮流，出现了一大批中青年建筑史学者，如萧默、曹汛、朱光亚、王其亨、吴庆洲、陈薇、张十庆、常青等等。这一批学者，既起到了绍继学术血脉的作用，渐渐成为20世纪90年代以来建筑教育界在建筑历史教学与学术研究方面的骨干；也成为拓展建筑历史研究领域，活跃建筑历史学术氛围的中坚。这可以从历年来日渐活跃的中国建筑史学方面的学术会议中人才济济的现象中就可以看得出来。

还要提到的是，这一时期兴起的中国近代建筑史的研究，由清华大学汪坦教授提倡，并蔚为成风，也在各个高校及一些地方文物部门形成了一股独特的、非常有影响力的研究队伍。中国近代建筑史研究的学术年会及会议论文集，以及陆元鼎先生主持的中国民居建筑的学术年会，是中国建筑史学界最引人注目的两个重要例行学术会议，其成果也是颇为令人赞叹的。

这一时期的最重要成果是五卷本的《中国古代建筑史》和傅熹年等先生的学术专著，以及一大批重要的建筑史专著、论文集与文章。从这些学术专著与论文中，我们看到了十分开阔的学术视野，十分深入的史料挖掘，十分独到的学术见解。

四、中国建筑史学的繁荣期

其实，中国建筑史学学术发展的第三期与第四期之间是很难进行明确划分的。但是，可以十分清晰地看出，自20世纪90年代以来，中国建筑史研究确实进入了一个十分活跃与繁荣的时期。

这一时期的特点是，关注建筑史学的人越来越多，报考建筑史的研究生数量明显增长，高校研究生中高质量的论文越来越多。如果说，80年代的年轻学生们还更多地心仪国外，毕业以后急于寻求出国的途径，90年代以来，特别是近十余年来，青年学生们越来越将目光放在中国的事物上，对中国建筑史的关注，也成为情理中的事情。

近些年来，中国建筑史领域的博士论文与硕士论文的数量与质量，有了令人可喜的增长与提高。就我看到的清华大学、东南大学、天津大学等学校的建筑史学博士论文，其发掘文献之深、囊括资料之丰、文献索引之规范、学术观点之深入与新颖，都是极其令人兴奋的。这当然与现在活跃在高校教学与研究第一线的建筑历史中老年教师们的辛勤耕耘是分不开的，但同时也反映了一个时代的潮流。现在各个高校的建筑历史学科的学子，比起他们80年代与90年代的学长们，有了更新的知识结构，同时，也有了更多对于民族文化复兴的责任感与信心。

还有一个原因是，随着数字时代的到来，网络信息、电子资料，为学术研究提供了非常便捷的手段。现在的年轻人，可以在很短的时间内，将一个领域的学术研究动态与相关资料搜寻与整理出来，从而梳理出一个研究提纲。在研究过程中，无论是资料查询手段，图片搜集手段，照片摄制手段，都是极其便利与快捷的。过去的学者们要穷日经年、皓首穷经才能够搜集到的资料与文献，现在的年轻人只需要在很短的时间内就可以整理出来。研究手段的变化，大大地拓展了我们的研究视野，也拓展了我们的研究空间。目前各个高校已经有一批年轻教师，以及博士后、博士，构成了一个强有力的学术团队。中国建筑史研究更大高潮的出现应该是指日可待的。

需要说明的是，这里的研究分期，主要是就中国大陆的情况而谈的，港台地区，以及日本、韩国、美国、澳大利亚、新加坡等，都有一些从事东亚建筑史，或中国建筑史的学者，他们都有很好的学术发展与成就，恕不在这篇短笺中赘述了。

这样粗略地划分学术分期，应该说是一个大致的轮廓。其中所涉及的学者及其成就，更是挂一漏万。这里不揣浅陋，拿出来与诸位同人交流，一是和大家讨论，以求理出一个大家都能认可的建筑史学史的分期概念的头绪；二是对中国建筑史的研究作一点回顾，既是对刘敦桢、梁思成先生的一个缅怀，也希望通过对中国建筑史学的充满希望的现在与未来的回顾与展望，而告慰他们的在天之灵。

原载东南大学《刘敦桢先生诞辰110周年暨中国建筑史学史研讨会论文集》

2007年10月

卷三之二
关于建筑史学研究的几点思考

当我们将建筑历史科学研究，放在个人的学术与学科背景之下进行思考的时候，对建筑历史科学研究的目的、意义与目标，可能会产生一些疑惑。譬如，建筑历史与理论研究主要应归属于哪一个学科领域；建筑历史与理论研究的主要方向及未来发展是什么；建筑历史研究所关注的主要研究对象是什么。实际上，对于这些看似简单的问题，如果深究一下，也往往使人不得其解。而这些问题不解决，不仅在客观上束缚了这一学科的发展，而且也使这一学科与迅速发展着的相关学科之间出现不平衡，从而与当前日益深入与拓展的学术研究的大氛围不十分协调。

首先，建筑历史科学是一门边缘性与综合性的学科。例如，人们习惯上将某些学科纳入自然科学的领域，而将另外一些学科纳入人文社会科学的领域；或者，在一个大的领域中，某些学科属于基础学科，另外一些学科属于应用学科；某些学科属于技术类学科，另外一些学科属于艺术类学科，等等。但是，对建筑历史与理论学科，我们却很难做出像上述那样直接而明确的界定。

从一般的概念上讲，建筑历史学属于建筑学的一个分支，着重研究建筑发展的历史，而建筑学基本上应当属于工程技术类学科，因此，建筑历史研究就应当属于工程技术类的学科领域。实际上，我们多年来所从事的对于历代建筑的考察、测绘，以及为保护这些建筑而进行的一系列技术性的研究工作，都属于这一学科门类。

另外，建筑学属于与艺术学科亲缘很近的一门学科，建筑教育的很大一部分内容，是艺术教育。而世界与中国历史上的建筑，总是能够为我们或是了解过去的艺术，或是创造当代与未来的艺术，提供一个深广的源泉。因此，建筑历史研究，又可以归属于艺术类的学科领域。目前，许多的艺术类院校内，为学生开设了建筑历史课程或讲座，恐怕就是基于这样的考虑。

同时，我们还注意到，建筑历史也属于历史与考古科学的一部分。建筑发展的历史，是社会发展历史的一面镜子，正是通过对每一时代建筑之遗存的研究，人们对于那一时代的文化、政治与经济的历史，有了更为深刻的了解。历史建筑本身就是一部巨大的史书，翻开其中的每一页，都会发现许多丰富的史料与文化的内涵。因此，建筑历史研究又应当归属于人文科学或社会科学的研究范围。事实上，建筑史学应当属于艺术史学的一个分支。

　　然而，事情还不仅止于此。如果稍稍留意一下，我们又会发现，人类文化史上的一些巨匠，也曾在建筑历史科学的学术领域留下过足迹。如哲学家黑格尔从美学的角度对建筑历史的研究，诗人歌德对于哥特式建筑的研究，文艺复兴时代的艺术巨匠米开朗基罗、拉斐尔等甚至亲自参与建筑创作。正因如此，建筑历史学科又可能与哲学、美学等高深玄奥、形而上学的学科之间发生联系。

　　由目前的学科发展来看，建筑历史研究已经渗透到许多不同的领域。例如，在考古学、历史科学、美学、艺术史、美术史、文化史、城市史、科学技术史、宗教史、民族史、神话学、人类文化学、跨文化比较研究、文物建筑保护科学，以及图像学、解释学、心理学、符号学、现象学等许多不同的，甚至十分玄奥的学科领域中，都有人从事或涉及建筑历史学科的研究。还有更多的从事科学普及事业的人们，把建筑的历史与文化繁荣和民族振兴联系在一起。

　　建筑历史作为一门学科，在西方已经有了二百多年的历史。西方建筑史学是随着启蒙运动与理性崛起，并伴随着地理大发现与殖民扩张而逐渐形成的。早期的西方建筑史学是艺术史学的一个分支，并与在近代兴起的考古科学密切相关。而在中国这样一个具有十分强烈的历史意识的国度里，关于建筑之历史的学术兴趣，可能发轫于更早的时代。中国历史上有过不少以历史上某一时代的城市与建筑为主要题材的记述性著作，如北魏的《洛阳伽蓝记》、唐代的《两京新记》及唐《酉阳杂俎》中的《寺塔记》、宋代的《东京梦华录》、清代的《历代宅京记》，等等。然而，现代意义上的建筑历史研究，在中国仅有不足百年的历史。

　　在中国的建筑历史研究中，最初主要着力于从历史文献中发掘建筑发展的历史脉络，随着欧风西渐，以梁思成、刘敦桢先生为代表的学界前辈们渐渐将西方考古科学与逻辑推演的方法引入了建筑历史研究，从而建立了现代中国建筑历史科学的体系，使中国建筑史学逐渐成为一个独立的具有深厚学术内涵的学科体系，并使之在世界建筑史学领域中，占有了一席之地。

半个多世纪以来，经过几代人的努力，中国建筑史学已经成为一个相当完备的学科体系，在中国古代建筑史、中国近代建筑史、中国城市史、中国园林史、中国民居研究、中国少数民族建筑史等多个方面，取得了长足的进展，并在科学技术史、建筑艺术史、美术史、中西建筑比较研究、中日建筑比较研究、中国与东南亚建筑比较研究、古代中国与西域建筑文化交流等多个方面，取得了丰硕的研究成果。

然而，新的问题也接踵而至。譬如：在一部或两部系统的建筑历史著作问世之后，建筑历史的深入研究还有没有必要；今后的建筑历史研究是否仍然应该主要着力于对历史建筑遗存的现状记录与原状复原；除了对建筑的工程技术与造型或空间的艺术做进一步的研究发掘之外，建筑历史研究是否已经无事可做；建筑历史研究是否只是与建筑领域发生关联，而与建筑之外的尤其是许多形而上的学科领域无所相关，如此等等。

事实上，从学科发展的角度来看，中国建筑历史的研究，大约可以分为三个阶段：第一个阶段，可以称之为文献考古阶段，主要是从历史文献中发掘建筑发展的脉络，无论是古代、近代或现代学者所进行的基于建筑之文献史料性的著述，都属于这一阶段；第二个阶段，是实物考古阶段，即对历史上的建筑遗存进行实地的测绘与研究，由营造学社开创的研究工作，以及新中国成立以来所进行的大量建筑考察与研究工作，主要体现在这一阶段；第三个阶段，是对建筑之诠释性阶段，即对建筑之文化内涵，象征意义，发展成因等问题进行探索。如果说前两个阶段，主要着眼于建筑之"是什么"的问题，这第三个阶段，则主要是着眼于"为什么"的问题。

在相当一段时间里，人们的研究兴趣主要放在历史建筑之"是什么"方面，大量的建筑测绘图录、建筑考察报告、关于建筑的历史沿革分析，以及建筑发展历史的论述，都属于这一方面。关于这一方面的研究，还在进一步深入，还有许多未曾涉足的领域。围绕这一方面的研究，还需要一批学者相当一段时间的努力。近年来，从一些新的角度，或应用新的文献与考古资料，对中国建筑历史做进一步的系统整理与阐发，是国内建筑史学界的大事。

此外，随着学术思想的进一步开放，学术氛围的进一步活跃，在国外学术发展趋势的影响下，关于历史建筑之"为什么"方面的研究，也正在日益展开。比如，关于建筑之"意义"的研究、关于空间的"质"的研究、关于空间"场所"的研究、关于空间"路径"与"终点"的研究等方面，已经逐渐渗入中国建筑历史学科之中；在近年来兴起的"风水"热中，特别是那些最初在"风水"研究领域披荆斩棘的拓荒者们，也都是在力求解决历史建筑及其环境之"为什么"方面的问题。

目前，关于建筑之"为什么"方面的问题，还只是一个刚刚开始展开的研究领域，对于这一领域整体的面貌与近期的发展，还很难得出一个完整的结论。我们可以根据国外相关领域的研究趋势，大略地作出一些分析或判断。

在这一领域中，人们所最关注的主要是建筑中所内涵的"意义"（Meaning）问题，如挪威建筑历史与理论学家诺伯格·舒尔茨（C. Norberg-Schulz）关于建筑的意义的研究，是中国建筑界所熟知的事情。他的笔端触及到古埃及、古罗马、中世纪基督教，以及近代与现代建筑，其着眼点在于建筑之意义内涵的一般性规律的探索。另外，舒尔茨关于"存在·空间·建筑"的研究，则从西方现代哲学的角度，对建筑中之"场所"、"路径"、"终点"等"存在空间"的性质与意义进行了分析。

当然，对古罗马建筑的穹顶、伊斯兰建筑的造型、印度神庙建筑、中国藏传佛教喇嘛塔、中国园林的山水空间等一些独到而特殊的方面，所内蕴之意义的研究，在国外学术界，也有人进行了专题的研究。研究建筑之象征性内涵，不仅仅涉及建筑的"意义"问题，也触及建筑的起源与发展的历史，如约翰·奥尼斯（John Onians）的著作《意义的载体——古代、中世纪与文艺复兴时代的古典柱式》，就是围绕西方建筑中"柱式"在不同时代的不同象征性内涵而展开的。在这方面，对中国建筑之内在的象征性及意义的研究，还刚刚在起步阶段。

有些人注意到了建筑形式的"符号学"与"心理学"方面的意义，将建筑的造型与细部装饰作符号学方面的探索，或对建筑空间的心理学意义进行探讨，也是一个诱人的学科领域。还有人由此出发，对应"环境心理学"而提出"心理环境学"的研究范畴，因而在建筑学与心理学之间，建立了更为紧密的联系。当然，在这些研究中都可能涉及建筑的意义问题。目前在国内已经有人开始从事这一方面的研究。

从事东西方建筑的比较研究，也往往是着眼于东方与西方建筑之间，各自生成的内在原因方面。例如：何以西方建筑以石结构为主，而东方建筑，特别是中国与日本的建筑以木结构为主；何以西方建筑多追求大体量的形体与空间，而东方建筑仅仅追求适度的空间与体量，诸如此类的问题，如果细究起来，仍然与建筑的意义与象征性等一般性的问题有所关联。柏克哈德（T. Burckhardt）的《东方与西方的神圣艺术》，就是一部关于东方与西方的艺术与建筑的比较性研究的重要著作。而这一方面的研究，在中国也正在兴起之中。

其实，这一方面的研究并不是孤立进行的。在近一个世纪以来的艺术史研究，以及文化人类学、神话学、宗教学研究中，早已有人对历史上的诸多艺术作品中所内涵的意义与象征性，进行了广泛与深入的研究。在艺术领域中，这一研究还渐渐衍生出一个新的学科领域——图像学领域，即对某一艺术作品（图像）中所内涵的意义的研究。这是"一门以历史——解释学为基础进行论证的科学，并把它的任务建立在对艺术品进行全面的文化——科学的解释上"。（贡布里希：《象征的图像》，中文版编者，杨思梁、范景中序）霍格韦尔夫（G. J. Hoogewerff）定义说："图像学关心艺术品的延伸甚于艺术品的素材，它旨在理解表现在（或隐藏于）造型形式中的象征意义、教义意义和神秘意义。"（转引自贡布里希：《象征的图像》，中文版编者序）在现代西方艺术史学领域，图像学已经成为一个占统治地位的分支。

事实上，艺术史学领域的图像学研究，是与现代哲学的发展分不开的。如德国现代哲学恩斯特·卡西尔（Ernst Cassirer）的研究，就对艺术史产生了深刻的影响。美国艺术史家潘诺夫斯基（E. Panofsky）在对图像学下定义时，曾经指出："这就是一般意义上所说的'文化象征史'或是恩斯特·卡西尔所说的文化符号（象征）史。"在这一学科领域中，"艺术史学者必须尽可能多地运用与他所认为的某件艺术品或某组艺术品的内涵意义相关的文化史料，来检验他认为是（自己所注意的）该艺术品的内涵意义"。潘诺夫斯基还特别指出："正是在寻求内在含义或内容时，人文科学的各学科在一个平等的水平上汇合，而不是相互充当女仆。"（以上

均转引自贡布里希：《象征的图像》，第420页，杨思梁、范景中编选）

　　建筑史学作为艺术史学的一个分支学科，必然会受到艺术史学发展的影响。上面谈到的对于建筑的象征性与意义的探索，归根到底，仍然是属于艺术史学中的图像学的领域，因而也可以归属为一门以历史——解释学为基础进行论证的学科。也许正是在这一领域中，建筑历史科学，与艺术史学，以及其他相关的人文科学的各个学科之间，有可能得以在一个平等的水平上汇合。从这一角度上讲，关于建筑之"为什么"的研究，较之关于建筑"是什么"的研究，在整个学科领域中，应该有着同等重要的意义与迫切性。

原载中国建筑工业出版社《建筑师》，第69期，1996年第4期

卷三之三
中国建筑史研究仍然有相当广阔的拓展空间

    滥觞于近一个世纪之前的中国建筑史学，经过梁思成、刘敦桢两位学界前哲披荆斩棘的开拓奠基，以及此后学者们纵横捭阖的拓展，学术成果已蔚为大观。其学术的端绪不仅在中国大陆、台湾与香港两岸三地藤蔓滋衍，也在日本、韩国、新加坡，及欧美一些国家的大学与学术研究机构登堂入室。如在美国一些著名大学的艺术与科学系所设的东亚研究中心，关于中国艺术史与中国建筑史的研究，已经成为这些系科的重要学术方向之一，一些学有所成的学者甚至将中国建筑史作为自己的主攻领域。而由欧美学者用英语或其他语种著述的有关中国建筑史学的专著，也以十分独特的视角为中国建筑史学拓展出更为广阔的研究范围，并为这一学科在国际学术界争得了一席之地，使之成为世界艺术史学与建筑史学的重要分支学科。然而，仅以中国古代建筑史研究而言，其研究的范围与深度，仍然有相当广阔的空间。以笔者愚见，目前的中国建筑历史研究至少可以从以下三个层面上展开：其一，艺术与技术的层面；其二，历史与社会的层面；其三；文化与思想的层面。

一、艺术与技术层面的研究

    建筑历史的研究始自艺术史的探索，西方建筑史发端于西方艺术史，而且至今仍在艺术史领域占有一席之地。中国建筑史从奠基之始，即植根于艺术史研究的层面。研究者着力于建筑的造型特征、时代风格、细部装饰、构件曲线、结构美感等等，皆着意于建筑艺术特征之阐释。对于一个时代的现存建筑进行深入缜密的测绘，通过其造型曲线、装饰趣味的细微变化，探讨当时社会的艺术取向，是建筑史学者所着意的目标之一。梁思成、刘敦桢、林徽因等老一辈学者为我们架构了中国古代建筑的艺术脉络与审美价值取向。我们今日的中国建筑艺术史观，无不受益于他们的研究成果。

同出于梁、刘门下的学者中，如莫宗江对建筑艺术之独特感受，陈明达对应县木塔之比例分析，罗哲文之钟情于长城、佛塔，其着力点也在建筑艺术的层面。而傅熹年对城市、宫殿，及建筑组群与单体内在比例的深入探讨，超越前人直觉的艺术感受，对于中国建筑空间与造型的艺术规律作出了更为理性的判断，使人们对于中国古代建筑的艺术内涵有了更为深刻的理解。最近，由萧默担纲，十余名中青年学者合作完成的《中国建筑艺术史》，几乎完全是围绕中国建筑艺术及其演变这一主题展开的。

然而，就中国建筑的特征而言，艺术的层面是不可能与技术的层面相剥离的。刘敦桢的《中国古代建筑史》，是在艺术与技术两个层面上阐释中国古代建筑的经典著作。梁思成的《清式营造则例》与《宋〈营造法式〉注释》更是在艺术与技术层面上透析中国古代建筑的鸿篇巨制。这里所谓的技术层面，并不是现代意义上的建筑技术。在这里，更重要的是探讨中国古代建筑究竟"是怎样"，以及如何建造成我们今天熟知的这个样子的问题。如平面、梁架、斗栱、装饰、彩画等等，与中国建筑艺术之造型与细部之处理诸多方面。从艺术与技术的层面上研究中国建筑，从根本上讲，就是解决一个何以是中国建筑的问题。也就是，中国建筑究竟"是什么"的问题。这是对中国建筑进行任何深入阐释的基础。没有这一研究，任何相关的研究都是没有根基的。目前的大部分中国建筑史研究，大都循了这一基本路径，且已取得了丰硕的成果。然而，这一层面的研究还远远没有结束，相关的研究课题仍然俯拾皆是。例如，对于中国古代建筑艺术内涵与结构特征的研究，就仍然有大量的疑难问题没有解决。

例如唐宋建筑中的"材分"制度问题。笔者曾注意到，建造于公元963年的山西平遥镇国寺大殿与建造于公元964年的福建福州华林寺大殿，两座建筑相距数千里，细部造型与建筑体量及相关实测尺寸相差很远，但因为两座建筑都是三开间单檐七铺作大殿，建造时间又十分接近，因而，两座大殿各部分实测数据折合成的材分数值关系却十分接近。而作为宋人称之为"构屋之制，以材为祖"的这种制度，究竟是怎样左右或影响了古代建筑的设计与施工的，这一问题至今仍然是一个未解之谜。类似的问题，在明清时代的"斗口"制度中也同样存在。同样，宋代彩画制度、小木作制度，虽然有梁思成先生的开山之作，为我们奠定了深入研究的基础，但因现有资料奇缺，因而研究难度很大，一些问题尚在悬疑之中，还有待后来学者进一步的探索。

类似的学术难题，在中国建筑史学研究中几乎比比皆是。而且，建筑艺术与技术层面，也不仅仅局限于造型、结构与装饰细部。例如，建筑组群方式及其空间特征应该也是一个十分重要的环节，然而，因为现存早期建筑中，完整的组群几乎没有，其研究的难度确实是十分巨大的。但许多古代文献中提到的建筑，恰恰更多的是关于组群、布局，反而较少涉及单体建筑的结构造型，从这一点上来看，似乎从建筑的艺术与技术层面上的深入研究，仍然有相当的潜力可以发掘。就是在单体建筑方面，也还有许多值得深入的地方，如我们依据现有实物习惯上认为八角形塔是从唐末才开始出现，而到宋代时才大规模普及。而历史资料显示，八角形的建筑平面，早在初唐时期就已经在大型殿阁建筑中使用，八角形塔是否在这一时期就已经可能出现，也是一个值得探讨的问题。另外，我们习惯上认为的盝顶式建筑是元代色目人将中亚地区的建筑与中国传统建筑结合而成的产物，而史料却说明，至少在宋代时，盝顶式屋顶已经是一个人们并不陌生的建筑造型形式。这些都说明，中国建筑史在艺术与技术层面上的研究，还有相当广阔的天地。

二、历史与社会层面的研究

毫无疑问，在艺术与技术层面上的中国建筑史研究，已经初步架构了中国建筑发展的历史框架体系。刘敦桢与梁思成的两部中国建筑史著，为我们确立了中国建筑史的基础文本叙述框架。在他们的研究中，我们同样感受到他们对历史与社会的关注。如刘敦桢先生对古代哲匠的研究，对六朝建筑装饰与当时社会的关系及其影响的探讨；梁思成先生对壁画中所表现的建筑现象的深入研究，等等。

但是，我们也注意到，由于现存历史建筑实例的极其缺乏，我们目前所从事的研究，还比较关注现有的建筑实例本身，而对历史上的建筑现象还没有作整体的考虑，而且，对于那些与建筑相关联的社会历史现象，也往往忽略。

基于现存实例基础上的资料陈述与历史阐释，是无懈可击的经典学术研究方法。问题是，如果我们就把这一叙述当做真实的历史，却是不大准确的。比如，由于唐代以前的建筑遗存几如凤毛麟角，如果我们仅从这些极少的实例中勾画出唐代以前建筑的历史面貌，几乎是不可能的事情。即使是实物资料比较丰富的宋、辽时代，我们也只是触摸到了历史实际的一些琐碎的片段，距离历史的真实仍然有相当的距离。尽管，我们不可能完全接近历史的真实，但既然是治历史科学，不断趋近于历史真实——如著名历史学家陈寅恪提出的对历史的"发覆"——的工作，还是应该有人去做的。

例如，我们对于佛教寺庙与道教宫观的认识，主要基于现存古代寺庙与宫观建筑。而现存寺庙宫观多是经过明清数百年修缮改造，可能个别单体仍然是唐宋时期的，但总体布局上却早已面目全非。从史料分析上来看，唐宋时期的寺庙与明清寺庙，在布局上是有很大差别的。如回廊的大量使用，如殿、法堂、讲堂、禅堂、庑、室、厨、浴室、厕的明确区分，如三门、后三门、门楼、大悲阁、藏经阁、罗汉阁、御书楼、转轮藏阁，甚至水磨亭阁及接待宾客用房的建造，在唐宋文献中都常有发现。其基本的布局模式也不像我们所熟知的明清寺庙那样用"一正殿、两配殿"的格局。

又如，中国古代官僚阶层主要出身于儒家，因而历代由官方提倡，地方官吏最为热心建造的建筑物，一般都是太学、府学、县学与文宣王庙（即后来的孔庙或文庙）。唐代京城长安城甚至出现过凡是出身儒门的官吏，每人必须捐俸多少，以修缮京城太学与文宣庙的史实。而且，从史料中可以看出，在有的州学中还专门辟出一个院落，设立招收童稚生的小学。这两类建筑不仅遍布全国，而且对于历代文化的传播、教育普及、及对偏远地区的民俗教化，乃至中华民族的文化一统，都曾经起过不可低估的作用。然而，由于历史遗存太少，尤其是早期的文庙与府、县学，大都经过后世的反复改建，完整的较早时代的建筑组群已经几乎没有，因而，在我们的建筑史研究中，这一重要的建筑门类，及其在历史中的地位，大略处于似有还无的状态。

其实，建筑史中类似的盲点还有很多，如历史上有过大量的礼祀性建筑，特别是历代帝王的庙堂，往往是历代宫廷君臣之间谈论最多的建筑。而在唐宋时代还出现一定级别以上的官吏可以建家庙的现象。对于这一类建筑的研究，目前几乎还处于空白状态。

而况，建筑历史研究，并不应当是孤立的建筑物的建造史的研究，而应当是人类历史与文化史的一个重要环节。对于中国建筑史而言，就应当是中华民族发展史，及中国历史的一个重要组成部分。建筑历史的研究应当是对中华民族的文明与历史的发覆探微与弘扬光大，是致力于使中华民族屹立于世界民族之林的文化建树与文明史建构，而不应当仅仅针对所谓"为今日建筑创作提供灵感"的纯功利主义的狭隘目标。

另外，我们还常常忽略的一个问题是建筑乃至城市的管理问题。宋代《营造法式》中，关于工限、料例问题的大量篇章，本来就已经是研究当时建筑管理乃至建筑结构与造型的一个十分有价值的领域。如果我们再深入到历史文献中，还会注意到，古代中国社会，尤其是宋代以来，其实已经有了相当完备的建筑建造与管理的功能与机构。如宋代政府机构中专门设立了"八作司"、"壕寨司"，承担政府直接负责的建筑物或城寨、水利等土木工程的营造建设，而宋代建设中，大量使用军队士兵，也是一个值得注意的现象。同时，在宋代京城中，还设有专门的"店宅务"，负责京城房屋的用地规划、房屋建设与出租管理。对于这些历史现象的研究，不仅对于建筑史是一个补充，而且对于城市史、社会史都有着十分重要的意义。至于在建筑历史研究中，过分注意历史的连续性，而把一些原本是片段的例证连缀在一起，由此得出的某些规律性的结论，更需要从历史与社会的层面上做出审慎的论证与推断，才能够使之立于坚实的科学基础之上。这也是在这一层面上深入推进中国建筑历史研究的目标之一。

三、文化与思想层面的研究

建筑现象从来就不是一个纯粹的物质现象。无论是作为艺术的建筑还是作为社会功用性的建筑，都与特定社会的历史文化背景密不可分。正是由于文化的千差万别，才使得世界建筑史呈现出五彩缤纷的多样性特征。尽管我们可以对一度出现的文化热进行批评，但是我们不能否认，世界建筑史的多样性特征，正是由文化的多样性引起的。

文化问题涉及民族历史、民族传统等多方面的因素。比如，中国古代的文化传统以儒教为中心，因而在建筑问题上有一种强烈的抑制性倾向。孔夫子就主张"卑宫室"，上古三代的尧因为将宫室建造成"茅茨土阶"的样子，成为历代帝王必须效仿的典范。汉文帝因为考虑到他拟建造的一座台观建筑的花费可能相当于普通人家的"十家之产"而决定放弃建造，成为历代儒士们批评帝王大兴土木的经典依据。因而，以"卑宫菲食"为特征的中国传统思维，在土木营造过程中倾向于一种节俭的趋势。

中国文化中，还有一种强烈的对于自然的尊崇态度，也包括对于农业生产的呵护。历史上的许多帝王都曾经诏令天下，以杜绝不合时宜的狩猎与砍伐行为。如果说中国古代的这些文化传统，在当时可能对中国建筑的发展造成了某种负面的影响，而在目前的历史条件下，却正是可以发掘其积极意义一面的最好时机。如建筑中的节俭问题、节约能源问题、对环境的尊重问题等，恰恰原本是中国传统文化中长久积淀的优秀成分，现在反而被人们所淡忘了。相反，欧洲历史上将建筑看做一种艺术，强调建筑的纪念性与精神品格，建筑往往容易建造得高大、雄伟、装饰华丽。在欧洲的历史上，几乎看不到类似中国传统文化中对于土木建筑营造的抑制性因素。这也无疑是造成西方历史建筑与中国传统建筑的巨大差异的原因之一。文化问题涉及宗教问题，对宗教中的文化内核的透析，对于特定宗教的艺术与建筑的成因的理解有一定的助益。如果避开各自建筑的文化成因，就建筑而谈建筑，就材料而谈材料，反而会陷入一个永远也走不出的怪圈之中。

文化问题也涉及文明史问题。各个民族的文化是在各自文明史的漫长发展过程中逐渐孕育发展出来的。文明的差异往往大于历史阶段的差异，这一点早已被历史和现实所证明。透过不同文明发展的历程，通过比较的方法，探讨不同文明与文化现象各自产生的原因与动力，是艺术史与建筑史研究领域久已被人们所接受的方法。在西方人的研究中，对伊斯兰、印度、中国、基督教等不同文明与文化在艺术与建筑上的各自特征，早在20世纪上半叶，就已经做了大量的研究工作。

其实研究方法论本身，就已经存在着文化的差异。从19世纪注重考证的兰克史学中走出来的西方人，在有关历史与文化的研究上似乎更关注整体、宏观角度研究，20世纪的西方年鉴学派历史学就是这方面的典型。而在20世纪兴起的西方文化哲学、文化解释学对诸多的历史现象，都曾提出了十分睿智而独到的见解。既然需要将建筑作为一种文化现象来分析，就要对那些将某种文化研究的方法论引入建筑研究的学术探索持宽容的态度。

相比较之下，我们目前的研究更着眼于局部的、个别的现象，就一个问题作深入细致的探讨推证。这无疑是一个值得提倡与坚持的研究方法，事实上我们在前面所提到的两个层面上的研究，大都是循了这样一种基本的研究方法。但我们不能说这是唯一正确的方法，而排除任何超越这一研究方法的可能尝试。就我们目前的状况来说，对于建筑历史现象作整体式的文化剖析的工作还远远没有展开，已经开展的研究，也仅仅是一些十分初步的尝试。而就研究的深度与广度来说，这种研究可能需要更多的资料积累与更广泛的知识背景。

在建筑思想之层面的研究上，这些年有不少学者进行过十分有益的探索。王世仁的《理性与浪漫的交织》对中国古代建筑美学思想的研究，王毅主要从中国古代归隐思想出发对古代园林文化进行的探讨，都是这方面成功的尝试。王其亨主持的清代皇家园林系列研究，组织了一批博士与硕士生，从不同的侧面对中国古典园林，尤其是清代皇家园林中蕴含的丰富思想进行了十分系统与深入的探讨。笔者曾经关注过的中国古代建筑思想中的"适形"论、"便生"论与"大壮"思想，对于理解中国传统建筑的本质，也是有一定助益的。

事实上，在这一方面的研究，还有着相当宽广的拓展空间。比如唐宋时代的官吏常常在自己建造的廨舍厅堂中撰写"厅壁记"，其中有大量抒发自己对这一建筑所处环境，及自身的思想情操、情趣追求等方面的记述，其中无疑隐含了相当丰富的建筑思想。

目前流行的一个术语"天人合一"，其实就是一个与建筑文化及古代社会文化都密切相关的思想命题。古代中国人对于"天"可谓诚惶诚恐。任何一点灾变，如干旱、多雨、雷暴、蝗灾、地震、日蚀、月蚀、火灾等等，都可以归之于上天对于人界天子的诫喻。一有灾异，帝王或者减膳，或者避开正殿、正寝，或者亲自过问狱讼，以防冤狱，甚至大赦天下，以期取得上天的宽恕；或者就是到佛寺、道观，以及五岳、四渎、后土的祠庙中祈祷设醮。而大臣们则趁机点评帝王的是是非非，而批评帝王大兴土木，阻止帝王从事某项建设的理由，往往都是乘着这一时机提出来的。这不仅对于研究古代中国人"天人合一"思想的实质有所帮助，而且，可以帮助我们深入了解历史上一些重要建筑事件起起落落的历史背景及其原因。而目前许多人所极力崇尚的所谓"天人合一"的观念，把古代人的思想理性化、理想化，多不过是现代人一厢情愿的想象而已。

说明：本文涉及的中国历史资料，因为不是专题论述，恕未及一一列出索引，但所涉均有历史文献依据。

原载于《建筑学报》2002年第6期

卷四　遗产保护

仰视承尘，雕木作花，中凸如蕊，下垂若倒置状。俯视其地，光明如镜，方砖一一可数。

——[清]姚元之. 竹叶亭杂记. 卷三

卷四之一
明清北京紫禁城的保护历史与现状^①

　　东亚宫殿建筑在世界建筑历史上具有重要的地位，在建筑结构体系与空间组织方式上，又有诸多的关联。因而，在中韩宫殿文物建筑保护方面，必有相当多彼此共同面临的问题与可以互相借鉴的解决之道。由韩国学者韩东洙教授主持的中韩宫殿文物建筑保护战略的比较研究，是一个十分有价值的课题，通过这一研究，或能加强与扩大中韩建筑历史与文物建筑保护学术界在学术研究、保护理念、保护技术等诸方面的交流与合作。

　　北京故宫博物院的前身是明清北京紫禁城宫殿，从其明初创建迄今已历585年的历史，成为目前世界上保存最为完整、规模最大的皇家宫殿建筑群。2005年正值北京紫禁城宫殿建成585周年暨故宫博物院成立80周年之际，中国紫禁城学学会与故宫博物院联合组织了纪念性国际学术交流活动，诚为历经沧桑的明清北京故宫的一件盛事，在这样一个时候，对明清北京紫禁城的建设与修缮，1949年以后北京明清故宫的保护与使用管理进行一下回顾，对北京紫禁城文物建筑的保护与利用的历史与现状及未来的发展策略，做一点描述与展望，具有一种特殊的意义。

一、明清北京紫禁城的建设与修缮

　　明初燕王朱棣曾因元代宫殿之旧，将其作为王府使用。《明太祖实录》中记载，明洪武三年七月辛卯，"诏建诸王府。工部尚书张允言：'诸王宫宜各因其国择地。请……燕用元旧内殿。……上可其奏，命以明年次第营之。"^②

---

① 本文系应韩国学者邀请所撰，清华大学建筑学院的韩国留学生白昭薰与博士研究生包志禹为本文收集了相关书籍与资料，在此加以说明。
② 明太祖实录，转引自中国紫禁城学会论文集．第一辑．王剑英、王红文．北京：紫禁城出版社，1997年，第95页。

明永乐初年定都北京之后，在元故宫的旧址上开始了大规模的宫殿建设。宫殿建成的准确日期是明永乐十八年（1420年）十一月，而于永乐十九年正式启用。而明北京宫殿建设的开始日期，一说为永乐七年（1406年）下诏，而永乐八年（1407年）动工，一说永乐十五年工匠才正式进入建设现场。[1]但以北京紫禁城规模如此宏大，而建造需要时日来看，永乐七年动工的可能性比较大，其间经历了15年的大规模建设。

在明代北京宫殿建立之前，明初洪武年间，曾经建造了两座宫殿。第一座是明太祖于洪武二年（1369年）在其家乡安徽临濠（今凤阳）建造的中都宫殿，前后用了6年时间，洪武八年，在中都宫殿即将建成之际，明太祖突然改变了主意，"诏建南京大内"。[2]而永乐北京宫殿，则沿用了明初南京、中都的制度。据《明太宗实录》："初，营建北京，凡庙社。郊祀、坛场、宫殿、门阙，规制悉如南京，而高敞壮丽过之。"[3]

永乐十八年（1420年），北京宫殿初具规模，明成祖朱棣敕谕礼部："自明年正月初一日始，以北京为京师，不称行在……"[4]翌年（1421年）正月初一日，朱棣在宫殿正衙奉天殿接受百官朝贺，此为明清北京宫殿建成并使用之始。

但是，永乐初的建设，应该只是初创，还有诸多未备之处。据《明英宗实录》记载："初太宗皇帝营建宫阙，尚多未备。"[5]宫殿建成之后，其外朝部分的奉天、华盖、谨身三座大殿，和内朝部分的乾清宫，于永乐十九年和二十年先后焚毁。而当时正忙于征讨的永乐帝，又于永乐二十二年七月崩于归途的榆木川。随之继位的仁宗朱高炽，曾有改北京为行在，复以南京为京师之意。但因仁宗驾崩，其后的宣宗朱瞻基也未再提起"还都南京"之事。宣德十年宣宗驾崩后，英宗朱祁镇绍续大

---

① 紫禁城建筑研究与保护——故宫博物院建院70周年回顾. 于倬云文. 北京：紫禁城出版社，1995年，第14页。

② 转引自紫禁城建筑研究与保护——故宫博物院建院70周年回顾. 单士元文. 北京：紫禁城出版社，1995年，第4页。

③ 明太宗实录，转引自中国紫禁城学会论文集. 第一辑. 王剑英、王红文. 北京：紫禁城出版社，1997年，第101页。

④ 明太宗实录. 卷117，转引自中国紫禁城学会论文集. 第一辑. 第107页，王剑英、王红文。

⑤ 明英宗实录. 卷65，正统5年3月戊申，转引自中国紫禁城学会论文集. 第一辑. 第107页，王剑英、王红文。

统，才又重新顾及北京都城与宫殿的建设。正统六年十一月，重建了外朝的奉天、华盖、谨身三殿，和内朝的乾清、坤宁二宫。①这可以说是明代宫殿建成后的第一次大规模重建与修缮工程，也使北京宫殿规模趋于完备。包括北京都城各个城门的具有防卫性的瓮城，以及郊祀用的天、地、日、月等坛庙，也是在明英宗朱祁镇及其弟朱祁钰当政的正统、景泰年间完成的。除了重建永乐末年遭焚毁的前三殿与后二宫外，明英宗还着力建造了宫殿御苑，如玉熙宫、大光明殿，及"小南城"（南内）的建设。②因此，据单士元先生的意见，明北京都城与宫殿的建设，肇始于明永乐年间，而完备于明正统年间。③

明嘉靖朝，北京宫殿遭遇了多起火灾。如嘉靖三十六年（1557年），宫殿外朝的三座大殿起火，火势一直蔓延到午门及左右朝房，"三殿十五门俱灾"。④这样一场造成宫殿中轴线前朝部分几乎成为废墟的灾难，在后来的时间里，陆续在原址重建，直到嘉靖四十一年（1562年）才恢复完成。第二次大火灾源于嘉靖皇帝与其后妃宫姬的嬉戏，结果将永乐初年建成的西宫——万寿宫彻底焚毁。火灾之后，嘉靖帝暂时移居玉熙宫，并重建了万寿宫。重建后的万寿宫位于今中海西侧，规模较前更为壮丽，其正殿仍为万寿宫，其后寝为寿源宫，左右分列东西四宫，东为万春、万和、万华、万宁；西为仙禧、仙乐、仙安、仙明。⑤其大规模建造西宫的原因，是嘉靖二十一年（1542年），嘉靖帝曾遭宫婢之变险些丧命，此后的他，有大约20年都不敢在大内居住，常年住在西宫。

万历二十五年（1597年），紫禁城前三殿再一次遭到火灾的侵袭。这次被灾之后的外朝三大殿，其荒凉程度不亚于嘉靖朝被灾后的情况，"自掖门内，直抵乾清宫门，一望荒芜"，⑥迟迟未能恢复重建。重建之功始于万历四十三年（1615年），

---

① 明史. 卷十；英宗前纪. 卷四十. 地理志. 。

② 小南城，又称南内，其翔凤殿曾是朱祁镇遭囚禁的地方，故复辟以后，英宗曾着力建设南内宫殿建筑，使其成为一座华美幽静，亭阁琳琅，林木葱郁的离宫，明嘉靖、万历朝，南内多有毁拆，现仅存皇史宬及后世改建的普度寺。参见紫禁城建筑研究与保护——故宫博物院建院70周年回顾，第7页，单士元文；另见第89页，姜舜源文，北京，紫禁城出版社，1995年。

③ 见紫禁城建筑研究与保护——故宫博物院建院70周年回顾. 单士元文. 北京：紫禁城出版社，1995年，第6页。

④ 同上，第7页，单士元文。

⑤ 同上。

⑥ 明神宗实录，台湾校勘本，江苏国学图书馆藏本，卷492，见：紫禁城建筑研究与保护——故宫博物院建院70周年回顾. 李燮平文. 北京：紫禁城出版社，1995年，第43页。

直到天启七年（1627年），工程才告结束。据单士元先生的意见，这时明代宫廷的财力已不如前，或许也因为巨大的木材已难搜求，故万历、天启时重建的三大殿，其高度体量，可能已不如明初三大殿般高大雄伟。这或可由北海琼华岛上的广寒殿，于万历七年倒坍以后，竟无力重建，而嘉靖年间重建的西宫大光明殿和南内延禧殿，在遭焚毁后，也再无力量恢复重建[①]，从中可以略窥一斑。

清代皇帝入主北京宫殿之后，对旧有的宫殿采取了沿用与修缮的原则。康熙二十九年（1690年），曾对前明所存殿阁楼亭数进行了一次统计，统计所得的数字为786座，可以知道当时的明代遗构已经占到了少数："以本朝宫殿数目轿之，不及前明十分之三。"清初顺治、康熙两朝，着力于对旧有前明宫殿的恢复重建。如外朝的太和殿，就经历了多次重建，由于明末的损毁，顺治三年（1646年）重建，康熙八年（1669年）再次重建，康熙十八年（1679年）又遭火灾，至康熙二十八年（1689年），进行了重修建造。顺治与康熙两代宫殿内修缮、修复所及的建筑，包括了午门、前三殿及东西六宫。

但据郑连章、姜舜源等先生的意见，清代对前明的旧构，基本采取的维护修缮的策略，并不是大规模地重建。郑连章对东六宫之一的钟粹宫大木作及彩画进行了研究，得出了"钟粹宫是明代早期的官式建筑"这一重要结论。[②]据姜舜源的研究，现存故宫"保和殿、中和殿、午门、神武门、西华门、四隅角楼、东西六宫，都基本是明代原物。东西六宫在顺治十二年（1655年），康熙二十二年（1683年）、二十五年（1686年），进行了一些修整，后来无大工程，到清后期，进行了一些庭院的改建。如咸丰九年（1859年）将启祥宫后殿改作长春宫的穿堂即体元殿，启祥宫前殿成为长春宫宫门，实际上是将两座宫殿改成一座；到同治时，又恢复长春宫前殿为太极殿。储秀宫至翊坤宫庭院在光绪时也进行了类似的改做"。[③]

清代宫殿中较大的工程是外东路宁寿宫的建设。清初宁寿宫沿用了明仁寿宫。

---

① 紫禁城建筑研究与保护——故宫博物院建院70周年回顾，第8页，单士元文。

② 清宫述闻·述禁垣·紫禁城，转引自紫禁城建筑研究与保护——故宫博物院建院70周年回顾. 姜舜源文. 北京：紫禁城出版社，1995年，第89页。

③ 郑连章. 紫禁城钟粹宫建造年代考实. 故宫博物院院刊，1984年第4期；另见：紫禁城建筑研究与保护——故宫博物院建院70周年回顾. 姜舜源文. 北京：紫禁城出版社，1995年，第89页。

康熙初年皇太后居宁寿宫，康熙二十八年（1689年）重建宁寿宫成，为此康熙帝有谕曰："朕因皇太后所居宁寿宫历年已久，特建新宫，比旧宫更加宏敞辉煌。"①新建的这一区域包括了宁寿宫与景福宫两个部分。其中的宁寿宫部分设有前后两殿。乾隆三十六年至四十一年，在宁寿宫区进行了大规模的营建工程。在宁寿宫旧址上建造了皇极殿，将原宁寿宫的匾额移至后殿。其后为横街，街北为后寝部分，分为东、中、西三路，中路以养性殿为正寝，后为乐寿堂、颐和轩、景祺阁；东路为畅音阁、阅是楼，及景福宫、梵华楼、佛日楼等，西路则为俗称"乾隆花园"的宁寿宫花园。

嘉、道、咸三代，北京宫殿建设没有什么进展。咸丰末年，英法联军入侵并焚毁了西郊诸园。同、光时期，慈禧太后一边修复与增饰颐和园，一边在紫禁城中进行修缮改造，如储秀宫庭院的改造，宁寿宫建筑的修缮等等，但没有大规模的建设活动。辛亥以后，宣统帝留驻宫中，没有什么建筑举措，却在1923年6月26日，因不知原因的大火，焚毁了建福宫花园、德日新殿、延春阁、静宜轩、广生楼、中正殿、香云亭等建筑，这是宣统出宫前宫内最大的一场灾祸。

由如上的描述，可以知道明清北京紫禁城在1925年以前，曾经历了多次修缮与重建，其中明代在中轴线的前殿与后宫部分，有过几次较大规模的重建活动。而清代虽对午门、前三殿及东西六宫也有过大规模的修建，但主要修缮工程集中在东路的宁寿宫部分。

二、故宫博物院的建立及1949年至1959年故宫的状况

辛亥革命后不久的1914年，虽然按照中华民国《清室优待条件》，废帝溥仪仍然可以居住在宫内，但在这一年，由北洋政府在保和殿以南的故宫前半部分成立了古物陈列所。②1924年10月，冯玉祥将军迫使贿选总统曹锟下台，在北京成立了中华

---

① 清圣祖实录. 卷143，康熙二十八年十一月辛丑，转引自：紫禁城建筑研究与保护——故宫博物院建院70周年回顾. 第91页，姜舜源文。

② 吴仲超. 故宫博物院十年，见：故宫博物院七十年论文选，第750页，据该文，1914年成立的古物陈列所于1948年正式并入故宫博物院，紫禁城出版社，1995年；另见邓文林、李润德. 古建筑组织机构与人员编制的确立与变化. ，同书，第419页。

民国临时执政府。1924年11月4日，中华民国临时执政府修正了《清室优待条件》，拟将暂居紫禁城内廷的清末帝溥仪及其眷属逐出紫禁城。当晚，北京军政当局会商了溥仪出宫的事宜，次日，清末帝溥仪被驱逐出宫。随后商量组建"清室善后委员会"，并公布了《清室善后委员会组织条例》，由李煜瀛任委员长。会议还商定了在清室善后委员会的领导下，成立图书、博物馆筹备事宜。溥仪出宫后的第二天，即1924年11月6日，清室古物保管委员会即开始点验物品。11月7日，北京政府的摄政内阁正式发布了驱逐溥仪出宫的命令。11月14日，政府公布了国务院所拟的《办理清室善后委员会组织条例》，并于12月20日召开了清室善后委员会的第一次会议。当时的清室善后委员会希望多一些社会性与公开性，主张多延揽一些专家学者参与其事，并提出拟在翌年双十节成立故宫博物院事。

1925年4月1日，清室善后委员会修订了《参观故宫暂行条例》。同年7月，由清室善后委员会组织的点查小组开始点查长期被清代帝后作为寝宫的养心殿。1925年9月29日，清室善后委员会召开会议，商讨有关故宫博物院成立事宜，并按照此前的提议，于当年10月10日成立了故宫博物院，并成立了博物院的董事会与理事会。从故宫博物院成立，至1948年院所合并为一个完整的故宫博物院，实际上是古物陈列所与故宫博物院两个机构并存的时期。1926年3月26日，故宫博物院董事会与理事会联席会议推举卢永祥和庄蕴宽二人为院务维持员，负责日常院务工作。并于4月实行故宫博物院与清室善后委员会的交接工作。这一时期的北洋军阀，不时干预故宫事宜，如在溥仪出宫之初，段祺瑞政府曾强迫清室善后委员会停止点查工作，但遭到了抵制。1926年3月，直鲁联军也曾包围故宫，强迫故宫博物院腾让宫殿。而这一时期，清室残余势力也一度谋求溥仪复宫。1926年7月14日，政府内阁秘密决议要改组故宫博物院，故宫博物院诸位同人则集体商议对策，对政府提出保证故宫博物院文物安全的要求。由故宫博物院执行委员长赵尔巽与国务总理杜锡圭，以坚持点交故宫物品的方式进行交涉，而由政府组织的故宫保管委员会也随着代总理杜锡圭的辞职而告结束。

1926年12月9日，故宫博物院维持会召开了成立会议，12月17日，维持会的正副会长到故宫就职。1927年1月6日，故宫博物院维持会公布其暂行组织大纲及常务委员会的议事细则。这一年的8月，奉系军阀张作霖进入北京并就任大元帅之职，8月23日，张作霖下令要查办故宫博物院。9月20日，故宫博物院管理委员会成立，并在委员会之下成立了图书馆，其下设图书部与文献部两个部门。1927年10月，当时北洋政府的国务总理潘复提出了接收故宫的有关事宜，并于10月21日派了江庸等4人到故宫办理相关接收手续，至此，具有过渡性的故宫博物院维持会结束了其使命。10月24日，故宫博物院管理委员会任命江庸为古物馆馆长，任命傅增湘为图书馆馆长。此后的一个时期，这些具有学术及管理职能的部门开始运转，如在古物馆下设立了文物照相室，并将图书馆下设的文献部改名为掌故部。

1928年6月，南京国民政府特派易培基接收北京故宫博物院，因病不能亲自北上接收的易培基，电嘱马衡代为接收故宫博物院及颐和园。南北统一之后，国民政府改组故宫博物院，设立了理事会。1928年6月27日，国民政府审议了《故宫博物院组织法》和《故宫博物院理事会条例》，并于7月9日向社会开放，允许各界人士参观。1928年10月5日与8日，国民政府先后公布了《故宫博物院组织法》和《故宫博物院理事会条例》，并任命了27人为故宫博物院理事。这一年的11月18日，在景山前开辟了新路，并将北上门确定为故宫后门。1929年，由国民政府行政院任命了故宫博物院各处的领导人，并成立了博物院秘书处。同时成立了各类专门的委员会，开始对故宫收藏的文物进行审查鉴定。同年3月，原故宫博物院图书馆掌故部又复改名为文献馆。

1929年6月27日，南京国民政府主席蒋介石偕夫人宋美龄北上，并参观了故宫博物院，之后即捐款6万元作为故宫的紧急修缮之用。1930年8月30日，在神武门安装了由李煜瀛书写的"故宫博物院"石匾。同月，故宫内各处物品的点查已完全结束。至10月25日，国民政府行政院发布了指令，批准了《完整故宫保护计划》，由此，故宫博物院对故宫文物及建筑的保护，正式纳入了国家性质的文物与文物建筑保护范畴之中。[①]

从故宫博物院成立之初，就开始了对故宫建筑的修缮保护工作，如1926年的西

---

① 以上溥仪出宫及故宫博物院的建立过程，资料主要出自《故宫大事记》及故宫博物院所编《故宫博物院七十年论文选》，第748—749页，选编《故宫周刊》1929年第2期；李煜瀛文. 故宫博物院记略. 北京：紫禁城出版社，1995年。

朝房的修缮，及右翼门前檐的修缮等。1929年，故宫博物院先后接受了美国的陆佛先生和英国的大维德爵士的捐款，总计1万余元，修缮了慈宁花园和景阳宫瓷器陈列室，及美国柯洛齐将军的捐款6000余元，会同其他捐款，修缮了东南与西南角楼及东、南、西三面城台。同年，对咸福宫、储秀宫、敬事房、神武门、北上门、御书房、英华殿、乐寿堂、畅音阁、承乾宫、寿安宫、钦安殿、坤宁门、交泰殿，南三所（文献馆）、西三所（古物馆），及乾隆花园符望阁、御花园延晖阁，都分别进行了修缮。在其后的几年中，类似的修缮工程持续不辍，如1930年修缮景仁宫，1931年修缮弘义阁，1932年修缮南薰殿、斋宫等，1933年修缮文华殿与武英殿。同年，中国营造学社对古物陈列所的各座建筑进行了拍摄。1934年修缮军机处、景福宫、景祺阁等，1935年中国营造学社对故宫内的建筑进行实测，1936年对储秀宫、丽景轩等进行修理，并对北五所内的如意馆、四执库、敬事房、寿药房及鸟枪房等进行了修理。1937年对东华门、西华门及协和门进行了保养，并拆除了紫禁城外的群房。此后的数年中，主要是一些维护、保养与补漏的工程，如1940年对庆寿堂的修缮，及御史衙门支顶并查补渗漏等工程。

1945至1949年间，故宫内持续有一些维修保护性工程，如1945年对钟粹宫、景仁宫、澄瑞亭、斋宫、永和宫、承乾宫瓦顶进行了维修保养，1946年对三大殿及东西朝房进行了修缮，1947年对午门及太和门东朝房进行了修缮，1948年对颐和轩、景祺阁、景福宫、寿安宫西南转角楼及午门东雁翅楼进行了修缮，1949年对庆寿堂、梵宗楼、戏衣库、畅音阁、造办处大库进行了修缮，同时，还修缮了英华殿及大高玄殿前的习礼亭等建筑。①

明清北京紫禁城宫殿，自1420年建成，至清末民初的20世纪20年代，已经经历了500年的风雨沧桑，而自清代道、咸以来，由于西方列强坚船利炮的冲击，国力日衰，已经无力作大规模的修缮保护或重建，紫禁城内渐渐出现了凋敝的景象。1925年故宫博物院成立之后，虽然开始了对文物与建筑的登记与维护性的修缮，但由于时局的动荡，特别是其间遭遇了日寇的入侵与八年艰苦抗战，国家危亡，民生凋

---

① 以上自1925年故宫博物院成立以来的修缮保护情况，资料出自故宫博物院所编《故宫建筑维修大事记（1925—1994）》和《故宫主要维修记录（1929—2004）》两份资料，该两份记录由白昭薰、包志禹收集提供。

敝，更无力顾及故宫建筑的保护修缮，所以，1949年之前的北京故宫博物院，虽然向世人开放，但仍然是一片荒芜破败的景象。据曾经担任过故宫博物院院长的吴仲超说：

但解放前相当长的三十五年间既无一定的方针，又无应有的经费，建筑残败，草木丛生，不过是一所满目凄凉只供凭吊的旧皇宫而已。陈列是零乱摆设，内容贫乏；库藏是堆积如山，无底无数，玉石不分，蛛网尘封；每日开放一路，收费很高；私人向导为了获取游客的酬报，信口开河编造无稽史话，在这些悲惨的年月里，随着时局变化而来的外界摧残，加以内部的弊病，风波时起，和当时的中国政治局面一样，是处在一种动荡不宁、奄奄待毙的状态中。①

据吴仲超的记录，在1949年人民政府刚刚接手故宫博物院的时候，偌大一个故宫博物院中，仅有一万余平方米的展陈面积，五千余件展品陈列，较重要的展品陈列仅有34件绘画、64件铜器、220件瓷器，而陈列方式也是随便而简单的自然主义方式。而其中的宫殿楼阁等建筑，由于年久失修，显得荒芜颓败，宫中的道路坎坷破碎，垃圾堆积，水道壅塞，使人感觉满目凄凉。②自1949年以来，中央人民政府文化部接收了故宫博物院的工作，经过多年的多方瑰集，使故宫博物院成为收藏极其丰富的中国古代艺术宝库。而故宫博物院也将"如何通过科学研究，将这些宝贵的艺术遗产，有系统、有组织地陈列出来，为广大人民服务，为科学研究服务"作为故宫博物院明确的重要任务。③

经过从1949至1959年故宫博物院研究者与管理者的努力工作与研究整理，使故宫博物院的保护与陈列渐渐走入了正规：

在保留宫廷史迹这方面，整理了从太和殿（金銮殿）起的三大殿以及后三宫、西六宫的整个与外东路乐寿堂一带的陈列，其中有举行大典与日常办公的原状、皇帝及后妃居处的原状、生活服饰的陈列、宫廷特种收藏——珍宝馆、钟表馆的陈列。以上陈列现有6300余平方米。还有佛堂道场的原状与御花园、宁寿宫花园、慈

① 吴仲超. 故宫博物院十年. 故宫博物院院刊，1960年，总2期，转引自故宫博物院编. 故宫博物院七十年论文选. 北京：紫禁城出版社，1995年，第750页。
② 同上，第751页及第753页。
③ 同上，第750页。

宁宫花园的原状。[①]

经过科学的研究与合理的布置，至1959年，已经正式开放的古代艺术史的陈列部分有：

① 历代艺术馆：从原始社会到清代为止的综合性艺术史陈列。以保和殿及两面庑殿为馆址，是当时博物馆陈列的中心；

② 绘画馆：在宁寿宫及两庑，陈列着唐代（8世纪）至清代（19世纪）1200年来的历代名画；

③ 雕塑馆：设在奉先殿，陈列着从商代到清代的各种雕塑作品；

④ 青铜器馆：在东六宫的斋宫与景仁宫，陈列着由商周到汉代的青铜器；

⑤ 陶瓷馆：在承乾宫、永和宫，陈列着从原始社会的彩陶到现代的陶瓷；

⑥ 织绣馆：在景阳宫、钟粹宫，陈列着由商代到清代的织物与刺绣；

⑦ 珍宝馆：陈列在外东路乐寿堂一带，是清代皇宫内收藏的金、玉、珠、宝等。[②]

此外，在西六宫还陈列有明清工艺美术品，如漆器、珐琅、竹木牙雕等工艺品，并在箭亭有战国及秦代所雕刻的石鼓陈列，以及以表现当时与苏联等国家的国际友好交往为主题的、以国际友人赠送中国国家领导人的礼品为主要内容的国际友谊馆。

这时的陈列已经表现出了一个科学博物馆应有的特质，展品经过了严格的鉴定与科学的排列，兼有艺术水准与科学水准，艺术史展陈面积有1.3万余平方米，陈列展品有1.1万余件，初步具备了一个国家级博物馆的规模与水平。而在故宫博物院内的藏品工作中，对一百余万件的藏品从无底数到了有底数。所有藏品都按照文物分类大纲分别集中，建立专库；在整理中从无帐缺号及次品中发现了文物2876件，其中不乏特别珍贵的文物。在整理藏品的同时，故宫博物院也建立与发展了文物修复工作，从1949年以前仅有修理钟表与装裱贴落的几个技工，发展为包括有书画装裱、铜器、陶器、石刻、漆器、雕嵌、木器、钟表等各个工种的修复保护，并建立了专门的机构。同时，进行了广泛的文物征集工作，至1959年11月止的统计，共

---

① 吴仲超. 故宫博物院十年. 故宫博物院院刊，1960年，总2期，转引自故宫博物院编. 故宫博物院七十年论文选. 北京：紫禁城出版社，1995年，第750页。

② 同上，第750页。

征集到文物136317件，其中有许多是绝世珍品，如西周虢季子白盘、东晋王献之的《中秋帖》、隋代展子虔的《游春图》、唐代阎立本的《步辇图》、韩滉的《五牛图》、五代董源的《潇湘图》、顾闳中的《韩熙载夜宴图》、宋代张择端的《清明上河图》、王希孟的《千里江山图》、元代赵孟頫的《人骑图卷》等。[1]

从博物馆接待参观的人数看，仅从1949年至1958年的9年间，就接待游客及参观者1391万余人次，其中有来自85个国家的外宾25821人，考虑到当时西方国家对中国实行封锁，彼此断绝外交关系的状况，这也是一个不小的数目。以1959年的统计，全年接待人数为310万人次，这已经超过了自1930年至1949年参观人数的总和（自1930年至1949年的19年中，参观人数共计305万人次）。[2]

此外，从建筑的角度看，据1959年的统计，作为明清两代的宫殿，其中所保存的古代建筑，其占地72万余平方米，建筑面积14.9万余平方米，大小宫殿建筑物9200余间。面对这些珍贵的文物建筑，1949年以来，根据当时的国力情况，采取的策略是"着重保养，重点修缮，全面规划，逐步实施"。自1949年至1959年的10年间，进行了大小百余项修缮工程，投入经费550余万元，使得60%的古代建筑遗存得到了不同程度的修缮。同时，为了解决消防、防雷等问题，在故宫全院内敷设了消防管道，在高大建筑物上安装了避雷设施，并疏浚了2000余米长的内金水河，并疏浚大小明暗排水沟道约17公里，清除垃圾积土25万多立方米，并敷设了污水管道，修建了10处有卫生设备的厕所，以及对宫院内的古松柏进行了悉心保养，并根据实际情况做了一点树木补栽的工作。这些都使得故宫博物院的整体环境得到了大大的改观，从而使古建筑得到了更好的保护。[3]

同时，为了使故宫内古代建筑的保护与维修得以日常化与科学化，博物院先后建立了建筑研究室、古建筑管理部，并组成了一个精干的古建筑工程队，同时经营了琉璃窑厂，研究并保持了故宫建筑特需的特种琉璃烧造技术，以保证故宫修缮与保养的需求。从而也培养了一批文物建筑修缮保护的技术人员与技术工人。此外，

---

① 以上均引自吴仲超文《故宫博物院十年》，出处同上，第751—752页。

② 同上，第752页。

③ 吴仲超. 故宫博物院十年. 故宫博物院院刊，1960年，总2期，转引自故宫博物院编. 故宫博物院七十年论文选. 北京：紫禁城出版社，1995年，第753页。

在图书资料方面，于1955年将原故宫博物院内有着50万册书籍的图书馆与有着580余万件明清档案的档案馆分别拨与北京图书馆与国家档案馆接管，使得图书与档案的管理更加专业化与专门化，图书中仅留下了部分故宫博物院研究保护中必不可少的部分，因而，也使得博物院的功能与职能更加明晰而单一，使博物馆将更多的精力放在了文物保护与修缮及历史研究方面，从而使故宫博物院逐步发展为包括科学研究、工程技术、安全保卫与行政管理等几个方面组成的较为纯粹的博物馆机构。[①]

三、1949年以后北京紫禁城的保护修缮[②]

1. 20世纪50年代北京紫禁城文物建筑的保护修缮

据故宫博物院的维修记录，自1949年以后，随着人民政府的建立和故宫博物院在组织机构与管理上的日益完善，对故宫中古代建筑的保护修缮，愈来愈成为故宫博物院日常性的重要工作之一。1950年，清理了西河沿坍塌的房屋200余间。1951年，对故宫外朝三大殿：太和殿、中和殿与保和殿，及太和门进行保养维修。1952年，清理并运送出宫院内多年积存的大量渣土和垃圾，清理垃圾渣土的总量有183999立方米之多。同时，对内金水河进行了疏浚。1953年，对皇极殿、宁寿宫、乐寿堂、养性殿、体仁阁、景运门，及御茶膳房进行了修缮，并对隆宗门进行了油漆彩画。1954年，对南北十三排、北五所、钦昊门内群房、重华宫厨房、永寿宫武英殿进行了修缮，并对交泰殿下架作油饰保养，同时完成了神武门外的路面和神武门内的东西下水道工程。

1955年修缮城隍庙、奉先殿、端门、太和门外东西朝房及熙和门。1956年进行了西北角楼修缮。1957年将武英殿挑顶落架进行维修，同年，玄穹宝殿、箭亭、寿康宫，及慈宁宫花园内的临溪亭等修缮工程顺利竣工。1958年，慈宁宫花园修缮工程，寿安宫保养工程，符望阁油饰彩画等工程均已顺利竣工。此外，皇极殿、符望

[①] 吴仲超. 故宫博物院十年. 故宫博物院院刊，1960年，总2期，转引自故宫博物院编. 故宫博物院七十年论文选. 北京：紫禁城出版社，1995年，第754页。

[②] 本章各节中关于紫禁城保护修缮的历史资料主要引自故宫博物院所编《故宫主要维修记录（1929—2004）》中的编年记录，该记录资料由白昭薰、包志禹收集提供。另参见于倬云. 紫禁宫禁修建历程——兼论保护古建筑现状. 自紫禁城建筑研究与保护——故宫博物院建院70周年回顾，第449—454页；及附录《故宫建筑维修大事记（1925—1994）》，同书，第500—508页。

阁、乐寿堂、慈宁宫、坤宁宫、寿安宫、中轴线庭院周围的四个崇楼和紫禁城周围的四个角楼等安装避雷针工程也陆续竣工。1959年，完成了太和殿广场前的东南与西南崇楼、御花园千秋亭和万春亭的保养及油饰彩画工程，三台地面的翻墁工程，及三大殿与太和门的油饰彩画工程。

2. 20世纪60—70年代北京紫禁城文物建筑的保护修缮

进入60年代之初，中国经济也进入了一个困难与艰苦的时期。然而，北京紫禁城宫殿的日常保护与维修工程，虽然也受到了一些影响，但必要的维修却一直没有间断。1960年对箭亭进行了维修，并对紫禁城东北角楼进行了翻修及油饰彩画。为太和门安装了避雷针。1963年，对午门正殿的修缮工程顺利完工。1965年，对皇极殿、宁寿门、贞顺门下架进行的油饰工程顺利竣工。

此后的数年，正值中国"文化大革命"的动荡时期，许多日常的工作都不能开展，整个社会进入一种混乱与无序的状态之中。北京紫禁城宫殿的维修保护工程也在一定程度上受到了影响。直到1972年，中路前三殿与后三宫的下架油饰工程完工。1974年，乾清门、神武门、漱芳斋等建筑的油饰彩画工程完工。1975年，坤宁宫、交泰殿的油饰彩画工程，及北五所、四执库的防潮工程完工。1977年，也就是"文化大革命"结束的第一年，百废待兴，这一年故宫博物院开展的建筑维修工程比较多，如完成了畅音阁的修缮与午门正殿的油饰彩画；完成了午门东西雁翅楼的修缮与油饰彩画；完成了太和门外东西朝房的油饰彩画，以及中和殿、御景亭的避雷针安装工程。1978年，完成午门角亭的大木加固工程。1979年，完成皇极殿的油饰彩画，及南三所中所的修缮工程。

3. 20世纪80年代北京紫禁城文物建筑的保护修缮

20世纪80年代，随着中国进入改革开放的一个新的时期，文物建筑的保护也开始受到前所未有的重视与关注。1980年，对养心殿进行了保护修缮，为畅音阁做了油饰彩画，为奉先殿安装了避雷针装置，并对奉先殿室内进行了改建修缮。1981年，分别对景仁宫、东南角楼、斋宫进行了修缮，并为寿药房进行了防潮工程，及对遂初堂进行了油饰彩画工程。1982年，对午门西雁翅楼屋顶进行翻修，对钟粹宫进行修缮，为古董房做防潮工程，对慈宁宫花园做保养工程。1983年，完成了皇极殿东庑、内阁大堂的修缮和庆寿堂的维修，并为倦勤斋、阅是楼进行了油饰彩画工程，还为缎库做了防潮工程。

1984年，对外朝三大殿下架进行了油饰，并对游览路线开放各区的门殿进行了油饰，并完成了午门、神武门外石地面的翻墁工程，同时经午门、神武门而引进了消防管道。这一年还完成了咸若馆的修缮工程，西南角楼的修缮工程也已经开工。1985年，按照原定计划，对故宫院内各处建筑改装与安装避雷针设施的工程顺利完工，同时，承乾宫的修缮维护工程也已告罄。1986年，完成了北五所文物库房的防潮与密封工程。1987年西南角楼的维修工程得以竣工，至此，紫禁城四角四座造型精美的角楼建筑均以完成了修缮，使得紫禁城四角以其优雅精美的外轮廓线，展现在世人的面前。同年，北五所古董房文物房的防潮工程完成。

1989年，进行了永寿殿后殿东耳房的维修工程，恢复了春禧殿，对武英殿西庑和城隍庙进行了修缮，为弘义阁和承乾宫进行了油饰彩画，并恢复了景阳宫的部分木结构。同年，还翻修了太和殿西庑房与寿安宫东楼，并对皇极殿殿内及神武门室内进行了维修。此外，对西筒子的道路地面和箭亭的地面进行了翻墁。据统计，这一年开展的古建筑维修项目有122项之多，投入的款项为264万元，考虑到当时的国家经济发展水平，这已经是一笔很大的古建筑保护维修经费投入。

4. 20世纪90年代以来北京紫禁城文物建筑的保护修缮

20世纪90年代以来，随着国民经济的飞速发展，国家对文物建筑保护的资金投入力度日益加大，故宫博物院对北京紫禁城中文物建筑的保护修缮工程也日渐增多，工程规模也较大。1990年进行的古建筑维修工程有129项。其中较为主要的有景阳宫的修复，文华殿、承乾殿的维修，保和殿东西庑房的维修，皇极殿、神武门的维修，及太和殿西庑、西南崇楼、昭仁殿、弘德殿、体仁阁、弘义阁等的油饰及彩画维修。同时，对1988年坍塌的西华门外北侧城墙进行的修复。1991年对乾清宫、乾清门、日精门、月华门及庑房进行了维修，对中路左翼门、右翼门，和御花园西半部建筑进行了油饰保养；并对宁寿宫至宁寿门一区的建筑进行了油饰维修。

1992年完成了御花园御景亭的修缮，午门的修缮，颐和轩、景祺阁的修缮，寿安宫西配楼的修缮，三大殿三台的维修保养，太和殿南庑及太和门两侧地面的修缮，并对中左、中右、后左、后右门进行了维修保养。对皇极殿与奉先殿的避雷针进行了更换改进，还将长春宫内回廊中的《红楼梦》壁画进行了封护。1993年对保和殿、中和殿的宝座、屏风进行了油饰贴金，对慈宁宫花园进行了维修及油饰，对午门墩台、永和宫、钟粹宫、传心殿、文华殿、文华殿神厨、祝版房进行了修缮，对神武门西长连房西部进行了翻修。对宁寿门西侧地面、乾清宫庭院西侧地面、交泰殿西侧地面、中和殿东侧地面及后左门、后右门外地面进行了翻墁；并对太和殿的避雷针进行了改善，还为东西六宫安装了避雷针。

1994年，将神武门西长连房东部14间及东长连房全部30间进行了翻修，对乐寿堂区域、畅音阁区域、外东门养性门、养性殿区域、漱芳斋区域长春宫、太极殿区域等，全面进行了维修保养，其内容包括瓦顶、油饰彩画、地面修整、下架油饰、地面休整等等。1995年对太和门金水桥、内金水河墙、东筒子东侧宫墙、奉先殿内外院地面等的修缮，及重华宫内殿阁的维修。此外，还有后三宫一区庑房、东西华门、内外值房的油饰彩画工程。

1996年完成了锡庆门外值房、隆宗门外值房及冰窖一区建筑等的修整。对皮库一区建筑和景阳宫一区建筑进行了保养维护。还对太和门西朝房泊岸、神武门外西后值房、南天门等进行了维修，并对神武门内甬路石和御花园内石子甬路进行了更换或维修。1997年完成了养心殿一区建筑、兆祥所一区建筑、南十三排一区建筑、雨花阁一区建筑等的维修保养工程。同时完成了三大殿台基地面的揭墁工程，午门东雁翅楼至东华门一线的城墙维修，以及内务府南墙的复建。

1998年完成了咸福宫一区建筑、祭神库一区建筑、奉先殿一区建筑的保养维修，和景运门、太和门内的地面维修，对内金水河进行清淤。同时完成了毓庆宫一区建筑的内檐维修工程。此外，这一年还启动了故宫筒子河及其环境的治理工程。1999年，为了迎接新世纪的到来，困扰故宫博物院多年的老问题，即年久失修、疏于疏浚的故宫筒子河及其周边环境的治理工程得以顺利完成，故宫开始以一个更为庄严肃穆与洁净的面貌面对世人。同时，在这一年还开始了建福宫花园的恢复重建工程的准备工作，使这一在1923年遭焚毁的、由清末帝溥仪出宫前留给故宫博物院的最大遗憾开始有了可以弥补的希望。此外，还进行了午门城台地面的揭墁，三台地面的维护，内金水河的维修，兆祥所一区建筑的维修等工程。

5. 2000年以来北京紫禁城文物建筑的保护修缮

进入新世纪，特别是北京荣获2008年奥运会主办权，为北京的文物建筑保护事业带来了极好的机遇，故宫博物院也不例外。为了以更为妥善的古建筑保护与文物展品陈列迎接奥运的到来，国家投入了巨资，对北京市，特别是北京紫禁城的文物建筑进行保护修缮，并对博物院内的展览陈设条件进行完善改进。

2000年，对故宫南三所进行修缮，三台地面揭墁维修。这一年准备已久的建福宫建筑群复建工程的准位工作已经完成，复建工程全面展开在即，其中的延春阁修复工程开工。2001年，建福宫复建工程开展顺利，当年即完成主体建筑延春阁结构施工并顺利上梁，为80年前那场火灾造成古建筑损失之弥补的开始。同年完成了南三所地面的维修保养，对中所还进行了油饰保养。神武门东侧路面翻墁，寿安宫一区建筑保养，太和殿一区地面维修，三台地面翻墁，同时引进国外文物保护，特别是砖石材料的科学清洗技术，对午门、神武门、东华门、西华门四个城楼基座及拦版石材进行了清洗。

2002年10月17日，计划已久的故宫武英殿维修工程举行了隆重的开工仪式，从而揭开了北京紫禁城全面保护修缮的序幕。同年，建福宫花园复建二期工程的瓦作和木作主体部分的施工全面展开，对北五所一区的建筑进行维修，午门城楼内部进行维修，慈宁宫东大墙进行恢复。此外，还对西河沿石路面进行铺墁，对乾清宫广场西侧及寿安门前地面等进行了翻墁。

2003年3月，故宫博物院与美国世界文化遗产基金会（WMF）签署了《倦勤斋保护协议书》。美国WMF将提供总计210万美元的资金，由故宫博物院组织技术力量对宁寿宫花园（乾隆花园）内倦勤斋进行维修保护，美方也提供必要的技术支持。这一保护工程的预计完成期限为2006年3月。在《倦勤斋保护协议书》中，双方还对宁寿宫花园内其他古建筑进行进一步的合作保护表达了意向。倦勤斋修缮保护的重点在于其室内的装修与其珍贵天顶画的修复。作为新中国成立以来对故宫建筑室内装修的第一次大规模修复工程，合作双方对该建筑物的历史与艺术价值，及保存现状进行了深入的前期研究，并严格按照传统中国工艺技术进行修复，从而使故宫建筑的保护修缮在保护理念与保护技术上，都做出了具有引导型的示范。

随着于2003年春季开始的，由清华大学建筑学院、中国文物保护研究所、北京市古建筑保护设计研究所等单位承担的故宫前三殿与后三宫周围建筑群的考察测绘与修复设计的完成，故宫文物保护修缮工程全面展开。2004年底，完成了太和门、太和殿西朝房，保和殿至坤宁门西庑房古建修缮工程。同年，还完成了皇极殿、宁寿宫两侧东西庑房的古建筑修缮工程。

自2002年以来，已经开工正在进行的古建筑大修工程包括：① 武英殿区域；② 午门城楼；③ 太和们西庑及周边建筑；④ 中和殿及周边建筑；⑤ 后三宫西庑及周边建筑；⑥ 钦安殿；⑦ 戏衣库；⑧ 御茶膳房。施工总面积为22540平方米，参加施工的工人与技术人员有1400余人。[①]

2005年，故宫午门正殿室内展览陈设空间设计及古建筑保护修缮工程完成，由清华大学建筑设计研究院承担的该项设计，结合古代建筑保护规则与技术，运用现代技术与材料，进行了一次十分有益的古代建筑展陈空间设计的尝试。使原有古建筑幽暗灰蒙的展陈条件得以根本改观，同时符合文物建筑保护的可识别性、可逆性原则，为故宫博物院展览陈设条件的进一步提高与完善，进行了有益的尝试。

四、北京紫禁城的使用与保护修缮及其组织管理

1. 紫禁城古建筑的使用

文物建筑的保护与利用是一个对立统一的双面体。故宫博物院的保护是在不断改善的合理利用之基础上逐渐发展与完善起来的，而文物建筑利用所坚持的是"不改变文物原状"的基本原则。

故宫博物院成立之初的1925年，是将紫禁城北半部内廷部分加以整修后，以皇家生活原状的形式而陈列开放的，同时，利用各区建筑，按照不同的题材，陈列各种艺术藏品，从而使原状陈设，与古物、文献陈列展览，综合为一个完整的博物馆。这一时期的展览陈设还属于起步之初，规模与形式都很不足，被人戏喻为"古

---

① 以上数据见于故宫博物院副院长晋鸿奎有关《故宫保护总体规划》的相关介绍，该资料由白昭薰、包志禹收集、提供。

董店式的陈列"。①在此之前，已经在紫禁城宫殿南半部设立了"古物陈列所"。

1948年，古物陈列所与故宫博物院合并，仍称故宫博物院。这时的故宫博物院才成为一个完整的部门。1949年以后，又将原故宫博物院下属的图书馆与档案馆分离出去，分别并入北京图书馆与国家档案馆，从而使图书与档案成为各自独立的专门化学术与管理机构。而故宫博物院则成为较为完整意义上的博物馆。这一时期的博物馆，其基本的展览陈列情况如下：

① 皇家宫殿历史原貌展陈

这一组展览设在外朝三大殿（太和殿、中和殿、保和殿）和内朝二宫一殿（乾清宫、坤宁宫、交泰殿）建筑中。借以展现明清帝后日常生活起居，特别是帝王举行大典、处理朝政，及帝后日常燕居的场所。与此陈设相类似的，还包括养心殿、军机处，以及清代后妃们居住的西六宫，特别是储秀宫、翊坤宫、长春宫、太极殿等，都是作为原貌陈列而展示的。

原貌陈列的基础，不仅是对建筑场景的正确认识，也是对史料的充分把握。这一展区是在故宫博物院研究人员悉心研究，参阅大量档案与文献资料的基础上，经过科学深入的探讨还原历史真实而实现的。②

② 艺术藏品陈列展览

将故宫中一些古建筑开辟为展览陈列室，长期展出宫廷文物与艺术藏品，使游客能够从中欣赏到中国古代艺术的伟大，并感受到中国古代艺术史的熏陶。这些展览陈列室，一般都不是古代帝后生活的重要建筑，而是比较偏侧一点的辅助性建筑，因此，其原状陈列的意义已经显得不十分重要，而将其开辟为一般性的展览室，则是恰到好处的。

这样的展览室包括：中轴线上保和殿两翼的东西庑房、乾清宫两翼的东西庑房，在不影响宫廷建筑原状的基础上，做了专题陈列室；内东一路，开辟了东六宫除延禧宫之外的五个宫及斋宫、奉先殿，分别设立了工艺馆、钟表馆、陶瓷馆、青铜器馆等；外东一路，则以皇极殿为中心，结合东西庑房及后一路建筑，分别设立

---

① 周苏琴. 关于故宫古建筑保护与利用实践的辨析. 自：紫禁城建筑研究与保护——故宫博物院建院70周年回顾，第463页。

② 同上，第464页。

珍宝馆、书画馆，和宫廷戏剧陈列馆。[1]

故宫博物院是一个集宫殿建筑、宫廷史迹、艺术品陈列为一体的综合性国家级博物馆，以其丰富多彩、底蕴深厚的展陈内容，而构成了具有故宫特色的开放性陈列体系。目前已经开放游客参观的区域，其建筑面积为8.05万平方米，约占故宫建筑总面积的50%。而其中的宫廷史迹展览，其展室面积为1.07万平方米，占开放地区总建筑面积的13%；艺术品专馆陈列的展室面积为2.29万平方米，占开放地区建筑总面积的28%。[2]

除了供游人参观欣赏的展览陈列空间外，作为一个每日吸引巨大人流量的旅游性古代宫殿建筑群，相应服务性设施也是不可或缺的，因此，在紫禁城院内，还设有各种小型的售品部、餐饮部，以及接待室、卫生间等，这些服务性设施一般都设置在故宫内开放区域的门房、值房，或小型院落中，以及不同建筑群之间的转换空间处，如前三殿与后三宫之间的过渡性空间中，以及一些较为隐蔽的地方，既要便利游客，又不能影响古建筑的既有布局与游览参观的观瞻环境。此外，作为一个拥有巨大数量藏品的博物馆，也需要很大的储藏性库房空间。这些库房一般设置在非开放地区，有些原本就是清代宫内的库房，有些是宫内较低阶层人居住使用的较偏僻用房。将这些建筑物用作库房，既利用了古建筑，又因为作为库房使用而必须保护维修，而使古建筑得到了恰当的保养。

而一般性的管理、行政性用房，如博物院各个不同的业务管理部门、相关学术研究部门、出版部门、图书馆、博物院各行政管理部门，以及文物修复部门等，都安排在远离开放游览区或库房区之外的地方，使日常的管理运转与文物收藏、游览参观等活动之间，互不干扰。

2. 紫禁城古建筑保护维修的组织管理

在故宫博物院成立之初，人们的关注点都在字画、珠宝、瓷器、图书等古代文物上，而没有将古代建筑看做重要的文物，所以在溥仪出宫后的古物陈列所和故宫博物院并立时期，尚没有古建筑保护与修缮的专门机构。最初的古建筑维修是根据

---

① 周苏琴. 关于故宫古建筑保护与利用实践的辨析. 自：紫禁城建筑研究与保护——故宫博物院建院70周年回顾，第463页。

② 同上，第465页。

举办陈列展览和设置文物库房的需要而进行的，故宫博物院内并没有专门的设计施工队伍，需要临时雇用建筑营造厂商承担施工任务。

辛亥之初，溥仪住在内廷，古物陈列所在外朝。当时内廷的古建筑，除溥仪及其嫔妃日常居住的养心殿、储秀宫、长春宫等建筑状态尚好外，其他宫殿建筑大都年久失修，甚至摇摇欲坠。1929年南京国民政府接管故宫博物院之后，曾利用各界的捐款，有重点地陆续修缮了一些急需维修或年久失修的古建筑。1948年古物陈列所并入故宫博物院后，由于当时的政治形势与经费拮据，对故宫古建筑的保护维修，仍然很难落到实处。

1949年2月，北京市军管会文化接管委员会接管了故宫博物院。这时的故宫古建筑群内，由于长年战乱，维修经费严重不足，在紫禁城72万平方米的范围内，可谓蒿草丛生、垃圾成堆、水道壅塞、地面坎坷、建筑破损、宫门殿墙破败不堪、阶石栏杆歪斜不整、油漆彩画剥落，其情其景，一片荒凉。

1949年6月，人民政府提出了"故宫的保养修缮工程，必须有重点有计划进行"的指示，并由北京市文物整理委员会和故宫博物院的工程技术人员，组建了工程小组，负责紫禁城保养修缮工程设计与施工管理工作，并解决了部分古建筑修缮经费。这一年完成的大小修缮工程有21项之多。同时抽调了近百人，与故宫博物院原有职工一起，专门负责非开放地区的环境治理与整理工作。[①]

1950年6月，在故宫博物院办公处下设立了工程组，从而使故宫博物院在建院以来，首次设立了专门负责古建筑维修保护与施工管理的工作机构。这一时期的工程组主要承担一些较小规模或急需项目的施工，而许多急需开展的大型工程，还需要依靠招标的方法，雇用营造厂商承担施工任务。如1951年至1952年，先后有天顺、普利、宝恒、德源等几个营造厂商中标承担坍塌房屋清理、古建筑维修保养，建筑局部修缮等工程。在这一时期，工程组还组建了一支包括瓦、木、油漆彩画等技术力量的临时工队伍，为进一步健全组织机构，建立专业施工技术队伍，奠定了基础。[②]

1952年，将办公处改为行政处，原办公处领导下的工程组，改为工程科，归

---

① 参见邓文林、李润德. 古建筑组织机构与人员编制的确立与变化. 自：紫禁城建筑研究与保护——故宫博物院建院70周年回顾. 北京：紫禁城出版社，1995年，第419—421页。
② 同上，第421页。

行政处领导。这时，由于私人营造厂面临或倒闭、或被收归国营的处境，故宫内的修缮任务，常常不能及时找到施工队伍承担。因此，故宫博物院扩大了工程科的编制，增加工程技术人员与施工管理人员，专门负责古建筑修缮工程的设计、绘图与施工管理等工作。在工程科领导之下，扩大专业技术工种，在原有的瓦、木、油漆彩画等工种外，又增加了石工、架子工、大锯工等工种，并维持了一个由200—300人组成的临时工队伍，使故宫博物院基本能够独立承担自身的古建筑维修保养任务。1953年，大批临时工转为合同工，以这批有经验的工人为骨干，正式成立了古建工程队，同时着手培养青年技术工人，特别是在冬季的施工淡季，对青年工人进行有组织的技术培训，以师傅带徒弟的方法，使各工种都有了一定的技术力量。①

在古建工程队成立的基础上，又以复原转业军人为骨干，组成了清整队，配备队员数十人，专门负责故宫内庭园环境的清理整治工作，及开放地区的清扫工作。清整队还配合工程科，承担了部分向院外运送垃圾渣土的工作，使散落在院内各处的垃圾渣土得以集中并转运出去。1954年，进一步将古建筑保护、维修、管理与古树养护、庭园整理等项工作加以统一协调管理，组织人力开展古建筑普查、勘测，并对庭园古树状况进行调查，在基本摸清紫禁城建筑的全部现状之后，确定了"全面规划，逐步实施"的古建筑维修方案，制定了古建筑维修保护的近期规划与长远规划，并逐步加以实施。为了保证规划的实施，在工程科的基础上，扩建成立了修建处，其任务既负责古建筑维修保护的设计施工，由负责古建筑的管理保护与研究。②

为了使故宫古建筑修缮所需的琉璃瓦件能够确保供应，故宫博物院接管了位于门头沟琉璃渠的私营琉璃窑厂，并将其定名为故宫博物院琉璃窑厂，专门负责紫禁城古建筑维修中所需的各种琉璃瓦饰件的烧制。同时，成立了经管科，将清整队与花木养护人员加以统一管理，一方面加强花木的培植养护，另一方面对庭园古树进行修剪、支架、整形和维护，并逐步改善庭园古树的生长条件。③

1956年，修建处改为古建工程队，实行独立核算，企业管理。同年6月，原文化

---

① 参见邓文林、李润德. 古建筑组织机构与人员编制的确立与变化. 自：紫禁城建筑研究与保护——故宫博物院建院70周年回顾. 北京：紫禁城出版社，1995年，第422页。

② 同上。

③ 同上，第423页。

154 承尘集

部工程队撤销，其人员、设备并入故宫博物院古建筑工程队，并将原故宫博物院古建工程队编为工程一队，而将合并过来的原文化部工程队编为工程二队，并在原修建处领导的设计科的基础上，成立了建筑研究室。自此，故宫博物院内的古建筑管理与保护研究和修缮施工，分别由建筑研究室和工程队两个处级机构负责。机构的扩大与完善，使故宫博物院自身的技术力量得以大大提高，能够独立地完成各种规模大、难度高的古建筑保护修缮工程任务或古建筑修复重建任务。此外，还建立了古树养护管理小组，以加强庭园古树及新植树木的养护与管理。①

1958年，故宫博物院实行机构紧缩，使工程技术人员、施工管理人员，及各类技术人员的总数减少了50%。同时，撤销了工程队与建筑研究室，而代之以古建管理部。以建筑研究室的工程技术人员为基础，成立了研究设计组。将工程队改为科级部门，归古建管理处领导。并将从事庭园花木管理及清整队的人员，合组称庭园管理组，归古建管理部领导。同时，将原来由故宫博物院管理的琉璃窑厂，移交给北京市工业局管理。经过这次机构调整，使得故宫内的古建筑保护、研究、维修、设计、施工，及庭园环境整理、古树花木养护等工作，均纳入到一个职能部门，实行统一领导与管理，从而使得古建筑保护维修与庭园环境整治管理及古树花木养护，都变得更加专业化。到1959年时，工程队的编制又有扩大，在编工人数达到300多人，使得为迎接建国十年而展开的十余项古建筑修缮工程得以顺利完成。②

1960年下半年，情况又有一些变化，由于国家处于经济困难时期，工程队编制再一次压缩，仅保留了150余名工人。至1962年，原交由北京市工业局管理的琉璃窑厂，重又划归故宫博物院领导，使得故宫古建筑修缮的琉璃瓦件与饰件的供应，进一步得到了保证。但是，自1966年6月以后，随着"文革"动乱的开始，故宫博物院领导机构陷入瘫痪，古建管理部与工程队，甚至庭园管理与古树保养的工作，也都处于了停顿状态。③

1971年7月，故宫博物院恢复开放，古建管理部及其领导的研究设计组和工程

---

① 参见邓文林、李润德. 古建筑组织机构与人员编制的确立与变化. 自：紫禁城建筑研究与保护——故宫博物院建院70周年回顾. 北京：紫禁城出版社，1995年，第423页。

② 同上，第423—424页。

③ 同上，第424页。

队，合并组成了古建工程处，负责古建筑管理研究、维修设计与修缮施工等工作。原由古建管理部领导的庭园组，以及其职责范围内的庭园清洁与古树花木的管理养护，都划归行政处领导。1973年，又撤销古建工程处，重新恢复了旧有的古建管理部与工程队的建制，从而使日常的古建筑维修保护的工作再一次走上正轨。1974年4月，国务院批准了《故宫博物院古建筑修缮五年规划》，并经国家计委批准，将故宫博物院工程队的人数增加到450人。这一年，故宫博物院还在紫禁城内实施了引进热力管道的工程。为此，还将古建管理部改称工程办公室，统一负责对古建修缮与热力管道引进的工程管理。①

　　1979年，国务院批准的故宫博物院古建筑修缮五年规划基本完成，引进热力管道的工程也顺利结束，工程办公室撤销，再一次恢复古建管理部，并将工程队改为处级机构，直接由博物院领导。从而使得故宫博物院内的古建筑管理保护、维修设计与修缮施工，重由两个处级机构分工负责。此外，原已划归行政处领导的负责古树花木养护工作的庭园组，再一次纳入古建管理部领导。同时，为了保证古建筑修缮材料的供应，在京郊昌平县的上庄地区，恢复建立了琉璃青砖厂，除生产琉璃瓦件与饰件外，还开始了青砖的试制工作。1980年以来，古建管理部和工程队的机构相对稳定下来，1985年又成立了古建管理组，专门负责古建筑的保护与管理工作。1990年，则将工程队改称古建修缮处，并进行了管理体制改革，使古建修缮处由原来的生产经营型机构转化为经营管理型机构，允许古建修缮处引进故宫博物院以外的技术与施工力量，完成故宫的古建筑维修与修缮工程。这些举措与这一时期中国国内改革开放总的发展趋势是一致的。②

3. 故宫博物院的组织管理机构③

　　经过数十年的反复调整与变化，故宫博物院的组织管理机构日趋完善，机构的工作效率也不断提高。特别是与古建筑的保护管理与养护修缮，以及古建筑环境的清理整洁，特别是庭园古树花木的管理栽培等相关的管理部门，关系到故宫的形

---

① 参见邓文林、李润德. 古建筑组织机构与人员编制的确立与变化. 自: 紫禁城建筑研究与保护——故宫博物院建院70周年回顾. 北京: 紫禁城出版社, 1995年, 第425页。
② 同上, 第426页。
③ 本节资料引自故宫博物院网页中《故宫博物院机构》节, 由白昭薰、包志禹收集、提供。

象及每日为游客提供的服务与环境，因而，这些部门的日常管理工作就显得更为重要。

目前故宫博物院下属的处一级管理机构如下：

● 院办公室	● 古建部	● 工程管理处	● 纪检监察处
● 古器物部	● 文保科技部	● 开放管理部	● 工会办公室
● 古书画部	● 研究室	● 人事处	● 离退休人员服务处
● 宫廷部	● 紫禁城出版社	● 计划财务处	● 审计处
● 展览宣传部	● 图书馆	● 保卫处	● 行政服务中心
● 资料信息中心	● 经营管理处	● 党委办公室	● 古建修缮中心

其中，与古建筑保护与修缮，及日常古建筑开放管理关系最为密切的是：

古建部：

①负责故宫范围内文物建筑的保护与管理；

②负责制定文物建筑的保护规划方案及年度修缮计划，编制相关预算；

③负责古建筑修缮质量的监督与工程验收；

④负责文物建筑防雷技术设计、管理与检测；

⑤负责建立健全的文物建筑档案，收集、整理；保管有关文物建筑的资料；

⑥负责故宫内古树、花木、水池、河道等的保护与管理。

工程管理处：

这是故宫古建筑维修工程的总执行机构，同时主管故宫保护范围内的基本建设、基础设施整修和古建筑零修。具体任务有：

① 负责对获得批准的建设项目委托设计、组织审核设计及设计预算；

② 完成项目的审批程序；

③ 组织编写工程标的，办理招投标或委托有资质的机构进行上述工作；

④ 组织审核施工预算、制定月度经费计划，实施经费管理；

⑤ 与批准的中标单位签订合同；

⑥ 定购、定制、保管、发放工程建材；

⑦ 实施施工现场管理，旅行甲方职责和甲方中期任务；

⑧ 组织工程验收；

⑨ 收集、整理、保管工程档案；

⑩ 承办工程指挥办公室的文秘工作及其下达的其他任务。

古建修缮中心：

故宫博物院直属的事业单位。承接由院工程领导小组批准的故宫古建大修维修工程项目，承接院工程管理处下达的各项古建零修工程、陈列展览项目工程及院宿舍、办公室等的维修工程。同时承担着在古建维修工程中传承古建传统工艺技术的重任。

开放管理处：

保证故宫博物院对外安全开放，以安全为中心，在确保开放期间文物安全的基础上，做到安全开放、文明服务、清洁卫生。

4. 紫禁城古建筑及环境保护中的几个问题

（1）古建筑的防雷问题

中国古代木构建筑最大的宿敌就是火灾，而造成火灾的很大一部分原因是自然雷电。因此，古建筑防雷技术，就是木构建筑保护的一个重要课题。古代中国人从经验的角度出发，已经有了一点防雷的朦胧知识。如中国湖南的岳慈氏塔，就曾从塔顶垂下6条铁链，沿塔角垂至接近地面的地方。也有塔将塔刹链垂入旁边的井中，起到防雷的作用。更多则是用一些避邪的方法，如在正脊中心的脊瓦下埋一个金属盒，内写符文，以起避邪的作用。①

中国古代建筑保护事业中的重大举措——为古代建筑安装避雷针装置，是在1957年开始的。1957年7月6日，明十三陵长陵的祾恩殿被雷电击中。此事发生后第三天，北京市政府即召开紧急会议，决定为北京市的重要古建筑物安装避雷针。②

中国古建筑中，处于最高位置的一般是脊吻或宝顶。有时，在古建筑垂脊或戗脊上的仙人、走兽中，往往会伸出龙须等金属件，这些都是可能导致雷电接闪的

---

① 王时煦. 再论古建筑物与故宫博物院的防雷. 自单士元、于倬云主编. 中国紫禁城学会论文集. 第一辑. 北京：紫禁城出版社，1997年，第340页。另参见该书第349页马宏达文《北京故宫与古建筑物的防雷》。

② 同上，第341页。

地方，而接闪产生的火花是造成古建筑火灾的重要原因。因此，为避免产生火花放电，在古建筑内要尽量少安装各种金属管线，必须安装时，要将电气管线穿入套管中，并加强对古建筑防火材料的处理。

北京故宫博物院在多年实践中积累了许多古建筑防雷设施的经验。故宫博物院安装避雷装置，其基本的原则是：安全第一、古代建筑艺术美观第一，即安装设施不能改变古建筑原貌。从外部装置上看，古建筑采用的是避雷带和避雷网的方式，除个别情况外，原则上要少用或不用避雷针方式。如在较为高显的旗杆或大树上安装避雷针，以保护周围较矮的建筑物。但是，安装避雷针并不能防止侧击、绕击和球雷的袭击。而在内部防雷上，故宫博物院也采取了一系列措施，尽量使其整体构成一个很好的等电位连接系统，使得雷击危害减少到最低程度。此外，对重要的古建筑，还采取了防球雷的做法，在木门窗上安装金属纱门、窗，也与等电位系统连接成一体。①

故宫博物院研究人员，积数十年之经验，对古建筑物上安装避雷装置总结出几条经验，现摘引如下：

第一，在古建筑区、群或院内设计安装避雷装置之前，首先要有一个总体规划，并要综合考虑设计防雷的六项重要因素，即接闪功能、分流影响、屏蔽作用、均衡电位、接地效果和合理布线。

第二，对外部防雷装置来说，一定要配合古建艺术的美观和区域景观。宫殿式建筑物宜采用避雷带和避雷网方式。尖塔式建筑物……可利用其上部宝顶或尖顶上安装避雷针。建筑物附近如有高大树木，可利用树干，在其上安装避雷针和引下线做松聚卡箍；除此之外不宜采用独立避雷杆塔。

第三，对内部防雷装置来说，纯为原来的古殿堂，内部没有增加其他大型金属设备和管线，宜采用安全距离法；如果古建筑作为其他用途，增加了金属吊顶或各种管线等，宜采用等电位连接法。如建筑物较长和较高，应适当增多防雷引下线或在建筑物的中上部做一圈均压环，或在二层挑檐上也增加一圈避雷带，以减少引下

---

① 王时煦. 再论古建筑物与故宫博物院的防雷. 自单士元、于倬云主编. 中国紫禁城学会论文集. 第一辑. 北京：紫禁城出版社，1997年，第347页。另参见该书第349页马宏达文《北京故宫与古建筑物的防雷》。

线的电感和降低反击距离，也能起到防侧击和绕击的作用。

第四，对重要的古建筑，不论安全距离法或等电位连接方法，都应考虑防球雷措施，即在门、窗上安装金属框和金属网，统一接到接地系统。

第五，对古建筑的接地装置，一般以采用几组独立接地极为宜，但一定要靠近建筑物，不要引出去太远，并以钻孔深埋的做法为宜。从长远规划上考虑，要为全区域或全院将来做综合联合接地创造条件。

第六，不论任何时候，都应避免往建筑物内引进电源、电话、广播和电视等的架空线路；在全院室外也不要乱拉架空线路，均应做地下电缆。

第七，从安装避雷装置一开始，就要有隐蔽工程的验收记录，包括焊接点和接地装置的回填土记录和接地电阻遥测记录……要建立避雷系统技术档案。[1]

由此可见，故宫博物院在古建筑保护的防雷工作方面已经积累了相当成熟的经验，可以为全国各地的重要文物古建筑的防雷保护提供借鉴。

（2）古建筑群中的排水问题

北京紫禁城在建设之初就已经考虑了排水问题，以地形看，故宫北门神武门的标高为46.05米，而南门午门的标高为44.28米，竖向地平高差2米。连接各个院落的排水系统，有干线、支线，包括明沟、暗沟、涵洞、流水沟眼等，形成一个纵横交错、主次分明的排水网络，最后汇入南北干沟，流入内金水河。其基本的排水系统如下：

一、神武门内东西向砖沟……自东向西流至西端入城隍庙以东的内金水河，终点为暗沟。东部经东北城角再往南，通过十三排纳入清史馆附近的内金水河。

二、东筒子砖沟……蹈和门以北者向北流，流入神武门前干沟内。蹈和门以南向南流，流入东西向砖沟……在东筒子南墙又一支线，向西穿过奉先殿南群房，从西南墙角穿出，沿东庑外经文华殿西墙流入内金水河。

三、中轴线后三宫，乾清宫至坤宁宫的两侧及东西长街，都有纵向的暗沟设在路边，接纳由各宫院落排出的水，再汇入东西沟内，然后流入干沟。

---

[1] 王时煦. 再论古建筑物与故宫博物院的防雷. 自单士元、于倬云主编. 中国紫禁城学会论文集. 第一辑. 北京：紫禁城出版社，1997年，第348页。另参见该书第349页马宏达文《北京故宫与古建筑物的防雷》。

四、自乾清宫院内的西南角穿出，横过内右门穿入养心殿南库，自南库南墙穿出，经隆宗门往南至武英殿东边的断虹桥汇入内金水河。

五、明代紫禁城墙内，沿城墙四周均有砖砌暗沟，因清代沿墙建筑及改建，多有淤塞闲置不用。[①]

自1949年以来，故宫博物院除了大力疏浚紫禁城内原有的排水沟渠水道外，还分区敷设了各种排污管道5000多米，并修建了公共厕所十余处，基本解决了紫禁城内排雨水与排污水的问题。

（3）紫禁城内的古树保护与绿化问题

据1959年的统计，紫禁城内的树木有约800棵，另有果树200余棵，花灌木400棵。随着以后的栽培养护，树木总量有所增加，至1975年，树木增至2004棵，其中松、柏、槐、楸、银杏、菩提1782棵，各种花灌木1176株，果树635株，共有树木3815棵，56个品种。至1983年，故宫全院内有古树414棵，其中树龄在300年以上的一级树有104棵；树龄在100年以上的二级树有310棵。其中树龄最高者，超过了500年。[②]

这些树木的分布，主要是在故宫内的御花园、宁寿宫花园、慈宁宫花园、建福宫花园四个内廷花园中。以御花园中的古树为最多，院内有树木142棵，松柏占95%，其中古树123棵。宁寿宫花园共有树木76棵，其中古树45棵。慈宁宫花园共有树木81棵，其中古树31棵。这三座主要庭园内就有古树199棵，其余古树分散在其他宫院内。而故宫内有多处庭院内，都点缀有花木，如寿安宫、寿康宫、雨花阁、英华殿、景福宫等。[③]

故宫博物院确定的古树花木保护原则是，尽一切力量保持古代宫廷园囿的原物原貌，特别是"以保养古松柏为主"[④]，并且要"按照古典的，民族风格的，与古建

---

① 蒋博光. 紫禁城排水与北京城沟渠述略. 单士元、于倬云主编. 中国紫禁城学会论文集. 第一辑. 北京：紫禁城出版社，1997年，第154页；另参见刘畅、赵仲华. 紫禁城地下排水系统研究. 中国紫禁城学会论文集. 第二辑. 第313—325页。

② 许屏. 故宫园林保护工作的原则与实践. 自：紫禁城建筑保护与研究——故宫博物院建院70周年回顾. 第399页；另参见同书第406—411页，杜春林、李润德文. 故宫庭园管理工作70年. 北京：紫禁城出版社，1995年。

③ 同上，第398页。

④ 故宫博物院原院长吴仲超语，见上文，该书第400页。

筑相协调的原则，进行因地制宜的补栽树木工作"。①并要求对故宫庭园花木品种的选择上要慎之又慎，要做到"宁缺毋滥"。②

根据这些原则，故宫博物院采取了一系列古树花木与庭园景观的保护措施：

① 对故宫园林现状作全面的调查，建立详细的档案，积累保存各种资料和记录；

② 认真研究有关故宫园林及具体古树的历史文献资料，包括诗词、文章，作为保护和复原工作的依据和参考；

③ 研究和运用古树保护的现代科学技术，继承和发扬我国园林艺术传统，及时总结经验，开展和加强国内外园林界的技术合作与学术交流；

④ 严格按照各项要求，从故宫的实际条件出发，进行古树名木保护的规划和设计；

⑤ 对古树名木进行经常的养护，定期检测树木生长势及地下情况，实施古树保护工作的各项工程；

⑥ 执行国家和北京市有关环境保护、古树名木保护以及其他各种有关的现行规定；

⑦ 做好庭园管理工作，向上级提出有关管理工作的建议；

⑧ 组织专业人员的业务培训与考核。③

此外，对古树的保护换采取了一些具体措施：

① 调查，制档；

② 改良土壤及水肥条件；

③ 安装围栏；

④ 古树支撑；

⑤ 堵洞、修剪、防治；

⑥ 技术检测。④

---

① 故宫博物院原院长吴仲超语，见上文，该书第400页。
② 同上。
③ 同上。第402页。
④ 同上，第402—405页。

故宫博物院将庭园绿化的重点放在"保"字上，尽量保持古代庭园树木的原状，这是十分符合文物建筑保护的"真实性"原则的。

五、北京紫禁城文物建筑保护的原则与特点

著名中国建筑学家梁思成先生，很早就形成了一套完整的有关中国文物建筑保护的思想与原则。1931年，梁思成参加中国营造学社的研究调查工作，第二年在他的论文《蓟县独乐寺观音阁山门考》一文中，他就提出了一些非常切近中国建筑木结构特征保护理念：

保护之法，首须引起社会注意，使知建筑在文化上之价值；使知阁门在中国文化史上及中国建筑史上之价值，是为保护之治本办法。而此种之认识及觉悟，固非朝夕所能奏效，其根本乃在人们教育程度之提高……

木架建筑法劲敌有二，水火是也。水使木朽，其破坏率缓；火则无情，一炬即成焦土。今阁及山门顶瓦已多处破裂，侵漏殊甚……故目前第一急务，即在屋瓦之翻盖……此保持现状最要之第一步也。

……有失原状者，须恢复之……二者之中，复原问题较为复杂，必须主其事者对于原物形制有绝对根据，方可施行；否则仍非原形，不如保存现有部分，以志建筑所受每时代影响之为愈。古建筑复原问题，已成建筑考古学中一大争点，在意大利教育部中，至今尚为悬案；而愚见则以保存现状为保存古建筑之最良方法，复原部分，非有绝对把握，不宜轻易施行。[①]

1935年，梁思成先生对山东曲阜孔庙建筑进行考察并做出修葺计划，在这一计划中，他继续阐释了他的古代建筑保护思想：

我们须对于各个时代古建筑，负保存或恢复原状的责任。在设计以前须知道这座建筑物的年代，须知这年代间建筑物的特征；对于这建筑物，如见其有损毁处，须知其原因及其补救方法；须尽我们的理智，应用到这座建筑物本身上去，以求现存构物寿命最大限度的延长，不能像古人拆旧建新……但是我们非万万不得已，绝

---

① 梁思成全集. 第一卷. 北京：中国建筑工业出版社，2001年，第107页。另见楼庆西. 重读梁思成的文物建筑保护思想. 中国紫禁城学会论文集. 第四辑. 北京：紫禁城出版社，2005年。

不让这些东西改换了各殿宇原来的外形。①

在1964年的一篇《闲话文物建筑的重修与维护》的文章中，梁思成先生明确地将他的文物保护思想，概括为"整旧如旧"：

……但直至今天，我还是认为把一座古文物建筑修得焕然一新，犹如把一些周鼎汉镜用擦铜油擦得油光晶亮一样，将严重损害到它的历史、艺术价值。这也是一个形式与内容的问题。我们究竟应该怎样处理？有哪些技术问题需要解决？很值得深入地研究一下。

我认为在重修具有历史、艺术价值的文物建筑中，一般应以"整旧如旧"为我们的原则。这在重修木结构时可能有很多技术上的困难，但在重修砖石结构时，就比较少些。②

此外，梁思成先生特别提出了将保护古代建筑与保护其周围的环境同时并重的思想：

一切建筑都不是脱离了环境而孤立存在的东西……在文物建筑的保管、维护工作中，这是一个必须予以考虑的方面。文化部规定文物建筑应有划定的保管范围，这是完全必要的。对于划定范围的具体考虑，我想补充几点。除了应有足够的范围，便于保管外，还应首先考虑到观赏的距离和角度问题。范围不可太小，必须给观赏者可以中至少一个角度或两三个角度看见建筑物全貌的足够距离，其中包括便于画家和摄影家绘画、摄影的若干最好的角度。③

早在20世纪50年代初，中国古代建筑的保护研究者们，结合国外的保护理论与梁思成等著名建筑学家的思想，在自己的实践中，总结出了一些适合中国木结构特点的行之有效的文物建筑保护原则，但从内容看，由于时代条件的限制，当时的保护思想与目前的保护理念还有一些差别：

不过基本的原则，参照各国的经验和我国专家的主张，亦可归纳如下：

① 原来构造的外形和法式，应尽量保存。但因构造材料腐烂，没有原物可以抵换者，可以酌用新建筑材料，或用新建筑材料帮助原材料的坚固性。

① 梁思成全集. 第二卷. 第69页。
② 梁思成全集. 第四卷. 第332页。
③ 梁思成全集. 第四卷. 第337页。

② 建筑物的地址，以不移动为原则，但因不得已而须改变时，须照顾历史关系，不要因移动地址而减少它的历史价值。

③ 一系列的整体建筑物，因各个单位的个体都有互相联系的关系，须保全整个体系，不得任意拆除。倘若没有联系的关系，而又不是主要的建筑物，经济上或材料上不能不牺牲非主要的一部分，经主管文教机关审查后，亦可变通办理。

④ 现存的古建筑物，或因后来添建的缘故，已不是原来的形状，修缮时可就它的现状修复。如确知它的原来形状，可能做恢复计划者，自然以恢复原来形状为宜。

⑤ 油漆彩画，必须按照最初图案描画补充。不过中国古建筑彩画，往往已随时代转变，得以保存原来图案者很少。除有确知的原图案可供补绘者外，只可就最旧的图案描绘。但须注意原样，不可任彩画匠自作聪明，或偷工减料，改变原样。

⑥ 修理前应做详细测绘，修理后亦应照相存真。修理前后的图片，如各种平面图、正面图、侧面图、剖面图等，除由保管机关保存外，在本建筑内如可能，亦须珍藏一份。①

1960年国务院通过《文物保护管理暂行条例》，在这个文件中，要求每一个文物保护单位，必须划出保护范围，做出标志说明，建立记录档案与专门机构，或由专人负责管理，使文物保护工作进一步条理化、系统化、科学化。同时，提出了文物的三大价值：历史价值、艺术价值、科学价值。但是，在这个条例中，对文物建筑保护问题所提出的原则是："对文物保护单位进行修缮、保养、迁移时，须遵守保存现状或恢复原状的原则。"②

1982年，颁布了《中华人民共和国文物保护法》，其中尤其重要的是将前面条例中的原则改为："在进行修缮、保养、迁移的时候，必须遵守不改变文物原状的原则。"这一条表现出了明显的差别，也是对文物保护领域反复争论的保护与复原问题的一个结果。③

① 俞同奎. 略谈我国古建筑的保存问题. 文物参考资料，1952年第3期，转引自：故宫博物院七十年论文选. 北京：紫禁城出版社，1995年，第215页。

② 于倬云. 紫禁城宫殿修建历程——兼论保护古建筑原状. 见：紫禁城建筑研究与保护——故宫博物院建院七十周年回顾. 北京：紫禁城出版社，1995年，第449—454页。

③ 同上。

北京紫禁城建筑群是北京市的一个重要组成部分，因而，故宫博物院的保护不可能脱离北京市整体保护的范畴。按照《北京市城市总体规划》"旧城整体保护"条中，强调"重点保护旧城的传统空间格局与风貌"。[①]其中的主要内容包括：

① 保护从永定门至鼓楼7.8公里长的明清北京城中轴线的传统风貌特色。

② 保护明清北京城"凸"字形城廓。沿城墙旧址保留一定宽度的绿化带，形成象征城墙旧址的绿化环。保护由宫城、皇城、内城、外城四重城廓构成的独特城市格局。

③ 整体保护皇城。按照《北京皇城保护规划》，开展保护和整治工作。

④ 保护旧城内的历史河湖水系。部分恢复具有重要历史价值的河湖，形成一个完整的系统。

⑤ 保护旧城原有的棋盘式道路网骨架和街巷、胡同格局。

⑥ 保护北京特有的"胡同——四合院"传统的建筑形态。

⑦ 分区域严格控制建筑高度，保持旧城平缓开阔的空间形态。

⑧ 保护重要景观线和街道对景。景观线和街道对景保护范围内的建设，应通过城市设计提出高度。体量和建筑形态控制要求，严禁插建对景观保护有影响的建筑。

⑨ 保护旧城传统建筑色彩和形态特征。保持旧城内青灰色民居烘托红墙、黄瓦的宫殿建筑群的传统色调。旧城内新建建筑的形态与色彩应与旧城整体风貌相协调。

⑩ 保护古树名木及大树。保持和延续旧城传统特有的街道、胡同绿化和院落绿化，突出旧城以绿树衬托建筑和城市的传统特色。[②]

从北京市总体规划中，可以看出北京城总体规划中的旧城保护，正是以北京紫禁城为中心，以"旧城整体保护"与"保护和衬托作为城市中心区域的紫禁城古建筑群"为基本思路。而于2002年通过的《北京历史文化名城保护规划》，列出专门章节，强调环绕紫禁城的皇城的保护问题，规划第9条题目为"皇城历史文化保护区的保护"，将皇城整体设为历史文化保护区："其保护范围四至为：东至东黄城根，南至现存长安街北侧红墙，西至西黄城根南北街、灵境胡同、府右街、北至平

---

① 北京市城市总体规划. 第七章. 第2条。

② 北京市城市总体规划. 第七章. 第2条。

安大街，总用地6.8平方公里。"①

规划中对北京皇城的历史文化价值做了充分的描述，提出了"皇城的唯一性"、"皇城的完整性"、"皇城的真实性"、"皇城的艺术性"诸方面，并对皇城保护提出了明确而具体的保护措施。其内容包括：

① 明确皇城保护区的性质：以皇家宫殿、坛庙建筑群、皇家园林为主体，出平房四合院民居为衬托的，具有浓厚皇家传统文化特色的历史文化保护区。

② 建立皇城明确的区域意向，使人可明确感知到皇城区界的存在。

③ 结合旧城外的土地开发，与皇城的保护和改造内外对应，降低保护区中的居住人口密度。

④ 必须停止审批建设3层及3层以上的楼房和与传统皇城风貌不协调的建筑。

⑤ 皇城内尚有部分文物保护单位利用不合理，应加以调整和改善。

⑥ 皇城保护区内的道路改造应慎重研究，以保护为前提，逐步降低交通发生量。

⑦ 必须将皇城内现有平顶的多层住宅改为坡顶。

⑧ 制定皇城历史文化保护区保护管理条例。②

2003年北京市在落实《北京历史文化名城保护规划》中，为加强北京皇城的整体保护，又制定了《北京皇城保护规划》，其核心的内容，还是以保护紫禁城周围的环境为主要目标展开的。如在建筑高度控制方面，强调"必须严格保护其传统的平缓、开阔的空间形态"，对皇城内"现状为1—2层的传统平方四合院建筑，在改造更新时，建筑高度应按照原貌保护的要求进行，禁止超过原有建筑的高度"，而对现状高于3层的建筑，"在改造更新时，新的建筑高度必须低于9米"，并且特别规定了"停止审批3层及3层以上的楼房和与传统风貌不协调的建筑"。③此外，在"环境整治的实施"条，对紫禁城周围的环境，提出了许多十分具体而严格的保护与整治条款，使得北京紫禁城在未来的城市发展中，真正获得了整体环境方面的保护。

由故宫博物院组织制定的《故宫保护总体规划》中，列入了如下内容：

① 调整保护区划。

---

① 北京历史文化名城保护规划. 第9条. "皇城历史文化保护区的保护"。
② 北京历史文化名城保护规划. 第9条. 第3款. "皇城保护的措施"。
③ 北京皇城保护规划. 第14条。

②调整故宫博物院功能区划。

③整理故宫内外环境，完成故宫保护工程。

④完成故宫保护工程。

其中的内容涉及，相对集中安排服务区，提供优质服务，相对集中改善文物库藏管理条件。把目前分散在故宫多处古建筑中的管理机构从古建筑中腾退出来，同步解决保护古建筑、治理故宫环境和实现管理现代化三大方面的问题。并且特别提出要将与故宫无关的外单位占用故宫古建筑和1975年占驻在西华门两侧兴建的大楼，严重改变故宫历史环境的现象，加以全面地整治。并对故宫古建筑中普遍存在的自然力造成的损伤，如屋顶琉璃瓦严重脱釉，污染变色；古建筑外檐彩画普遍陈旧，龟裂甚至脱落；大部分内檐装修残损严重；有六千余米长的汉白玉栏杆和大面积的石质材料普遍风化，将这一系列问题的解决，纳入到"故宫保护工程"中，并提出：

保护工程必须完成五大任务：

① 保护故宫整体布局，彻底整治故宫内外环境。

② 保护故宫的文物建筑，通过合理利用和恰当的技术手段，全面保护其蕴含的文物价值。

③ 系统改善和配置基础设施。

④ 合理利用并发挥文物建筑的功能。

⑤ 改善文物展陈、保存环境，提高展陈质量。[1]

故宫总体规划中，还提出了编制相关专业规划的任务，并委托有关部门，编制《故宫保护总体规划大纲》，进行更为深入细化的故宫保护规划。这一大纲已于2004年3月11日通过了专家论证。[2]

原载于韩国学术振兴财团支持项目报告书，2007年

---

① 引自故宫博物院网页"故宫保护总体规划"条，由白昭薰、包志禹收集、提供。

② 同上。

卷四之二
关于文物古建筑保护的几点思考

一、经济与现代化的步步为营

　　至少在现阶段的中国，文物建筑保护与经济发展及现代化进程之间的矛盾是不可回避的。文物古建筑是历史的遗存，它无疑适应它所产生的那个历史年代。中国古代宗法式的社会政治体系以及以家族式血缘共同体为基本特征的社会构成，使由单座厅堂组成的院落式木结构建筑体系，成为中国古代建筑的基本形式。然而，近百年来的现代化进程早已打破了这种宗法血缘式的社会构成体系，使这种以家庭为单位的院落式建筑，久已不适应现代生活的需要。以往建筑形式赖以存在的社会结构基础已经丧失，而现代经济的高速发展，又使追求利润最大化成为商业社会的主要特征，由于历史建筑遗存所占据的城市中心地带，越来越具有商业性价值升值的潜力。因而，更进一步加大了社会对于历史建筑遗存的挤压。这应当就是目下中国古代建筑遗存的实际生存环境。

　　经济的发展与现代化的推进，无疑要对传统建筑形式进行扬弃，而已经不能承担生产与生活功能的古代建筑遗存，也早已苟延于现代建筑的夹缝之中。尽管如此，社会的经济发展与现代化趋势仍然没有丝毫的恻隐之心，对现存文物古建筑或历史文化街区步步为营的挤压态势依然有增无减。

　　用"步步为营"来形容经济与现代化的发展对于文物建筑的挤压与破坏，是一个恰当的比喻。历史发展的事实也印证了这一点。我们不妨以一种速写式的笔法来简单回顾一下20世纪以来存在于历史建筑与现代化进程之间的此消彼长过程。

　　晚清时代是一个欧风东渐的过程，一些西式建筑开始出现在如北京这样的历史古城中。这时的西式建筑，或现代建筑，有如一股清风，吹皱了一池静水，但却无力对城市面貌产生更大影响。占主导地位的仍然是传统中国院落式建筑，以及以皇宫、衙署、寺庙为重点的，以大量四合院落为背景的低平的城市轮廓线，其中点缀穿插了若干略略高出四合院轮廓线的洋楼及现代建筑。

民国初年是一个文化变革的时代，社会的转化与思潮的变异，使人们初步从历史的桎梏中解脱出来，人们开始蔑视传统文化中一些消极的东西，提倡外来的现代文明中较为积极的东西。在"打倒孔家店"的激烈口号下，知识精英们率先对传统文化采取了否定的态度，这种态度开始影响到大众的日常生活，一些被列入落后与迷信范畴之中的建筑物，自然被当做历史的糟粕来对待。据一些老年人的回忆，当时曾经流行的口号之一是："拉大庙，建学校。"意思是拆除（或利用）具有迷信功能的寺庙，用来发展教育。这无疑是顺应当时历史潮流的事情。城市的现代化要求，使得为拓宽道路而拆除一些建筑也成为理所当然之举。①

抛开战争等因素之外，民国时期的所谓"新生活运动"究竟对传统建筑造成过怎样的破坏，我们还未做出统计与判断。但20世纪20年代与30年代的经济发展，使中国的城市开始与西方城市形态的距离拉近，却是不容置疑的。这一时期迅速发展起来的上海、天津、武汉等城市，为中国城市的近代化与现代化进程充当了先锋。但这一时期一些传统文化氛围较重的城市，其变化的幅度相对还比较小。

新中国成立初期提出的"破除迷信，解放思想"的口号，应该是一次思想解放过程。人们不仅在行为上，而且在思想上，开始摆脱传统的束缚。应该说，对传统的蔑视与轻视，渐渐成为这一时期的主流意识。尚存在的历史建筑与传统文化所面临的压力也愈来愈大。北京城的改造，就是这一时期大规模展开的。当然，这一时期的改造集中在街道的拓宽，以及对部分传统街道设施，如牌楼、拱桥等的拆除上。传统城市形态与空间所承受的只是"皮肉之苦"。

北京城墙的大规模拆除，一方面有安全方面的考虑，因为市民在城墙的残破部位取土，常常引起城墙的局部塌落；②另一方面，由于当时苏联专家的建议，城墙、

---

① 笔者在美国费城美术馆看到的一座原位于北京皇城以内的南池子大街上的寺庙大殿，就是这一时期被拆毁后，由美国人移到费城按原样复建后作为展品的。
② 据原北京市规划局高级工程师温梓森先生口述。

护城河、有轨电车被称为"套在北京城上的封建主义与资本主义的箍"。[①]这就在理论上与舆论上为北京旧城的大规模改造打下了基础。此外，交通方面的现代化需求也是一个重要因素。如东单、西单、东四、西四街道上的牌楼，西长安街上的元代双塔，北海的金鳌玉栋桥被拆除，就是出于使街道交通通畅的考虑。

如果说，这以前对历史建筑的拆除与破坏，都是不得已而为之，是城市现代化的必然之举，那么在20世纪60年代以来的思想极度左转的情境中，在"破四旧"的口号下，城市现代化进程对于历史建筑与传统街区的大规模破坏，则已经转入了主动进攻的态势。在整个社会思潮的极度左转的情势下，古代建筑的历史遗存，被列在了应当作为被"破"的"四旧"的范畴之中，自然难免被蔑视、被淘汰的命运。即使因为使用的关系，大部分建筑物本身并没有被拆除，但对建筑装饰构件、雕刻等的大规模破坏则是空前的。笔者曾亲眼目睹了在"文化大革命"中，一些人以"破四旧"为名，将具有丰富砖雕内容的门楼拆毁，或将屋檐上有纹样的瓦当、勾头敲碎。至于砸毁寺庙中的雕像头、望柱头一类事情，在那个特殊的年代，更是比比皆是。人口的迅速增加，也使原本充满了花前月下、诗情画意的古老意蕴的传统建筑，不堪生活的重负。一个原本只为一家人使用的优雅的四合院，成为拥挤着十余家人的大杂院。

然而，即使是这样，我们仍然有理由认为，在经过"文化大革命"的浩劫之后，如果不是经济与现代化的步步进逼，由于人们对于传统文化的态度的转变，文物古建筑的生存状况，仍然应该有可能逐渐回复到愈来愈好的状态。但是，事实恰好相反。20世纪80年代以来的经济大发展，造成了文物古建筑与具有传统文化价值的历史地段的生存状况进一步恶化。有关这一方面的情况，见诸报端的事例已经不少。在90年代的房地产开发热中，有的发展商将所购地段中尚未列入重点文物保护单位的古建筑肆意拆毁。据笔者的亲历，位于北京西城区宝产胡同内、曾有着400余年历史的建于明代成化年间的宝禅寺大殿，就是毁于这一时期。[②]

经济发展与现代化进程对于文物古建筑与历史地段的这样一个步步紧逼的态

---

① 据原国家文物局文物保护研究所高级工程师杜仙洲先生口述。
② 笔者曾于1996年到过堆放宝禅寺大殿构件的现场，大殿的圆形藻井仍十分完好，但斗栱已经拆得十分零散，笔者购买了柱头科、平身科、角科斗栱各一攒，现存放在北京建筑工程学院建筑系系馆内。

势，并没有随着经济的高度发展而有丝毫的改变。如果说，20世纪80年代以前对于北京城的破坏，还只是伤及皮肉，那么自80年代以来，随着大规模的经济发展，北京城才真正面临了"伤筋动骨"的破坏。旧有的城市肌理在渐渐地消失，传统的街道与胡同，渐渐被代之以宽阔的交通大道与城市广场。随着昔日拥挤、杂乱的城市形象一步一步地改变，传统的城市肌理与城市空间也渐渐地从人们的记忆中抹去。

如果说起初人们还期待着完整地保护一整座北京古城，现在，人们已经做了十分现实的退让。在北京旧城以内，划出25片保护区的做法，实在是无奈之举。实际上，稍加思考就可以做出推测，划出了这25片保护区，实际上也就等于宣告了，在这25片保护区之外的旧城街区与建筑，已经失去了被保护的必要，从而也就宣告了对于北京城进行完整保护策略的最后希望的破灭。

实际情况是，即使在这25片保护区内，对于旧建筑与旧街区的破坏，仍然难以彻底遏制。据一位建筑专业研究生的追踪，在位于距离北京明清故宫仅有咫尺之遥的南池子历史文化保护区内普度寺附近的一些四合院建筑，尽管建筑的质量尚可，又位于市政府划定的保护区段内，仍然有发展商在未经细致的研究设计之前，敢于做拆改的手术。[①]当然，值得庆幸的是，政府部门及时地制止了这一行为。

经济与现代化对历史建筑与街区的"步步为营"，对传统城市与建筑遗存所造成的损害，是显而易见的。回顾一下我们走过的历史，设想一下，如果在新中国成立初期，我们就制定一整套有关北京城保护的完整规划并加以严格的实施，我们将拥有一座最为完整的具有中世纪特点的中国古代都城；推而广之，我们还会拥有一大批具有人类文化遗产价值的城市与村镇。也就是说，如果我们在20世纪80年代的改革开放之初，就将历史文化地段与文物建筑保护提到应有的高度来认识，并对北京城，以及国内许多大大小小的历史文化名城，加以细致的研究与保护，我们仍然能够拥有相当一批非常有价值的历史文化名城。不至于使具有高度历史文化价值的北京城、苏州城、定海城[②]、曲阜城[③]等，"发展"到了似乎还不如偏居一隅的山西

---

① 见北京建工学院建筑系左玉罡硕士论文《北京居住性历史文化保护区保护问题探讨》。

② 定海城城市改造过程中大面积拆毁古代民居的事件曾经在中央电视台播出，并引起了社会多方的关注。

③ 据曲阜居民的口述，曲阜城的城墙，是在1977年才拆毁的；而20世纪80—90年代，在曲阜城内建造的具有粗劣的南方民居风格的文化街，使古城遭到进一步破坏。

平遥县城的历史文化价值更高的地步。

然而，历史就是这样无情，历史上名不见经传的山西平遥城成功列入《世界文化遗产名录》，而北京城、苏州城、曲阜城这样一些声震古今的历史文化古城，反而没有了申报世界文化遗产的资格，这岂不是令人扼腕而叹的事情吗？而这正是经济发展与现代化进程步步进逼的结果。现在的问题是，经济仍然在高速发展中，现代化的步伐仍然在隆隆迈进，在这样的情境下，如果没有相应的措施，我们还能为文物古建筑或历史文化街区，留下多少可以生存的空间？难道让社会经济的发展与现代化的进程逼近文物建筑保护的最后防线，直接危及国家重点文物保护建筑，或者，将北京的古都保护策略，最终退守到紫禁城的城墙以内时，我们才会真正产生危机感吗？

二、传统建筑面临的话语转换

有关传统建筑的话语（discourse）转换，可能会直接影响到文物建筑保护的基本思想与理论，这一点几乎是毋庸置疑的。不同的历史时期，创造了不同的主流话语。主流话语的转换，导致了文物建筑保护的外在社会环境的转变。

关于话语转换的问题，早已成为人们熟知的社会文化现象。一个突出的现象是，在20世纪之初，整个世界都沉浸在对理性主义的向往之中，人们相信理性与科学是未来社会的唯一发展方向。然而，仅仅过了不足一百年，到了世纪之末，一股热衷于宗教、非理性、神秘主义的社会思想倾向，弥漫到了全球的各个角落，这里已经表现出时代与话语转换的特征。

中国的情况也不例外。20世纪之初的中国，既面对了日益强大的西方经济与军事实力，也面对了西方思想界自18世纪以来渐渐占到了主流地位的"启蒙心态"（Enlightenmentmentality）[①]。18世纪西方启蒙思想的主导倾向是，相信古代希腊与罗马时代萌芽的科学与民主思想，代表了人类进步的方向。理性主义是未来发展的唯一目标。这一心态倾向深刻影响了近代与现代西方社会许多方面。20世纪之

---

① 见[美]杜维明. 论儒学的宗教性——对《中庸》的现代诠释. 段智德译. 武汉：武汉大学出版社，1999年7月，第2页。

初的中国知识精英们，对于这一西方思潮的反应是，主张"科学"与"民主"。"五四"运动是知识精英们全面接受西方"启蒙心态"的宣言书。

"五四"的特点之一，是在接受西方"启蒙心态"的同时，对中国传统文化进行了全面的宣战。其中最为激烈的口号之一是"打倒孔家店"。代表中国文化传统正宗的孔子与儒家，成为五四运动否定的主要对象。正是这一思维倾向，导致了对中国传统文化的全面否定。中国的五千年文明，被描绘成了"知识精英"笔下"吃人的历史"[①]，社会的一切丑陋现象，都归结在了罪恶的封建统治名下。传统文化被看做愚昧、丑恶、反动、腐朽的代名词。

在这样一种话语前提下，一切与"启蒙心态"相违背的思想与现象，都成为了应当被打倒、被否定的对象。无论是任何宗教，包括佛教、道教，以及外来的基督教，都被归在了封建迷信的范畴之中；传统儒家的"仁义礼智信"以及孝悌思想，也成为了应该被扫除的封建糟粕。有了这样一个基本的假设，相应的建筑遗存，如寺庙、祠堂，以及与封建血缘式家族居住方式相适应的传统民居，就成为了应该被排斥、被否定的对象。封建的"家"成为一切封建丑恶现象的根源，传统居住方式中充满着诸如"吃人礼教"所带来的恶俗。因而，使得传统的"家"居环境，充满了血腥味。这一思维倾向从20世纪早期的文艺作品《家》，一直延伸到十分晚近的中国电影《大红灯笼高高挂》。而帝王的宫殿，只能充当封建统治者骄奢淫逸的罪证。至多，我们可以从这些宏伟的建筑中证明，其中充满着古代劳动人民的智慧与血汗。

这一话语的直接结果是对于传统建筑的否定。当建筑学界的前辈学者梁思成先生在尽心竭力地为探索具有中国民族特色的现代建筑而努力的时候，由于在那一时代的权势话语中，传统建筑的"大屋顶"代表了封建主义，梁思成也因为复古主义而遭到了批判。在一个相当长的时期内，一些人甚至对梁思成设计的人民英雄纪念碑顶上的中国屋顶式造型耿耿于怀，认为给人民英雄戴了一顶"封建主义"的帽子，尝试着修改这一设计的思想意向，一直到"文化大革命"结束前，仍然存在。没有能够修改的原因之一，可能是没有人能够拿出一个可以替代的方案。显然，在

---

① 见鲁迅《狂人日记》。

这样一个特殊的话语条件下，中国传统建筑被赋予了消极与否定的含义。

20世纪80年代的中国，经历了一个巨大的话语转换过程。在经过一系列阵痛之后，话语转换的目标终于实现。首先是对于民族文化的态度，其次是对于传统的态度，整个社会都来了一个一百八十度的大转弯。80年代初，从著名建筑师张开济先生在报刊发表文章《为古建筑请命》开始，初步向否定传统建筑的权势话语展开了挑战。此后，在文艺界与艺术界，又有人提出了"愈是民族的，就愈是世界的"①。随着经济现代化的进一步展开，传媒中也提出了人们的生活"越是现代化，就越是会向往传统"②的说法。这一切都预示着新的对于传统与民族文化肯定的话语条件，已经产生。

接踵而来的是对于传统建筑文化的追寻。先是在香港，有人搞了一座所谓的"宋城"，随后，由于电视剧拍摄的需要，在北京与河北正定又分别建造了仿古的大观园与荣国府、宁国府与荣宁街。从此，在各地搞"仿古一条街"的风潮骤起，并冠之以"文化街"的雅称。所谓文化街，往往处于一座重要的历史街区，或是一座重要的古建筑附近。著名的文物古建筑，如蓟县独乐寺前、山西应县木塔前、大同上下华严寺前、曲阜县城内等，都建有所谓的仿古文化街。这一建筑风潮几乎刮遍了大江南北、长城内外。毋庸置疑，20世纪90年代兴盛一时的欧陆风格建筑风潮，其实也是当时一些人既向往历史文化，又向往西方文明的矛盾心理的曲折反映。这也应当是在"回复传统"这一历史话语下的产物。

美籍华裔哲学家杜维明曾经归结出中国传统文化的两种缺失："'五四'时认为缺'科学民主'，现在又认为缺'宗教传统'。"③这就是话语转换的结果。如果说在"五四"时期，相信西方文化优于中国文化的知识精英们，认为中国的主要问题出在缺少"德先生"与"赛先生"，"五四"举起了科学与民主的大旗。到了20世纪90年代，同样是以西方标准来观察中国事务的文化学家转换了主导话语，他们认为："中国没有上帝，这就是中国文化的缺失……即中国文化近代以来的种种弊

---

① 对于这些话的出处，笔者没有着意去发掘，作为一个过来人，笔者认为这是曾经历过那一时代的人耳熟能详的话语。

② 在笔者记忆中，这是一句出自80年代的一个有关日本传统文化介绍的电视节目中的解说词。

③ [美]杜维明. 东亚价值与多元现代性. 北京：中国社会科学出版社，2001年，第37页。

端都是因为没有一个超越而外在的上帝。"①

这种话语转换同样也表现在建筑环境的创造上。"五四"以来对于宗教的排斥性批判，发展到"文化大革命"中，以至于将前人留下的寺庙古建筑列入"四旧"的范围而大加挞伐，一些地方甚至到了毁像焚经的地步，而进入20世纪90年代，却出现了新一轮的大规模建寺造佛运动。这几乎是中国历史上最大规模的造佛运动。出现了一批大尺度的佛与菩萨的造像。如广东南海、海南三亚、浙江普陀，都有大尺度的观音菩萨造像；江苏、广东都有大型佛造像的塑造；辽宁鞍山、辽阳，海南三亚，浙江普陀等，都已经建造了或即将建造新的大规模寺庙。民间建造小型庙宇并重塑金身的现象，更是比比皆是，而且民间兴建的宗教建筑，也早已超出了佛、道二教的范围。

这种话语转换是否为传统建筑的保护与利用提供了更为有利的外在环境呢？对这一说法，笔者还不敢苟同。事实上，新的话语倾向带来的是新一轮的对于文物古建筑遗存的破坏。在假古董充斥的今天，在文物保护区附近建造仿古一条街，或仿古宾馆、餐馆的现象比比皆是。五台山早已不是昔日的五台山；八达岭周围的环境早已与昔日"北门锁钥"的雄关峻岭渺不相涉；居庸关也早已不是昔日的居庸关；应县木塔前繁闹的仿古一条街，使高耸的古塔也黯然失色。还需要举出更多的例子来吗？

三、文物建筑保护面临的困境

一直以来，重点文物建筑因为有国家法律的保护，即使是在"文化大革命"这样的特殊历史时期，仍然不至于遭受灭顶之灾。从事文物建筑保护的学者、专家、文物工作者和文物保护第一线的工作人员，为了保住老祖宗留下的这一份珍贵的遗产，已经做到了殚精竭虑。因此，可以说一般的外部力量，对于文物保护事业很难构成特别大的威胁。

即使是在经济与现代化迅速发展的时期，在一般情况下，所影响的主要也是文物古建筑的外部环境，如对于文物建筑保护范围内的建筑物的高度控制上，或是在文物建筑附近建造仿古一条街等等。由于文物工作者锲而不舍的努力与坚持，想在

---

① [美]杜维明. 东亚价值与多元现代性. 北京：中国社会科学出版社，2001年，第37页。

全国重点文物保护单位上擅自动土的人，大都不可能得逞。这也说明我国的法制建设正在进一步完善，《文物法》越来越深入人心。在这样一种情况下，克服对于文物古建筑进一步破坏的途径之一，就是尽可能将那些有重要价值的古建筑申报为国家级或省级重点文物，使这些建筑尽可能纳入法律的保护范围之内。然而，这并不是说我国的文物保护工作已经万无一失了。文物建筑保护工作仍然面临着种种的困境。

关于文物建筑保护面临的一般性困难，可能已经是老生常谈了，比如，尽管国家每年投入文物建筑保护的经费额度在逐年加大，但相对于我们这样一个文物大国来说，直接用于文物建筑保护的研究与实施的经费仍然是十分有限的；此外，在有限的经费下，是科学地保护，还是盲目地修缮，甚至在文物建筑群中添加一些未经深入研究，既非"复原"，也非"再现"的假古董，这也是困扰文物建筑保护工作的问题，文物建筑的"真实性"原则是否得到了切实的保证，是否有擅自改变文物建筑现状，人为地添加改造一些原本不存在的东西，使文物古建筑或建筑群的"真实性"遭到破坏的问题，在一些历史文化保护区或正在申报国家级文物保护单位或世界文化遗产的地方，仍然不同程度地存在着。如浙江某古村落为了体现八卦的村落布局，在村中水塘边人为地加上一个八卦图，就是一例。①

对于文物建筑的研究工作应当也是文物建筑保护的重要内容。系统地开展对于全国重点文物保护单位或省级重点文物保护单位的建筑组群与建筑单位的详细现状测绘，真正弄清这些国宝级文物建筑的损坏情况，并留下一份真实可靠的图纸与文件档案，是一件十分紧迫而必要的工作。将这些国宝级文物建筑一一整理研究，以详细图纸与照片的形式发表出来，供历史文化与科学技术部门进一步、多角度地深入研究，也是十分必要的工作。一些高等院校建筑系的教师与学生，不为当前经济大潮涌动的大环境所动，热心投身于这样一个艰苦、危险而又没有经济收益的工作，是一件十分难得的事情。他们的热忱与积极的态度，得到了许多文物保护管理部门的热情支持与帮助。

目前的情况是：一方面，文物建筑仍然在进一步减少或损坏；另一方面，对于

---

① 乡土建筑研究与文物建筑保护专家清华大学教授陈志华先生曾就此事提出过批评。陈先生还就山西某村落中的清代官吏宅院中加建假古董后申报国家重点文物保护单位的事情进行了抵制。

许多重要文物建筑的测绘档案的建立以及深入的学术研究等方面的工作还远远没有展开。对于国家与省级重点文物保护单位的建筑物进行全面的测绘记录，建立一整套详细的文物建筑档案，应该是一件迫在眉睫的事情。

当然，还有理论方面的问题。比如究竟怎样理解文物建筑的"真实性"问题。中国及日本、朝鲜半岛的木结构建筑，是否能够同世界上其他地方的土石结构的建筑一样，在"真实性"问题上同等对待？中国等东亚国家的传统木结构建筑，更容易受到自然风雨及白蚁的侵蚀。因此，是否能够探索出一条适合这些国家传统建筑特点的文物建筑保护规则？如在有可靠的测绘与形象资料的基础上，原地原样复建的古代建筑物，是否还仍然具有历史文物价值？对于有着可靠的时代依据，但是已经经过了后人局部改造的古代建筑，能否恢复到其较早时代的样子？这些都是需要严格地研究论证，并提出一个较为令人信服的结论的问题。

此外，应该引起我们特别重视的，还有关于文物古建筑保护的"话语"转换问题。比如，我们已经谈论多年的有关文物古建筑"整旧如旧"的问题，就是一个具有长期指导性的主导话语。这是一个被广大建筑历史与理论研究及文物保护工作者充分认同的话语。但是，对于这一重要话语的解释，已经在建筑历史与文物建筑保护界渐渐开始产生了分歧。

例如，一些我们熟知的话语表述，如"修旧如旧"或"整旧如旧"，反而是一个常常会引起种种争论与歧见的话语。梁思成先生所主张的"整旧如旧"原则，已经成为中国文物建筑保护领域的共识。但是，由于随着时间推移而产生的话语转换，对于究竟什么是"整旧如旧"，如何理解"整旧如旧"，以及如何在古建筑保护实践中贯彻或实践"整旧如旧"的原则，等等，却渐渐产生了一些不同的说法。比如，有一种说法把"整旧如旧"的"旧"理解为"往日之旧"或"旧日之辉煌"，按照这样一个观点，一座古代文物建筑的修复，应当是将它恢复到创建时那旧日辉煌的样子。这样的做法，是否仍然可以归结到"整旧如旧"的原则范围之内，这种经过转义的话语表述，是否仍然符合"整旧如旧"的原则，确实是需要认真澄清的问题。

中国建筑历史与理论研究及文物建筑保护的先驱者梁思成先生提出的"整旧如

旧"的古建筑修复原则，依据了国际与国内文物建筑保护方面的理论，是文物建筑保护的基本原则之一。在这一原则中间，既有坚持与体现文物建筑的"真实性"问题，也有建筑艺术鉴赏的美学标准问题。

"旧"一方面是要真实地记录历史建筑原有的历史信息，从历史遗存的古建筑中，我们应该能够清晰地触摸到岁月浸润的痕迹，从而保存与保护历史建筑的宝贵的历史价值。这就如同一个锈迹斑斑的古代器皿或造像，我们只能清除上面的灰尘，运用科学的方法，尽可能长久地保持它现有的样子，防止它被进一步锈蚀，但却不能运用现代科技手法，为它重新镀铜鎏金，使它重现当年的熠熠光彩。寺庙中的佛造像也是一样，没有人能够同意为一尊千年古佛像重塑金身。这也正如梁思成先生形象地比喻的："……把一座古文物建筑修得焕然一新，犹如把一些周鼎汉镜用擦铜油擦得油光晶亮一样，将严重损害到它的历史、艺术价值。"[1]用梁先生的话来说，我们应当使古建筑延年益寿，但却万万不能使它返老还童。[2]这里的这个"旧"字显然是与"新"字完全对立的概念。

"整旧如旧"这一术语中确实可能存在一个隐蕴的含义，是说在修缮古建筑的时候，其中的某些部分，在有充分依据的时候，应该尽可能地恢复到这座建筑物建造之初时的样子。有关这一"整旧如旧"观点的一个比较著名的例子，是土耳其伊斯坦布尔的圣索菲亚大教堂，这座建筑内原有6世纪留存下来的早期基督教的壁画，但是，在后来改为清真寺以后，这些壁画被硬盖在伊斯兰式的装饰下了，现代文物保护与修复者，小心地剥除了表面的后世装饰，将早期圣索菲亚大教堂的墙面绘饰重新显露了出来。

从这个例子，我们可以推想，在一座明显有后世添加构件的木结构建筑中，在有充分依据的情况下，将后世添加的构件，恢复为与这座建筑初建年代相当时期

---

① 梁思成. 闲话文物建筑的重修与维护. 见：梁思成全集. 第五卷. 北京：中国建筑工业出版社，2001年4月，第440页。

② 由于笔者的学识浅陋，关于梁先生的这句话虽然反复听到前辈学者谈起，但笔者仍然未能找到原话及其出处，只是看到类似的说法，如梁先生在《闲话文物建筑的重修与维护》一文中的"整旧如旧与焕然一新"一节中，在谈到山东济南重修唐代观音寺塔时，以赞许的口吻说这座经过重修的建筑物"基本上保持了这座塔的'品格'和'个性'，给人以'老当益壮'，而不是'还童'的印象。我们应该祝贺山东的同志们的成功，并表示敬意"。这里权作一个依据，见《梁思成全集》第五卷，第442页。

的构件形式，还是有可能被接受的。比如，对唐代所建的五台山南禅寺大殿的修复就是这样一种情况。当然，关于这一点极易引起争议。因为，像福州华林寺那样，完全剔除掉清代后加的周围廊，将之恢复到复原设计中所推测的宋初时那种仅有前廊的样子，并重新做了油饰，显然是很不妥当的处理。因为，这样做既抹去了清代建筑的大量信息，也未必能够保证完全真实地再现宋初的原状。至于，没有任何考古依据而随便恢复的例子，如现在一些"大院"内随意而盲目地添加门楼、花园、连廊，或者是那些仅仅根据遗址平面，毫无上部建筑形象依据，只是通过"复原设计"无中生有地创造的，有如"画鬼"一样凭空想象的所谓"古建筑"，无异于造假古董，是万万要不得的愚昧之举。

但是，对于有充分考古依据，如有测绘图、照片，充分了解其原始状况，但因种种原因已遭毁坏的建筑物，我们运用缜密详细的复原设计，将之恢复到原有的样子，"再现"并保护了这座建筑原本留给我们的历史信息与建筑艺术信息，这样的做法，在某种意义上，还是能够被接受的，甚至是有重要意义的。例如，《营造学社汇刊》中有着详细记录但现已不存的建筑，如大同上华严寺海会殿、宝坻广济寺三大士殿、山西榆次雨花宫等一些从事建筑历史研究的人们耳熟能详的建筑，还是可以考虑作一些恢复重建的尝试的。有关这一方面的先例是，在20世纪时曾遭焚毁的著名的日本飞鸟时代建筑——法隆寺金堂，就是按照测绘资料加以恢复重建的，从而保留了这座古老木结构建筑物的历史与艺术信息。

关于这一点，梁思成先生也曾有过类似的提议。他在谈到尚保留有较多唐代建筑遗痕的正定开元寺钟楼建筑的时候，曾经提议："我们很有条件参照下檐斗栱和檐部结构，并参考一些壁画和实物，给这座小楼恢复一个唐代样式屋顶，在一定程度上恢复它的本来面目。以我们所掌握的对唐代建筑的知识，肯定能够取得'虽不中亦不远矣'的效果，总比现在的样子好得多。估计这项工程所费不大，是一项'事半功倍'的值得做的好事。"[①]在这里，梁先生的态度是很明朗的，只要有充分的依据，能够达到"虽不中亦不远"的效果的复原与重建，还是"值得去做的好事"。

---

① 梁思成. 闲话文物建筑的重修与维护. 见：梁思成全集. 第五卷. 北京：中国建筑工业出版社，2001年4月，第444—445页。

这样的"整旧如旧"可以为后人多保留一点古代建筑文化的遗痕，只要真实地记录下复原设计与建造的全过程，使后人在了解事情真相的基础上，去学习与观赏这座古老建筑的形象与结构，这样的复原性重建应当还是很有意义的。类似的例子也可以运用在如下的一些情况中：如我们已知大同善化寺的普贤阁，并拥有与之对称的文殊阁的遗址，可以按照普贤阁的式样与结构，复建一座文殊阁，以使善化寺建筑群的更完整形象得以"再现"保存。当然，这一过程必须留下详细的档案资料，不可使后人将复建的"文殊阁"与真正的古迹"普贤阁"相混淆。除此而外，对于没有任何考古依据与形象资料的所谓"复原"而"复建"的建筑物，笔者确实不敢苟同。

　　在审美情趣上，"整旧如旧"的"旧"在意义上，无疑是与"古旧"的"旧"相关联的。这里我们不妨借用文化人类学家列维-斯特劳斯，关于欧洲人与美洲人对于传统城市与建筑景观的"新"与"旧"的判断，做一些分析：

　　列维-斯特劳斯曾以讲故事的口吻谈到了美洲人有关历史建筑的审美观："有一次，一个巴西女学生第一次到法国之后，泪眼汪汪地跑来看我，巴黎那些因岁月而阴暗的建筑物，她觉得很脏。她评断城镇的唯一标准，是看它有多白、多干净。但是那些面对纪念性建筑物所引起的超越时间的沉思，那些最漂亮的城市所具有的亘古常新的生命，那些不仅仅是单纯为了满足都市生活功能，而且是沉思与回想对象的建筑物，都是美洲城镇所不具备的性质。"①在斯特劳斯眼里，"因岁月而阴暗"的古旧建筑，是可以供人们作"沉思与回想对象的建筑物"，具有"亘古常新的生命"，可以引起人们"超越时间的沉思"。

　　列维-斯特劳斯继续说："欧洲的城镇，几个世纪时间的消逝使之更为迷人；美洲的城镇，年代的消逝只带来衰败。理由不只是因为后者是新建的；理由是当初建造时即准备不久以后重建……新市区太俗丽、太新、太愉快。它们更像是大游乐场里面的摊子，或国际博览会场的展览馆……"②我们应该特别注意到列维-斯特劳斯对美洲建筑所用的形容词："太俗丽、太新、太愉快"，这显然是与"因岁月而阴

① [法]列维-斯特劳斯. 忧郁的热带. 王志明译. 北京：生活·读书·新知三联书店，2000年4月，第108页。
② [法]列维-斯特劳斯. 忧郁的热带. 王志明译. 北京：生活·读书·新知三联书店，2000年4月，第108页至第109页。

暗"的古老建筑物对立存在的形象。这种新而愉快的建筑物，充其量只能作为"国际博览会里的展览馆"，是暂在的东西，不具有古旧建筑物所特有的"亘古常新的生命"。

从这些分析中，我们不难看出，所谓"整旧如旧"的"旧"，其实蕴含了两个方面的价值判断，其一是历史价值的判断，即我们应当谨慎而小心地保存文物古建筑的历史价值，使其不至于受到伤害，也就是我们经常谈到的文物建筑的"真实性"问题；其二则是审美价值的判断，即究竟是新而愉快的感觉，是一个恰当的审美体验，抑或是保持古建筑本色的古旧洁净，是一个更具有文化品味的审美体验的问题。这是一个原本不需要太多的争论问题，我们不妨将之悬置起来，把问题留给大家，让每一个人自己做出一个恰当的判断。

原载《中国紫禁城学会论文集》第四辑

卷四之三
历史建筑保护三议

自20世纪20年代中国营造学社酝酿成立之时，中国古代建筑保护，就已经成为一个与中国古代建筑史几乎同时出现的新学科。早在那个年代，中国营造学社的创始人朱启钤先生就开始参与北京城正阳门与故宫古建筑的保护工作。同是在中国营造学社成立之初，梁思成与刘敦桢、蔡方荫三位先生，就承担了故宫文渊阁楼面保护的修缮研究。之后，梁思成与刘敦桢，又承担了景山万春亭保护修缮研究。梁思成先生还独立承担了曲阜孔庙建筑的保护修缮研究。这几个20世纪早期的保护研究案例，反映的也应该是中国古代建筑保护开创期、探索期的基本思想。

到了20世纪50年代，梁思成先生则提出了古建筑修缮要"整旧如旧"①，在修缮中要做到"有若无，实若虚，大智若愚"②的思想，对于后来的文物建筑保护修缮，起到了很好的指导性作用。

20世纪80年代以来，中国文物古建筑界迎来了古建筑保护修缮的一个高潮期，大批摇摇欲坠的文物古建筑得到了妥善地修缮与保护，文物建筑的环境也得到了有效保护与完善。这些都是令人感到可喜的现象。但是，随着国家经济情况的日益发展，国家在文物古建筑修缮与保护方面投入的经费也越来越多，然而，人们对于文物古建筑保护、历史建筑保护，以及文化遗产保护等方面的认知，也变得越来越驳杂，越来越纠结，甚至也越来越难以厘清各种不同概念之间的区别。个中的原因之一，可能是随着国家在历史建筑保护方面投入的经费越多，可以被纳入保护修缮的建筑越多，本来人们应该对历史建筑、文物建筑、遗产建筑有种种更为细致的保护策略与方法，但是，事实上却是，由于概念上的茫然与混淆，人们对于各种历史建

---

① 梁思成. 梁思成全集. 第五卷. 闲话文物建筑的重修与维护. 中国建筑工业出版社, 2001年, 第440页。
② 梁思成. 梁思成全集. 第五卷. 闲话文物建筑的重修与维护. 中国建筑工业出版社, 2001年, 第446页。

筑，采取了几乎一股脑儿等同对待的态度。

一、历史建筑、文物建筑与文化遗产

这里需要厘清几个概念：

首先是历史建筑。以中国为例，这包括了几乎所有历史上曾经建造过的建筑物，既包括了中国清代以前所建造的宫殿、陵寝、寺观、坛庙、住宅，以及园林。也包括了1840年以来建造的，受到西风东渐影响的近代建筑。

我们将这些建筑称作历史建筑，是因为它们是中国历史上不同时期建造的，并且反映了或记录了不同时期历史痕迹的建筑物。历史建筑是一个较为广义的概念，几乎可以囊括所有历史上建造的建筑物，既包括那些具有重要历史价值与艺术价值的纪念性建筑，也包括仅仅代表了普通人的生活与生产的普罗大众们所建造与使用的建筑，例如我们常常说起的中国传统乡土建筑。

但是，严格意义上的历史建筑，应该不包括当下正在使用的现当代建筑。尽管，现当代建筑中，也有许多经历了数十年历史的风风雨雨，但它们不代表过往的历史，只代表当下的、刚刚发生的过去。对于现当代建筑，其主要意义还是当下的，人们面对的是如何维护好这些建筑物，并加以最有效利用的问题，而不是保存与保护其历史价值的问题。

当然，如果是重要的现当代建筑，如重要建筑师的作品，具有里程碑意义的现代建筑作品，其艺术价值，是应该得到尊重与保护，甚至可以纳入到世界文化遗产的范畴之中，但这却不属于一般意义上的历史建筑概念。

其二是文物建筑。文物建筑，首先应该是属于历史建筑的一部分。是具有较高历史价值与艺术价值的历史建筑。其特点是：① 它属于有较重要历史价值的，历史上建造的建筑物。比如说，古代建筑。② 它属于历史建筑中，年代较为久远或艺术价值较高的建筑物，因而，不同于一般意义上的普通历史建筑。或者说，它是重要的需要特别加以珍视的历史建筑。③ 它属于经过研究与认定的，具有国家所赋予的文物建筑之法律身份的建筑，是受到了国家法律保护的历史建筑。这类建筑中，包括了国家级文物保护单位，省级文物保护单位，以及县、市级文物保护单位。不同的保护级别认定，也反映了这些建筑不同的重要程度。

然而，文物建筑却包括了文物古建筑与文物现当代建筑两种情况。文物古建筑，因其具有久远的年代，而拥有了重要的历史价值。而文物现当代建筑，可能是革命文物建筑，也可能是具有较重要标识价值与艺术价值的现当代建筑，如纳入到国家级保护单位名列的现代建筑。它们虽然不是历史建筑，但却是文物建筑，同样也是受到国家法律保护的建筑物。

其三是文化遗产，这是经过严格遴选，并经过国内外专家评议，经过适当的程序而获得联合国教科文组织认定，并授予其遗产名录资质的有形或无形遗产。当然，也包括被认定为世界文化遗产的建筑物。遗产建筑，因其具有了"突出普遍价值"，而成为人类文化遗产的一部分，从而获得了联合国教科文组织的认定，同时，也获得了中国法律的保护。

然而，不能把遗产建筑等同于文物建筑。遗产建筑，因其具有某种突出普遍价值，应该得到全人类的认同与保护。这是毫无疑义的。但是，在一个国家，纳入世界遗产名录的遗产建筑毕竟是少数。不可能将一个国家所有的文物建筑都纳入到世界文化遗产名录之中，这是其一。其二是，遗产建筑未必一定比文物建筑具有更为重要的，或更为独特的历史价值与艺术价值。比如，一座近现代，或现当代建筑，因其具有特别的突出普遍价值，就有可能被列入遗产名录，例如一座具有里程碑意义的近现代工厂，有可能被列在当代工业遗产名录之下。甚至一些曾经给予人们的认识与记忆造成了严重创伤的建筑，如一些曾经给中国人造成严重伤害的"二战"时期或列强殖民时期的建筑物或纪念物，也有可能被纳入记忆遗产名录之内。但其所拥有的价值，有可能是某种特殊的记忆，例如，勿忘国耻的记忆价值。而其负载的历史与艺术价值，与一座历经千百年沧桑的文物古建筑是截然不同的。

现在有一种泛文化遗产论的思想，几乎所有的历史建筑，或者，几乎所有曾经被使用过的，可能对于人们的记忆产生某种联想的建筑物，都可以被纳入到文化遗产的范畴之内。也都应该采取与对待世界文化遗产相同的态度，来对待这些历史建筑。这样的结果，带来了一股盲目的申遗热。同时，也带来了将历史建筑保护、文物建筑保护与世界遗产建筑保护简单地等同对待的问题。

厘清这三种类型建筑的目的，在很大程度上，也是为了厘清对待不同建筑的不同的保护策略与方法。列入世界文化遗产名录的建筑，因其具有突出普遍价值，应该珍惜其遗产价值，保持其历史原真性，延续可能继续其价值影响的生命力，尽可能多地保护其历史信息，并且延续这种历史信息所具有的价值影响力。

对于文物古建筑，因其所具有的独一无二的历史价值与艺术价值，同样应该得到加倍的珍重。要保持其历史的原真性、历史信息的完整性。对于文物建筑的任何修缮与保护，应该是以最小干预为目标。这就像是对待一款珍稀的古瓷器，要小心翼翼地对待它，不要轻易改变它的任何部分，如果不得不附加一些保护的措施，也一定要具有可识别性与可逆性。文物古建筑不同于一般意义上的遗产在于，遗产应该发挥其教育人、感动人的突出普遍价值。遗产需要被展示，被学习，被欣赏，被传播。希望有更多的人们了解与认识其价值，使其发挥世界文化遗产的教育与普及作用。

文物古建筑未必一定要具有这种作用。首先，文物古建筑，至少是一座古老的历史建筑，其次，文物古建筑，往往是一座具有独特艺术价值的古建筑、古文物。比如一座古墓葬，墓葬中的壁画，石窟中的雕塑与壁画，历经千年风雨的木结构建筑，或字迹斑驳的石碑、摩崖石刻等，其本身有不可替代的历史价值与艺术价值。我们应该像珍藏一件宝物一样，珍藏它、爱护它、保护它。除了特别的研究之外，尽可能少地扰动它、触摸它。从保护的层面上讲，一座文物古建筑，应该有更多的保护手段，更为妥善的保护方法。不要赋予文物古建筑过多的艺术传播功能与旅游展示功能，最好应该将其看作是放置于保险柜中的珍宝，尽可能长久地保存它，特别是保护它的历史价值与艺术价值。也就是说，对于一般意义上的世界文化遗产建筑，与重要的文物古建筑，应该有不同的保护策略。如果说遗产建筑还具有某种展示、传播的功能的话，文物古建筑几乎只具有保存、保护与研究的功能。

当然，文化遗产名录中的文物古建筑则另当别论。对于纳入了世界文化遗产名录的文物古建筑，尽管它可能也负载了某种提供给世人学习、参观、了解的展示性功能，但因其所具有的特别的文物古建筑属性，人们应该更珍视它、保护它，尽可能少地扰动它，除了不得已的原因之外，尽可能少地向人们展示它，这才是应有的策略。一味地借助遗产的影响力，扩大它的展示程度与展示时间，有可能造成对文物古建筑的缓慢但持久的伤害，这应该是特别要避免的。

历史建筑，具有更宽泛、更广义的内涵。历史建筑中的文物古建筑，或已经纳入世界文化遗产名录的历史建筑，自当别论。但是，大量存在的历史建筑，很可能并没有纳入到文物古建筑的范畴之内，也没有被纳入世界文化遗产名录中。事实上，这样的历史建筑是大量的，无处不在的，与人们的生活息息相关的。如一座历史城镇，一个古村落，一条老胡同，或一座曾经给予人们生活留下记忆的老街，其中无疑充满了历史建筑。这些历史建筑是活的建筑物，还在被人们所使用，还在人们每日每时的生活中起着作用。

对于这些历史建筑，因为它代表了一座城市，一个街区，一个村落的历史记忆，人们同样应该爱护它，保护它，延续它的环境、结构，甚至某些装饰性的特征。这些历史建筑的重要性在于，它与人们的日常生活息息相关。人们不可能像对待文物古建筑那样，将其隔离开来，把它锁在保险柜中。人们每日每时的生活，也不可能不使用它，不触动它，不改变它。

这些历史建筑，具有其特别的历史价值、文化价值，我们应该从整体上保护它，延续它的环境、结构、外观与装饰。但为了人们日常生活的需要，人们需要使用它，损耗它，甚至局部地修改它，完善它。例如，在不改变外观的前提下，为了室内的光线更充沛，人们可能为它加装新的玻璃窗，为了室内生活的便捷，人们可能在原本没有上下水设施、空调设施的室内，添加上下水，改造厨房、卫生间，添加暖气或空调设施，如此等等。甚至为了便捷生活，可能为其添加楼梯、电梯、隔墙等。

对于那些没有被列入文物古建筑范畴或世界文化遗产名录的历史建筑，但却具有特别的、有可能最终被纳入文物古建筑或世界遗产名录之潜质的历史建筑，我们应该未雨绸缪，早做保护规划与设计。但是对于一般的、大量存在的历史建筑，主要是延续它基本的环境、外观与装饰特征，但却不必大费周章地，像对待文物古建筑或遗产建筑那样，去保护它的原真性，强调最少干预、可识别、可逆等原则。因为保护是需要资金投入的，甚至需要大量资金的投入。而大量存在的一般性历史建筑，特别是人们还在使用中的历史建筑，则若仍然强调为了保护其原真性、其历史信息的完整性，而耗费大量的资金，则是得不偿失的。

从这个角度上说，尽管我们对于所有历史建筑都应该采取具有某种普遍性的保护态度，应该爱护历史建筑，延续其历史寿命，保存其历史价值，但是，对待不同的历史建筑，应该有不同的保护策略。至少，对待一般的历史建筑，与对待国家级文物古建筑或世界文化遗产建筑，应该有不同的策略，不同的方法。不能概而论之地对待之。当然，不能低估重要历史建筑的价值，但也没有必要盲目地将一般性的历史建筑，都提升到广义的"遗产"或"文物"的概念之下，不去触动它，不敢修缮它，甚至不去主动地完善它，不希望使它在延续其历史特征的基础上，继续服务于人们的日常生活。

欧美大学有两个重要的学科，而且往往是独立成系的，一个是历史保护学科（Historic Preservation），另外一个是艺术史学科（Art History），其中也包括建筑史学科。历史保护学科的关注点，包括了历史建筑。其关注点既包括那些重要的文物建筑、遗产建筑，也包括一般的历史建筑。此外，这个学科的关注点，也包括了绘画的、雕塑的、实用器物性的，甚至摄影的、音响的历史产品的保护与修复。而艺术史则关注这些建筑及绘画、雕塑和实用器物，甚至摄影、音像的艺术发展历史。这几乎是欧美大学人文艺术学科领域最重要的两个学科。但是，造成如上那些概念混淆的重要原因之一可能是，在我们的大学里，对于历史保护与艺术史而言，相应的学科划分还不那么明晰。关于这两个学科中所内涵的一些细微的概念与范畴差异，亦缺乏明晰的定义。甚至人们至今似乎还难以厘清历史建筑与文物建筑、历史建筑与建筑历史、艺术史与历史保护等概念的细微区别，这不能不说是一件令人感到遗憾的事情。

二、原真性、最小干预、整旧如旧与东亚木构建筑

文物建筑与建筑遗产的保护与修缮，应该遵循两个基本的原则：一是，最大限度地保持其原真性，亦即其本来的面貌；二是，对于文物建筑或遗产建筑的人为干预要降到最小程度。这无疑是两个十分重要的原则。这两个原则尤其适用于东亚传统建筑以外的欧洲、西亚、印度、南美等以砖石结构为主要特征的建筑遗产或纪念性文物建筑。

但是，当我们将这两个原则应用到以中国古代木构建筑为代表的东亚传统木构

建筑的时候，事情似乎没有那么简单。东亚传统木构建筑，有两个截然不同于以欧洲古典或哥特建筑为代表的西方历史建筑的特征：一是，东亚传统建筑的主流，是木结构建筑；二是，东亚传统建筑的建构方式，是通过木构榫卯搭建架构而成的，而非砖石结构建筑之堆筑砌造而成的。这样就造成了东亚木构建筑与西方石构建筑之间的根本区别。

首先，西方石构历史建筑，具有历史稳定性与持久性，一座重要的有纪念性的石构历史建筑，往往就是这座建筑建造时的原初结构，甚至在相当程度上还保持了其原初的装饰构件与纹样。当然，在这样一座建筑中，也负载了历史上无数事件的痕迹或岁月的磨损。因此，纪念性石构建筑，本身就是一部石头的史书。

其次，西方石构历史建筑是砌筑而成的，其材料与结构具有某种不可替代性。其磨损、坍塌、修复，都是一个渐进的过程。一座石构历史建筑，无论其如何残破，都是其原构本身的变体，其中负载的是其历史上遭到破坏或修缮的全部信息。在面对这样一个纪念性历史建筑的时候，就如同面对一个久经岁月磨砺的古代石雕艺术品，要保持它原有的结构与外观，保持它原初的装饰与色彩，就应该对其采取最小干预的策略。也就是说，原真性原则与最小干预策略，对于以西方石构历史建筑是非常适当的。

但是，当我们将这两个原则放在东亚传统木构建筑的时候，就会面对一些截然不同的问题。一方面，传统东亚木构建筑，不具有如石构建筑之结构的稳定性与持久性，一般说来，普通木构建筑，可以持续60年至100年左右。因此，东亚古代木构建筑，即使是一座年代久远的古建筑，很可能在历史上也经历了多次修葺。小修小缮应该是经常性的，例如，屋瓦有可能换过，檐椽有可能翻修过，甚至屋盖有可能重修过，室内的梁柱、斗栱，有可能更换过，门窗格扇有可能换过。也就是说，一座古代木构建筑，也许只是其基本的结构形制保持了原来的做法。木料可能已经不是原来的木料，结构也已经不是最初搭造建构时的原构，而是经过多次重修，甚至落架以后，按照原来的构架重新建构的结果。至少，其屋瓦、檐椽、门窗，甚至柱根，都有可能是曾经更换过的。

然而，这丝毫无损于这座建筑的历史价值，因为，它无疑保持了原始结构的基本形制，如梁柱关系，斗栱做法，屋顶举折，都可能延续了其最初建造时的基本做法。因而，在外观形式、结构特征、构件比例、建构关系等方面，都具有其最初创建时的基本特征。

此外，这样一座古代建筑遗构，其最重要的价值，包括历史价值与艺术价值，恰恰是反映在这样一种原初建构体的延续上。即尽管经过了多次的修葺、维护，这座建筑原初的造型、比例、材料、工艺，没有被丢失，而是被历代的修葺者所延续并保存了下来。而且，如果我们要保护这座建筑，也将不仅仅是保存其由原初材料所搭造的那个建筑物本身，而是保存这座建筑原初所使用的材料、工艺、结构、比例、形式等信息。

一座古代木构建筑的价值，是它最初被创造时的结构、造型、工艺、比例，甚至工艺做法。其中既有其原创之时的原初历史信息，又有其原创之际的原初艺术构想。而这正是其最重要的两个价值：历史价值与艺术价值的真实体现。

另一方面，经典的东亚古代木构建筑，其结构是搭造建构而成的。其核心的价值，不是那块历经沧桑的木料本身，因为，即使是其原构中所使用的木构件，恐怕也有可能已经被更换过的了。但这丝毫无损于其价值。因为，一座古代木构建筑最重要的价值，恰恰是其建构的方式：它是如何被搭造的，其架构的模式是怎样的，其构件之间是如何联接的，其主要构件的造型是怎样的，构件之间的比例关系是怎样的，如此等等。这就是一座木构建筑的核心价值。它记录了一座建筑在原创之时的大部分的设计，大部分的经济与技术信息。至于，其中一根梁，一组斗栱，或一根柱子，甚至整个屋盖、檐椽、屋瓦都曾经被更换过，但只要是按照其原初形式加以修葺和更换的，都不会影响到这座建筑的历史价值与艺术价值。而这恰恰是垒砌的石构历史建筑所不具有的特征。

这样，问题就来了。我们如何像对待石构历史建筑那样，对待截然异趣的东亚木构历史建筑呢？一定要简单地强调传统木构建筑的原真性吗？那么，你如何判断其中的哪一根构件是原初的，哪一根又是后世更换的呢？即使分得清楚各个构件的历史时段，难道我们要将这一既有的历史构件永久地保存下去吗？我们的技术能够做到这一点吗？

同样，如果我们采取如对待石构建筑一样的最小干预策略，那么，一座木构建筑的梁已经断裂了呢，一根柱子的根部已经糟朽了呢，如何面对这样的困境呢？是任其自然地、真实地被损坏下去呢，还是按照其原来的构件形式与结构方式，对其加以更换或修葺呢？有一种观点认为，糟朽、损坏、破旧，这本身就是历史，一座历史建筑保存与保护的最好策略，就是任其自然而然地损毁，那怕它最终变成一堆废墟。而在西方人眼中，废墟本身就具有某种悲壮的美。而且的确，石构建筑的废墟，确实既具有历史的沧桑感，也具有艺术的悲壮感，从而具备了历史价值与艺术价值两个要素。

但是，木构建筑呢？传统木构建筑，如果任其自然损毁，很可能不过百年，就有可能坍塌，然后是糟朽、没落，最终成为一堆连基本构件都难以辨识的瓦砾堆。从遭到损毁了的传统木构建筑瓦砾堆中，我们很难发现石构纪念性历史建筑废墟所具有的那种历史沧桑感与艺术悲壮感。那只是一堆令人手足无措的瓦砾堆而已。所以，如若像对待石构历史建筑那样，对待木构历史建筑，原真性地、最少干预性地对待它，那么究竟如何延续它既有的结构、造型与比例等历史与艺术信息呢？

因此，不得已的干预性修缮是必要的。如更换断裂的梁栿、斗栱、门窗等构件，将歪闪的柱子打牮拨正，将糟朽的柱根加以截换墩接，更换屋盖、屋椽、屋瓦，这些都是木构建筑修缮中不可或缺的做法。重要的是，即使进行了这样一些大尺度的干预，如果保持了其原初的材料，原初的结构，原初的工艺，以及其建筑的原初比例与造型，这座木构历史建筑的价值并没有因为这些干预而遭到损害，反之，很可能延续了其原始结构的原真性，从而也保持了其原始结构的历史价值与艺术价值。

换句话说，我们应该对包括中国古代木构建筑在内的东亚木构建筑，在保护方面的两个原则，即真实性原则与最少干预原则，有不同的理解。首先，在对待东亚古代木构建筑的时候，所谓原真性，是保持其原创结构之架构模式的真实性。这其中包括了其原创时期所设计的构件尺寸、榫卯结合方式、梁柱架构比例、装饰构件模式等。任何对于原创结构与建筑之最初设计的随意改变，都是对这一古建筑原初真实性的不尊重。其次，所谓对历史建筑的最少干预策略，在面对传统东亚木构建筑的时候，应该是对其原初设计模式的最少干预，即其基本的柱网关系、柱子长细比关系、梁柱架构关系、梁柱造型、梁柱交接时的榫卯形式、屋顶的举折模式、檩椽关系，屋盖与檩椽的交接关系，屋盖的原初构造、屋瓦形式、屋脊形式等。面对所有这些原初设计中所采用的材料、造型、结构做法、构造做法、装饰做法，都是应该尽可能地加以保存与传承，而尽可能少地因时代与技术的变迁而加以改变的。

当然，从大历史的角度来观察，这是不可能的。因为在一个漫长的历史过程中，经历了无数次修葺与修缮的这座古老的建筑物，其瓦顶可能换过，其屋盖可能换过，其檐椽可能换过，其门窗更有可能换过。但如果其基本的结构关系没有被改变，其基本的建筑尺度、比例与造型没有被改变，就已经在相当大程度上，保存了其历史的真实。我们的策略就是，在以后的任何修葺与修缮中，尽可能少地干预其基本的原初设计部分，不改变其基本的结构尺寸，不改变其最初使用的建筑材料，不改变其基本的构件尺寸与造型方式，此外，也尽可能不改变其原初设计的门窗形式、装饰构件形式等。这就可以说是做到了"最小干预"。

从这样一个视角观察，面对一个经过了历史上多次修缮工程的古代建筑，如果其基本的结构与建筑特征，仍然保持了某个特定历史时期的做法，并且可以肯定地说是那个时代的遗构，如其后世在无意中被加以修改的非重要部分，如更换了的屋瓦、脊饰、门窗等，那么，从一定意义上讲，如果能够有根据地将这些屋瓦、脊饰、门窗等非结构本身的更换部分，有根据地更换回来，也许也是一种对原初设计的最小干预。也就是说，尽可能地接近其原初的设计，接近其原初的结构、建筑与装饰本身。

这其实已经面对了一个扩展性的保护原则，即"整旧如旧"原则。对于东亚古代木构建筑而言，所谓整旧如旧，不仅仅是保持其建筑外观的历尽沧桑的古旧感，保持墙面的斑驳感，柱子的磨损感，装饰表面的剥落感，梁柱、斗栱、门窗与屋瓦的陈旧感。而且，也包含了对于可以明确感知的其原有设计的原真感。如，明确知道其原初使用的瓦样，明确了解其原初的门窗式样。那么，从这个角度来说，经过一个严谨分析与研究之后所做的复原性修缮，就应该是无可厚非的了。因为，只有这样，你才做到了对于原初设计之真实性的最大尊重，也才做到了对原创历史建筑之原始结构与原初建筑的最小干预。

梁思成先生在谈到正定开元寺钟楼的时候，特别提到："除了它上层屋顶外，全部主要构架和下檐都是唐代结构。这是一座很不惹人注意的小楼。我们很有条件参照下檐斗栱和檐部结构，并参照一些壁画和实物，给这座小楼恢复一个唐代样式屋顶，在一定程度上恢复它的本来面目。以我们所掌握的对唐代建筑的知识，肯定能够取得'虽不中亦不远'的效果。总比现在的样子好得多。"[1] 这应该也是梁思成先生的一个理想，在确知是某一时代建筑的前提下，将后世修改的影响了其原初建筑艺术特征的非重要的添加部分加以科学地还原，大约也可以算作是"整旧如旧"的原则之一。

三、原典的真实与变迁的真实

其实，如一些人所认为的，梁思成先生的"整旧如旧"观点已经过时了。将一座木构建筑中后世修改的痕迹，还原到其原初的可能状态，实际上违背了真实性原则与最小干预原则。而"整旧如旧"本身就在干预，而若再将后世修改的痕迹加以改变，更是一种无端的干预，其结果是损害了这座建筑曾经在历史上被修复过的信息，从而也破坏了这座建筑的真实性。

或者也有人会将梁思成先生"整旧如旧"思想，与19世纪法国建筑理论家欧仁·维奥莱-勒-迪克所提出的，将历史建筑恢复到其理想建筑的思想是如出一辙的。其实不然，维奥莱-勒-迪克的理想状态，并非一座历史建筑的本来的原初状态，而是他想象中的理想状态。比如，他认为建筑的对称性是一种理想的美。那么，一座历史建筑，如果其原初的设计是非对称的，那么理想的保护方式，就是将其修改成他理想中的对称的样式。这显然不是梁思成先生所支持的修复原则。

另外，以砖石结构为主要特征的西方建筑，其原初的设计与建造，是一个堆砌的过程，而其历史变迁，是对既有的经过堆砌而成的建筑纪念品的逐渐的损耗过程。因此，一般情况下不存在其原初设计的基本架构被改变、被更换的问题，即使有，也是融合进了新的结构与建筑之中，因为堆砌的砖石结构建筑，与架构性的木构建筑的根本区别在于，很难将后世修改过的砖石构件与原初砌筑的砖石构件区别开来。因此，也就很难在新构件的更换中，保持其原初设计的原真性。因此，对砖石结构历史建筑，所谓保持其历史真实性，就是最小程度地对其加以干预。从这一

---

① 梁思成. 梁思成全集. 第五集. 中国建筑工业出版社. 2001年，第444—445页。

角度来说，勒·迪克的将一座历史建筑恢复到某种理想状态的说法，显然是行不通的。这无疑也是梁思成先生所反对的保护修缮方法。

但是，对于架构性的传统东亚木构建筑而言，情况就不同了。其实存的历史建筑、结构与装饰部分，很可能已经有许多构件被更换过了。其附加的装饰构件，也许曾经有过多次的更换。甚至也可能就是近几十年才更换过的。如被加上了十分现代的门窗，十分现代的砖石台明。从而很可能早已使这座历史建筑面目全非了。实际上，它既不是原初创作的建筑，也不是历史上任何一个确定时代的确定的建筑。它是一个被历史本身附加了很多不应该承担之赘疣的建筑。但是，重要的是，尽管一些构件已经被更换，其原初设计的基本架构，其架构中各个主要构件的原初形式，可能并没有改变，因此，我们按照其原初设计的结构形式，认定了其初创的年代，并将其归为那个年代的历史遗存。在这样一个前提之下，如果在现当代的保护修缮过程中，对于历史上一些不适当的修改，加以还原，对损害其建筑艺术价值与历史价值的后世添加的东西加以剔除或更换，以达到"整旧如旧"的状态，应该说是无可厚非的。

这里其实涉及了一个如何认识"原典的真实"与"变迁的真实"之间关系的问题。所谓原典的真实，指的是其原创时的真实；而变迁的真实，是指随着历史的变迁，各种自然与人为因素所附加于其上的种种变化因素造成的当下之现状性的真实。

毫无疑问，对于一个有着悠久历史的艺术品而言，我们应该保持其经历了历史沧桑的变迁了的真实。应该把自然所附加于其上的历史痕迹，充分地保留下来。如一个锈迹斑斑的青铜器，一个经历无数人把玩的玉器，已经因时代久远而改变了色泽的画作，等等。就建筑而言，以西方古典建筑或哥特建筑为代表的砖石结构的历史建筑，也应当归在这样一类历史遗存的范畴之内。砖石建筑是无论如何也不应该对其加以还原的。因为，历史已经为一座砖石建筑重新塑造了形象，包括造型、细部与色彩。

但是，对于东亚木构历史建筑而言，情况确实有一些不同。前面已经反复谈到，东亚古代木结构建筑，其最重要的价值，恰恰在于其原初设计与建造时所使用的材料，所采用的结构、构造、技术方法，以及装饰方法。而由于是木结构，可能那些最重要的结构与构件仍然保持了最初的设计，但大量附加性的装饰、屋盖、瓦饰等，早已因为经过后世修葺而造成的扰动被加以了改变。但是，这种过程性变迁的真实，其实是很难有一个时间的断面的。例如，其中可能有较晚的装饰、彩绘，这一点或也应该保留，但也可能有十分现代的维修痕迹，这也许就没有了什么保存的价值。

而或许在某一次不很成功的维修中，由于技术、材料等的原因，经过修缮的古建筑，在一些附加的部分，已经改变了其原初更为优秀的设计，而被一些拙劣的后世修缮者改得面目全非。这个时候，如果我们能够确知其原初应该具有的样态，同时，如果后世修缮的改动并未涉及基本的结构比例与材料做法，那么，经过缜密的研究，将其恢复到有依据的原典的状态，应该是一个可以理解的尝试。

说到底，建筑是一种艺术。一座重要的历史建筑，其本身就是一件艺术品。对于艺术品而言，历史痕迹的保存固然重要，但艺术品之原初状态的研究与修复，也是一个重要的环节。如一个古代艺术家的经典作品，被后世拙劣的二流艺术家加以了修改，如果经过了缜密的研究，能够将其还原到原创作品的本来面目，无疑是一件有意义的工作。

即使不是一件纯艺术品，仅仅是一件实用艺术品，如一个破损的陶罐，一个被后世修改过的家具，如果有充分的依据厘清其原初的形式，则在修复中，将其恢复到原初的形态，亦即充分尊重其原典的真实性，亦应该是可取的态度。

艺术是有其历史特征的。故历史的沧桑感表现在一个有着悠久历史的艺术品身上，具有无可比拟的价值。因此，即使是将某一个器物，某一件艺术品，恢复到其原典的真实性状态，也不能够轻易地消除其历史的痕迹。修复的陶罐，有明显修补过的痕迹，修复的家具，应该使其整体上看起来仍然是古旧与斑驳的。只是其基本的形态，已经被还原到了与原创时期的样态最为接近的状态了。这其实又回到了"整旧如旧"的原则。也就是说对于一个古代器物，或一件古家具，在修复的过程中，应该持"整旧如旧"的态度。

其实，与木构家具在基本特征上极为相似的东亚古代木构建筑，本质上与古代木家具也十分接近。它是搭构而成的，是可以拆解也可以重新拼装的，它甚至是可移动的。正因为如此，它也是可以被理性地加以修复到原初的状态的，亦即，可以科学地被还原的。其最本质的价值，是其原初的材料、结构、构造、比例等，恰如家具的造型、构造之类的东西一样。所谓尊重其原典的真实，其实就是对其原初设计的尊重。将一个古家具上后世添加的材料与构件，更换为可能的原材料与构件，使其恢复到最初设计的样态，是可以被理喻的。那么，以同样的原理建构起来的东亚古代木构建筑呢？

其实，关于这个道理，似乎不用做过多的分析。众所周知的是，创建于7世纪初的日本奈良法隆寺金堂，在20世纪40年代末的一场火灾中遭到焚毁，日本保护界按照原来的测绘图，运用原初的材料，原初的工艺，重新建造了这座金堂，并尽可能恢复了其历史沧桑感。时至今日，没有人认为这座法隆寺金堂不具有其本来就具有的重要的历史价值与艺术价值。同样的道理，现存辽代创建的蓟县独乐寺观音阁，在经历了千年风雨之后，在20世纪的最后十年中，被整体落架重修，就如同将一件木家具拆解之后，又重新拼装了起来。这一点应该也并没有影响到蓟县独乐寺的原初价值。同样的落架重修案例，还有河北正定隆兴寺的摩尼殿。经过修复重建的蓟县独乐寺观音阁与正定隆兴寺摩尼殿，仍然在延续着它们上千年的历史。

反面的例子似乎也有，如20世纪中叶被拆毁的宝坻广济寺三大士殿，原本可以依据梁思成先生20世纪30年代的测绘图与研究报告，做严谨、科学的复原重建，如日本奈良法隆寺金堂一样，被重新恢复，并接续上那仅仅被切断了几十年的将近上千年的历史。但是，也许因为某种概念上的阻隔，这样一件本来完全可以做的保护工作，却迟迟没有去做，反而在近几十年的商品大潮中，由地方部门或宗教部门，重新加以复建了。尽管其外观可能和原来的建筑还算接近，尽管其梁架也可能参考了梁思成先生的测绘图。但这并不是经过缜密研究、由一流专家慎重进行的复原设计，其价值上，是否恢复到了辽代原典的状态，还很难做出判断，至少其外观已经显得焕然一新，使人很难将之与近千年的辽代原构之间，建立起某种联系。然而，这座重要辽构的基址已经被这座复建的大殿所占据，以严谨科学的方法和尽可能接近原典的方式重现这座古代建筑的可能性已经不复存在，这不能不说是一件令人遗憾的事情。

此外还有一个因为概念的误导而出现的不该出现的现象。在20世纪初由于太监监守自盗而导致焚毁的故宫建福宫花园建筑，是清代乾隆皇帝早年读书的地方。已经有近三百年历史的建福宫花园，因此而中断了它的历史。21世纪初，由于外资的介入，这座被焚毁并废弃了80多年的古建筑群，在专家的参与下，经过缜密的研究设计，被完整地复原了，而且复原到了其原初的状态。这本来是一件极好的事情，是将被外力原因中断了的历史重新接续了起来，使这座具有近三百年历史的古建筑群又恢复了生机。然而，也许因为在一些人的概念上，这样一座被复建的建筑，几乎不具有历史建筑的价值，更不具有文物建筑的内涵，不过是一件展示品而已。因此，这座经过细致复原重建的建福宫花园的形制和功能被改变了，其功能变成了一个接待建筑，建筑群边缘附属性庑房内安装了现代化的厨具，中心楼阁中，则被装配上了现代化楼梯，这完全是面对一座功能性建筑的处理方式。

　　显然，人们并没有认识到，这是对乾隆幼年时期曾经学习生活过的建福宫花园的真实还原，也没有意识到，如果处理得恰当，这座被中断了近80年的古代建筑群，其断裂的历史就可能被接续了起来。就像按照原初的材料与原初的结构与技术重新恢复的古老家具一样，如果我们细心地呵护之，它仍然不失其原有的艺术价值。因为它是乾隆年间的设计，它用的是与原初设计的材料、结构与工艺几乎完全相同的做法重新建构起来的，如果再过300年，人们还会为这被人为切断的80年感到遗憾，而慢待这座其实在原典的真实性上已经具有600年历史的古老建筑吗？

　　如果不从这样一个视角去观察，那么，我们为什么会花费大量的资金，去恢复一座已经被大火焚毁了的武当山遇真宫大殿呢？恢复建福宫花园与恢复武当山遇真宫大殿，真有那么大的本质区别吗？

卷五　建筑评论

画省真仙居，华屋映丹树。青石倚阑干，松发沐云雾。绮疏刻连钱，承尘绘翔鹭。中有河汉文，夜深宝光聚。

——[清]朱彝尊、于敏中. 日下旧闻考. 卷六十四

卷五之一
世纪之交
——两难中的北京新建筑

　　20世纪80年代以来的北京，在城市建设与建筑发展上，始终面临着一个两难的问题：既要保存与保护城市文化风貌及建筑传统，又要创造适合"时代精神"的"现代化"城市与建筑。正是这样一个剪不断、理还乱的两难问题，使北京新建筑的设计创作，始终处在一种十分尴尬的境地。有趣的是，如果我们回味一下19世纪末叶欧洲建筑的情况，就会发现中国当代建筑师们，尤其是北京的建筑师们，所面临的境遇与困惑，和19世纪下半叶以来的欧洲建筑师们所遇到的问题有些十分相似之处。

　　其实，关于城市与建筑的 "现代化"，是一个由19世纪欧洲建筑师们所提出的问题。这一问题曾经像梦魇一样纠缠着19世纪欧洲建筑师与建筑理论家们，他们一直期望找到"自己时代的风格"。早在1849年，法国建筑评论家西萨·达（Cesar Daly）就写道，公众一直在期待着"一种新的——能够使我们摆脱故往的废墟与奴性的复制的——建筑形式"。他悲叹许多"建筑师仅仅满足于采摘历史的花果，而不去培植自己的苗木"。①

　　当时的法国建筑理论家E. E. 乌勒杜克（Eugene-Emmanuel Viollet-Duc）也表示了同样的担心：令人悲哀之处"不在于别的什么，而在于我们时代所存在的思想混乱……这种混乱将会把事情搞得一塌糊涂"。他疑虑重重地说：我们这个世纪是否"注定要在没有自己时代的建筑的情况下结束？难道这样一个有着如此丰富发现的时代，只能留给后人一些七拼八凑没有特征的模仿品？"②细想一下，如果用一个世纪前这些建筑理论家的焦虑与哀叹与我们现在所面临的建筑境况作一个比较，其心境与结论又何其相似！

---

① ［英］Richard Weston: *Modernism,* Phaidon Press Limited, London, 1996，p.22.
② ［英］Richard Weston: *Modernism,* Phaidon Press Limited, London, 1996，p.22.

确实，也许正是由于这些现代建筑思想与理论的先驱者们的苦苦思索，20世纪"现代建筑"的胚形已经开始在19世纪建筑师的心目中孕育。1896年奥托·瓦格纳（Otto Wagner）在维也纳所作的关于"我们时代的风格"的讲演中，就开始用未来时的口吻说："新的建筑将主要是像一块厚板的样子，表面扁平光洁，大量使用单纯的材料。"[1] 这在当时到处充斥着种种贴标签式的折中主义的建筑时尚下，确实是一个充满勇气与想象力的预言。可惜，一切都被不幸言中了，当我们现在面对满目琳琅的"像一块厚板的样子，表面扁平光洁，大量使用单纯的材料"的玻璃、钢铁或混凝土方盒子，再来回味这位先驱者的预言时，除了对他的先知先见感到钦佩之外，也隐隐痛感到历史为20世纪的建筑发展开了一个不大不小的玩笑。

然而，19世纪的建筑师们还是有着相当追求的，他们致力于对某种时代的代表性风格的寻求。在他们看来，艺术，特别是建筑艺术，被看做是"时代精神"的具体化。"时代精神"这个词在1831年的一篇文章中，仍被看做是一个"新的提法"。而在德语中，这种难以言说的精神，被称做Zeitgeist（时代精神）。在康德的哲学中，"时代精神"的概念占有重要的地位。在这里，历史被看做一幅打开的"世界图卷"，在其中的每一个时代，都能够发现它自身的表述方式。这一思想很快影响了当时现代主义建筑的两位主要提倡者——尼古拉斯·彼夫森（Nikolaus Pevsner）与希克弗雷德·吉迪翁（Sigfried Giedion）。在吉迪翁所著的《空间、时间与建筑》一书中，他自豪地宣称，正是从亨里奇·沃尔夫林（Heinrich Wolfflin）那里，他"学会了去把握时代的精神"。[2]

其实，19世纪的建筑师所追求的"时代精神"，是第一次机器文明时代的艺术思潮的反映。美国功能主义建筑的早期理论家霍雷肖·格里诺（Horatio Greenough）就曾指出，如果我们能够"将我们的民用建筑的作用，看做与承载我们的轮船一样，那么，我们在很早以前就能够按照我们所要求的用途，建造出同帕提农神庙一样的伟大建筑了，就有如国会或宾夕法尼亚州成了古希腊亚尔古英雄们聚集的舰船一样。将机器时代的产品同古代希腊艺术的顶点做比较，已经几乎成了现代主义者

---

① [英] Richard Weston: *Modernism,* Phaidon Press Limited, London, 1996, p.22
② [英] Richard Weston: *Modernism,* Phaidon Press Limited, London, 1996, p.23

花言巧语式的惯常比喻了"。奥地利建筑师阿道夫·路斯（Adolf Loos）在谈到1898年在维也纳举行的工业品展览时，将之与古希腊艺术做了比较，他惊呼道："瞧瞧这自行车！难道伯里克利的雅典精神，不正是通过这自行车的造型飘然而来了吗？"①在路斯的文章中所提倡的将办公用具、灯具，以及家用家具设计成像马车、轮船等工业产品一样的形式的想法，在当时甚至被广泛地加以宣扬。然而，在一个世纪之后的今天，在我们许多业主甚至建筑师的心目中，关于建筑与都市的"现代"理解又比这种机器美学的思想前进了多少呢？甚至可以说，有些业主恐怕连这样一种过时的美学观念，也没有真正建立起来吧！他们常常就是拿上一本不知从哪儿捡来的时髦杂志，指着其中一个俗不可耐的建筑照片，对建筑师们颐指气使。而一些铜臭味十足的建筑师，也往往极尽逢迎之事。在他们眼里，建筑不过是用金钱随心所欲地揉捏的小玩意儿，尽管其中许多商业味十足的粗陋模仿品，恰恰透着这些人的浅薄与粗俗。

恰恰是在一个世纪之前，机器产品的挑战以及由机器生产的崛起所带来的风格上的混杂不堪，引发了对建筑学理论基础的彻底的再评价。这一基础是围绕着与"风格"相对立的"建筑艺术"为中心的。值得注意的是，与我们现在所面临的无所适从的境况不同，在19世纪末时，人们对于在何处寻求"时代风格"的灵感这一点上，似乎没有什么疑义。路斯说道："英国人和工程师就是我们时代的希腊。从他们那儿，我们获得了我们的文化，从他们那儿，这种文化蔓延到全世界。他们是19世纪的理想人群。"②显然，在当时"英国人和工程师"就是机器文明的标志；在机器美学中寻求建筑艺术创造的灵感，几乎代表了一个时代的趋势。然而，令人悲哀的是，在我们这个时代，谁还能为建筑的"时代风格"找到一种言之凿凿的灵感来源呢？

在19世纪与20世纪之交的时候，随着对机器美学的热衷，对于结构的强调也几乎达到了顶点，同时对两个特定的术语——"建筑"与"风格"的怀疑也与日俱增。在19世纪20—30年代时的一些建筑论著中，常常用"建筑体系"这个名词来描

---

① [英] Richard Weston: *Modernism*, Phaidon Press Limited, London, 1996 p.25
② [英] Richard Weston: *Modernism*, Phaidon Press Limited, London, 1996 p.27

述由结构、比例与装饰构成的"组织"形式，而在其中并没有包含"风格"的概念。德国建筑师兼建筑评论家希尔曼·姆塞修斯（Herman Muthesius）在他1902年发表的文章中，明确指出了关于建筑的这种两难境地。他认为"现代"（moderne）与"建筑"（architektur）是被误用的两个词，前者使人联想到"时髦"（fashion）一词，而后者则被人归之为19世纪"风格贩子"们惯用的术语。用他的这席话来谈论我们现在时代的"现代"或"建筑"的概念，似乎也是再恰当不过了。在追求"现代化"的冲动中，人们往往仅仅热衷于种种"时髦"的样式；在谈论起"建筑"的艺术与风格时，人们又对种种时尚的流派与风格孜孜以求。然而，我们的建筑师们仅仅是从西方现代建筑那里学到了一点皮毛，充斥在人们眼目中的却大多是那些被行家称为"漫不经心地重复"（mindlessly repeated）的贴标签式的商业味道十足的建筑作品。

事实上，我们常常挂在嘴边的"现代"一词在建筑上的使用，始自奥托·瓦格纳于1896年所写的《现代建筑》（Moderne Architektur）一书。在他写这本书的时候，建筑师们的社会声誉也几乎跌到了最低点。他认为那时所谓的"我们时代房屋的艺术"已经被工程师们用新的材料涂抹一新。对他们而言，建筑师只是冲着房屋的外形而来的。当时英国维多利亚女王的丈夫阿尔伯特（Albert）曾经用不无讽刺的口吻说："如果我们需要给任何一个作品赋予不同寻常的特征，我们往往将之送给一位建筑师，可是，这位建筑师却犹豫不决、固执己见、吹毛求疵；于是，我们又将之交给一位工程师，结果这位工程师却做出来了。"[1]其实，细想一下，现在这种类似的情况并没有绝迹，反而愈演愈烈，建筑师们常常充当了为建筑标贴外观的"样式家"，而建筑本身的设计，却在很大程度上，是由业主自己或结构工程师们来确定的。

然而，问题的关键在于，19世纪的建筑师所受的教育是尊重过去，并依据从前已有的例子进行设计。因此，他们尚不具备为建筑创造"一种不同寻常特征"的能力。建筑变成了一种模仿性、适应性的艺术，而不是一种创造性的工作。相反，当时那些专业工程师们，以其富于数学与逻辑的思维方式，却意味着一种新的技术，

---

① [英] Richard Weston: *Modernism*, Phaidon Press Limited, London, 1996, p.26

他们能够通过数学的手段计算出每一设计决策的结果，他们似乎代表了第一次机器文明时代的某种"现代"艺术旨趣的方向。然而，这种情况在一个世纪之后的今天，在建筑设计中仍然占据很大的比例，就不能不令人忧心忡忡了。

然而，如果仔细回味一下，我们就会发现，19世纪的人们，对未来充满了信心，对技术与艺术的创新，充满了富于想象力的冲动。当时人们的心目中，建筑发展的每一步革新，都是通过试验与错误而实现的。但是，那时渐进式的发展似乎显得有些太为缓慢了，"时代精神"要求一种以计算为依托的想象力的跳跃。而想象力应该基于结构与材料的创新与革命。在当时，建筑材料方面最大的进步似乎是由铸铁所造成的，多亏了工业化生产，使得铸铁的大批量生产成为可能，也使诸如埃菲尔铁塔、伦敦世界博览会水晶宫，以及种种新型悬索桥、火车站、交易大厅，甚至美国芝加哥学派所梦寐以求的高层办公楼成为可能。然而，这一切确实使19世纪末叶的建筑发展趋势，充满了生机，充满了希望，也充满了朝气。

整整一个世纪之后的今天，再来看看在一个新的世纪之交，建筑思想发展的历史好像画了一个圆圈。人们似乎又回到了与一个世纪之前同样的困惑与徘徊的境地。人们对新世纪、新建筑的种种机遇与可能翘首以盼，又对世纪之交的建筑现状充满疑惑与忧虑。同世界上许多国家的建筑在发展中所面临的境况一样，中国以及北京建筑的发展，同样处于一种"地方传统"与"现代化"的矛盾与尴尬的两难境地。像19世纪末时人们的心态一样，人们争辩，人们探索，人们也顿足捶胸，痛心疾首。

事实上，对80年代以来兴建的北京新建筑作出一个恰当的判断，是一件十分困难的事情。其中既有一些令人兴奋的创新与探索，又有许多使人无以言对的无奈与悲哀。一方面，北京在发展，北京的城市面貌与建筑形象日新月异，使许多渴望"现代化"的人们兴奋不已；另一方面，作为有着五千年文明史的伟大国家的首都，北京城的历史价值与传统建筑、城市风貌却在无可抗拒的"现代化"的浪潮下日益消失，而人们所孜孜以求的能够代表我们这一伟大时代的，与北京这样一座伟大国家的历史古都的地位相称的"时代风格"的经典性建筑或建筑组群，却总是千呼万唤不出来，也使许多有识之士扼腕而叹。

80年代以来，确实是北京建设史上一个极其重要的时代，是建筑师们施展身手的千载难逢的好时机。在林林总总的新建筑中，我们确实可以看到一些设计独到的作品，如80年代以来陆续建造的北京国际饭店建筑、北京国际展览中心建筑及亚运村体育场馆建筑等；以及一些富于探索性的作品，如菊儿胡同改造工程与清华大学图书馆扩建工程等。同时，也可以看到一些由国外或中国港台建筑师设计的富于特色的建筑，如香山饭店、建国饭店等，都使当时的北京人耳目为之一新。

但是，从总体上来看，近20年的北京建筑发展，确实存在许多令建筑界的有识同人们不敢苟同之处。甚至，在许多方面，令大多数关注建筑理论与建筑发展的人们除了叹息而外，几乎无言以对。

首先，在总体的城市发展战略上，或者说在实际操作上，让人们一直感觉不到一个思路清晰的目标与步骤，而在实际的设计与建设中，更缺乏现代城市设计的概念。

一方面，经过了近20年的大规模建设，我们仍然很难见到几处规模较大的、能够代表新的具有时代特征与北京特色的新建筑街区或新城市片断。新建筑是散置的，遍地开花的，如摊煎饼一样向四处蔓延的。虽然，偶尔不乏有个别出彩之作，但是却被淹没在参差不齐的大量平庸粗陋之作的海洋之中，形不成一个可以令人驻足或留连的街区或城市片断空间。

另一方面，由于商业利益或其他因素的驱动，对具有数百年历史的旧城区的改造显得过于急迫而缺乏远见。应该意识到，北京作为一个国际性大都市的重要性，一方面在于它是一个屹立于东方的社会主义大国的首都；另一方面则在于它的悠久历史与丰富的传统文化遗存。北京作为一个古老都城的保存与保护，是一个久已被世人所瞩目的大课题。因此，需要多花费一些时日，进行严肃缜密的研究与探索。而从建筑科学的角度讲，一座古城的保存与保护，不仅仅在于对其中个别重要古建筑的保护，而且在于对整个城市的空间特征、街道肌理、局部环境甚至民俗文化等等的保存与保护。

例如，一般北京人对于王府井或东单、西单这样一些有着数百年历史的传统商业街道可以说是情有独钟，许多老北京人把到这些老街购物作为假日休闲的享受之一。离开北京多年的人，也以到这些老街一走，而聊补岁月流逝造成的心灵缺憾。

保留这些著名历史商业街的基本空间尺度与街道形态，就是保存了一段活的北京历史，也保存了普通北京人可以徜徉回味的一个去处。然而，近些年的大规模改建，特别是街道的拓宽、建筑体量与室内空间的加大，尤其是新建的具有超大体量与规模的东方广场建筑组团的落成，使原本修长狭促的老街，一夜之间竟变得开阔、宏伟而短促，使人惶然置身于一个现代化的崭新城市。虽然不乏新鲜与方便之处，但对于大多数曾经光顾过这些街区的人们来说，除了陌生、疏远的感觉之外，那庞大压抑的建筑体量与宽展宏阔的街道空间，只会使光顾其间的人感到自身的渺小与微不足道。

试想，置身于这样一个几乎在任何大都市中都可以见到的现代化街区中，即使人流如旧，其外在的环境却早已恍若隔世，熟悉它的人们还能够期待重新寻找到老北京商业街区特有的那种树老楼低、人流熙攘、万头攒动、擦肩摩踵的拥挤、繁闹而亲切的场面吗？而那种几乎在每座现代大商厦都可以见到的大型而摩登的室内外空间，真的能够取代往日王府井大街特有的那种适度狭促而富于传统意韵的老街与店铺对人们所构成的心理吸引与购物享受吗？

记得笔者初次在新开的王府井大街上漫步时，恰好听到一位擦肩而过的不知姓名的中年男士自言自语地轻声叹道："唉，老北京没了。"不由引起笔者的同感。我想这叹惋，一定是发自内心深处的。一个绵延了百余年的繁华老街，何以就不能够继续述说它的市井故事呢？据说，最近刚刚在上海落成了一条按照本世纪初的面貌建造的低矮而风格传统的老式街道，以满足人们怀旧的心境。是不是将来哪一天，人们又会在北京城外的什么地方，照着老照片的样子，再造一条老式的王府井大街呢？若果真会如此，又何必当初呢？

其实，在许多现代都市中，往往都会有意识地保留一些具有历史遗韵的老街。伦敦的Soho、巴黎的拉丁区都是这类既有悠久历史，又有市井意韵的老街区。直到今日，在巴黎拉丁区的老式小咖啡馆中消磨时光，以体验巴尔扎克的灵感源泉，仍然是法国文学青年的一大乐事。日本东京在现代化的新宿区附近，仍然保留了一个成片的、低矮而狭促的老街，而实际上，在老街上停留的购物人流密度要远比附近大商厦内的人流密度大，就十分形象地印证了这一问题。实际上，我们要保存与保护的是历史文化、民俗传统与城市空间形态的记忆与延续。建设一个全新的现代街区，对于我们现代人来说，是轻而易举之事，而将一个古老的街区在基本保持原有空间风貌与历史韵味的基础上尽可能长久地延续下去，却绝不是件容易的事情。这涉及建筑学、历史学、民俗学、社会学、心理学等诸多方面，需要加以审慎的对待。

试想，如果我们将旧城改造的步伐放慢一些，把主要建设资金首先投放到北京旧城以外的新街区的建设与发展上，尽量通过将旧城中的人口吸引到经过认真规划与设计的，既具有时代特色，又有着丰富而便捷的商业、交通及教育、服务条件的新区，用同样甚至较少的资金，在旧城以外的地方，重新设计建造一个比新王府井大街更宽阔、更现代、更便捷、交通也更通畅方便，或者也可以糅入更多一些民族风韵的大型步行街，而将旧城的整体改造再推延几十年，到那个时候，随着国家财力的增强与人民教育文化水平的普遍提高，相信会有更为恰当而合理的旧城改造思路与方案出现。而在城市发展急需资金的今天，我们能用同样的资金，既保存了旧城与旧街，又建造了一个真正的新城与新街，使北京多一些不同风味的购物休闲的去处，岂不是更为明智？而到许多年以后，保存与保护古都历史风貌与城市现代化的矛盾，就远没有现在这样尖锐，到那个时候，人们对旧城改造的思考与实践会从容与审慎得多。

其二，北京的许多新建筑，缺乏整体环境艺术的考虑。有时，就某一座单体建筑而言，其造型、材料、色彩还使人觉得略可搪塞，但将之与周围其他一些新造建筑放在一起来观察，就会使人有杂乱不堪、索然无味的感觉。每一座建筑似乎都是目中无人、桀骜不驯的样子，根本不考虑其所处的街区及周围建筑的空间、尺度与色彩环境。如位于东长安街上的交通部大楼与全国妇联及妇女活动中心大厦一组建筑，相互之间无论从造型上，还是从细部尺度处理与色彩关系上，都使人有啼笑皆非的感觉。位于复兴门附近的相互毗邻的百盛购物中心、中国人民银行总部大楼及原有的长途电话大楼，彼此之间也如心存芥蒂，相互傲视，互无关联。类似的例子几乎数不胜数。

更重要的是，这些新起的建筑，都是以孤高自傲的单体出现的，很难见到一片能够相互联系成为一个体形与环境整体的建筑组群。如位于西二环上的金融街，原来是可以设计成为一组富于城市设计特色的完整而相互联系的建筑群，以形成一个较有特色的城市片断的。而实际的情形却是，每一座建筑各为一个独立不羁的完整个体，犹如一个个摆在小商摊上、呈一线排列的其形各异的矮墩墩的印章。这正如一位英国建筑师在对笔者谈起其对北京建筑的印象时所说的，中国人用的是方块字，所以建筑与建筑之间彼此独立，毫无关联；而西方人用的是字母拼音，建筑往往相互连贯成为一个个完整的富于空间与造型内涵的组团，并进而形成一些较完整的经过精心设计的城市片断。虽然他的结论有失偏颇，但现代中国人，似乎早已将古代中国艺术中"毫微向背"的理念扔到爪哇国去了。试想，如果一位中国书法家，将"故"字写成"古文"，将"掰"字写成"手分手"，或将"辩"字写成"辛言辛"，我们该作何感想呢？

其三，也许是出于建筑探索的原因，80年代以来，出现了一些具有象征性的新建筑。其实，就建筑学的本义而言，赋予建筑物以某种象征性内涵，使建筑内蕴有某种"意义"，本是十分正常的设计理念追求。许多优秀的现代建筑，就是极富象征意义的，勒·柯布西耶的朗香教堂或贝聿铭的香港中国银行大厦，甚至解构主义建筑师彼得·艾森曼的俄亥俄州立大学韦克斯纳视觉艺术中心等，都是很好的例子。但是，象征性的创造，应该是自然而含蓄的，一切尽在不言之中。然而，我们的一些新建筑，却总喜欢玩一些粗劣的手法，例如：西客站和海关大楼，代表了城市与国家的大门，就要不惜代价地造一个凌空飞架的门洞，上面还要加上一个中国传统式的大屋顶或小亭子之类的东西，以标志出这是中国的或北京的"门户"。至于银行造成元宝的形式、通讯社造成笔头的形式，虽然其中也有一些有益的探索与恰当的推敲，但却总使人觉得太直白了一些。

在西方发达国家的一些交通中心建筑中，已经将火车站、地铁站、长途汽车站、城市电汽车总站等交通系统，与餐饮、娱乐、住宿、零售商店等服务功能，综合而成为一个复杂的空间整体，建筑的外观已经不再重要，而建筑作为城市门户的象征性特征，也很难在这样的建筑中表达出来。可以说这些交通中心，已经不再是传统意义上的单体建筑，而是一个复合型的几乎无外部立面、无外观体量的空间综合体，却从根本上满足了交通中心建筑所特有的错综复杂的功能与空间需求。从这一角度来看，我们对火车站这样的功能性建筑在象征性上的刻意追求，在建筑理念上，似乎已经比这些发达国家落后了许多年。

其四，在北京的建设史上，像一个幽灵一样徘徊了数十年的所谓"民族形式"问题，在近20年的建筑中，也曾以新的方式鼓噪一时。可以说，在50年代时，刚刚站立起来的中国人民，以自立于世界民族之林的自豪与自信，对传统中国建筑形式与现代结构体系的结合，做了一些十分成功而有益的探索，也走了一些弯路。但这在当时的建筑发展史上是一个合乎逻辑的过程。然而，在改革浪潮汹涌、国门开放的80年代与90年代，各种新的建筑理念与建筑技术目不暇接，北京的建筑师们却无暇去探索符合时代精神与民族意蕴的现代建筑，而被人为地拖入了一个所谓"夺回古都风貌"的涡流之中。于是，一些素与传统建筑无缘的建筑师，忽然间关心起种种传统中国式的"亭子"与"帽子"来，甚或还为自己冠以"后现代主义"的美称。在这些折中主义与复古主义的大合唱中，如果说有些作品，如王府饭店，还略可归属于"后现代主义"思潮在中国的探索，并且也有较缜密的造型推敲之外，大多数类似的作品却颇有一些"东拼西凑"的味道，如新大都饭店、台湾饭店等，在一个高耸而庞大的体量上，画蛇添足地加上一些造型琐碎、尺度狭小的各样亭子，实在有损传统中国建筑的伟大与深邃。

其五，随着对外开放政策的深入，一些没有多少教育背景与民族自尊心的业主，在思想上的殖民地奴性特征又开始萌芽，而一些建筑师因为商业利益的驱动，也心甘情愿地以折中主义的态度，去迎合业主的种种趣好，因而使一些具有"文化殖民主义"特征的、粗制滥造的所谓"欧陆风情"的建筑应运而生。如果说，在这一类建筑中，还不乏有设计独到、推敲细密者，如东长安街上的恒基大厦、东二环路上的富华大厦等，其效果尚可以说差强人意。但大量模仿欧式传统风格的建筑，如某些在外立面上生硬地贴上一些欧洲传统柱式，或冠以穹顶、嵌以拱窗的做法，其粗制滥造的设计水平，几乎连19世纪欧洲折中主义建筑的皮毛也没有学到。何况，其中既没有"现代"的气息，更没有"时代"的风韵，甚至连一点民族的自尊也丧失尽了。在理念上，这些建筑师连100年前的欧洲建筑师们还不如。19世纪末叶的那些提倡建筑应该体现"现代"风格，应该表现"时代精神"的欧洲建筑师们，如果知道在一个世纪之后，还会有人在异土他乡循着折中主义建筑师们的脚印亦步亦趋，甚至比他们的前辈在设计技巧上拙劣得多，在九泉之下也会气歪了鼻子。

在此世纪之交的时候，笔者还听到了一个有趣的话题：北京正在建设一座硕大无比的"世纪坛"。虽然时下还无缘一睹这座世纪之坛的芳影，但可以想见创意者与设计者的良苦用心。不过，使笔者感到有趣的是，这座具有世纪之交象征意义的建筑，恰恰从一个侧面，反映了目前北京新建筑矛盾与尴尬的两难处境。其实，谁都知道，"坛庙"这种建筑，是中国古代建筑的一种典型形式，是一种与传统儒家的自然崇拜密切关联的礼仪、礼拜性建筑，是一种古代文化的历史遗存。北京有天、地、日、月、先蚕、先农等诸多之坛，其中一些已亟待修缮保护，可惜因为资金匮乏而无从开展，却还要斥巨资去建造一座无根、无脉、无所礼拜仪典依托的新坛。历史乎？现代乎？保护乎？创新乎？其中的矛盾与尴尬可以想见。

其实，北京新建筑的创作问题，归根结底仍然是一个建筑理念与建筑实践的关系问题。在建筑理念上，要兼顾古城保护与建筑创新两者的关系，要尽可能少地改造旧城以内的已有街区，并且，尽可能多地保存与保护古城北京固有的空间轮廓与街道肌理。在建筑实践中，既不能沉湎于所谓"民族风格"或"欧陆风情"之类的陈旧小把戏，也不能简单地追求什么"现代化"或"时代精神"。而是应当在立足于我们时代的与民族的文化底蕴的基础上，力求有一些创造性的设计作品问世。

应该提倡建筑师在创作中要有一点文化的追求与体现，这包括对博大精深的中国文化与淳厚深沉的北京地方文化的现代追求与体现；要追求一种真正的"现代"意蕴，这种现代感，不是简单地模仿或重复任何其他国家与地区的现代建筑，更不是对传统中国建筑作简单的模仿与标贴，而是一种基于深厚的建筑设计功力基础上的某种崭新的既符合时代要求，又内涵文化底蕴的创造。

要强调有一点环境的意识，将建筑、建筑群、建筑周围的外部环境、城市片断，乃至整座城市作为一个有机的整体来考虑；要引入生态建筑与生态城市的概念，使整座城市和城市中建筑的室内与室外增加更多的绿色；同时，还要创造更好的城市周边环境，使城市周围的山水更清秀，有更多的林木，更多的水面，更多的花鸟，更为清新的大气环境与自然环境。

更重要的是，要用一个21世纪国际性大都市的标准来建设北京，要在整体解决城市交通、城市环境的基础上，努力使尽可能多的单体建筑，富有崭新的地方与时代气息，使建筑在造型与空间上有尽可能多的新意。同时，要通过城市设计，创造一些成片的具有鲜明特色的使人能够赏心悦目的建筑组团、商业街区、居住小区或新的城市片断。

19世纪的欧洲建筑师在世纪末的困惑与焦虑中，却对未来充满了憧憬。他们为20世纪建筑的发展既奠定了基础，也构想了蓝图。其实，细想起来，20世纪的建筑师们在很大程度上只是实现了19世纪的建筑师们对于未来建筑的一些猜测与设想。在建筑理念上，20世纪的建筑师们还不敢说有多少前无古人的创造。现在，我们又一次站在了新世纪的门槛前，我们也面临着几乎同样的困惑与焦虑，我们也同样充满着对新世纪的向往与希冀，如何使我们的建筑，尽快地从目前的矛盾与尴尬的境遇中摆脱出来，以一种充满希望与信心的心境去迎接新世纪曙光的到来，是每一个建筑师都十分关注的问题。21世纪将是一个东方的世纪，21世纪北京的城市与建筑发展，将会面临一个富于机遇与挑战的时代，21世纪的中国建筑师，尤其是北京建筑师，将会有充分施展才华的空间，这些都应该加以珍惜。

原载于杨永生主编《建筑百家评论集》，中国建筑工业出版社，2000年

卷五之二
中国建筑的传统及现代意味

一、传统与现代

1. 中国建筑的传统性

研究传统中国建筑，有一个十分耐人寻味的现象，就是中国建筑虽然有着五千年的发展演变历史，却是一脉相承，基本上沿袭了一个悠久的传统：在一个土石的台阶上，用木柱支撑一个坡起的屋顶，建筑基本呈三段的分划，即基座、柱（墙）身、屋顶。单体建筑的平面十分简单，多为方形或长方的形状。建筑组群也遵循了一个一以贯之的传统：用建筑物或廊庑，围合而成一个四方的庭院，作为建筑组群的一个单元，建筑群大小的确定，主要只是对这个单元重复多少的问题。

这还只是从建筑形象及外观与组群方面来看这一问题。从建筑艺术思考方面来说，中国人也沿袭了一个十分久远的传统。首先，中国人对建筑持有一种十分现世的态度，中国人认为宫室营造的目标，是为了"便生人"，即是为现世的人起居生活而用的。正因为如此，建筑物就不应该建造得过分高大，因为"高近阳，广室多阴，君子弗为也"，"故室适形而正"。应该使建筑物保持一个适度的高度与体量（适形），不宜过大，也不宜过高。这也为何以古代中国未能出现如欧洲中世纪大教堂那样高耸宏大的建筑，找到了一种可能的解释。

中国建筑还有一个十分重要的传统，即十分重视与自然的和谐。在中国古代的山水画中，我们常常可以看到在山水空蒙中，画家总要点缀一座四面通透的亭子，"亭者，停也"，停留驻足在山水空蒙之中，从中感喟自然的空灵。这是许多中国古代诗人与画家梦想的境界。颐和园东宫门前的牌楼上匾额中"涵虚"两字，就是对于这样一种空灵蒙虚的意境的表述。

传统中国园林与自然的相互交融自不待说，其建筑空间的透迤崎岖，与真实的自然几无二致。中国的城市也十分重视与自然融合的传统。秦代的都城用渭水贯都，隋代的都城以洛水贯都，以比象天宇的河汉，使城市成为自然的映象。隋唐长安将乐游原等高地括入城中，成为每年的二月上乙三月中和之时，人们踏青远眺的好去处，又凿挖建造了曲江芙蓉苑，使城市环境与园林自然环境相映成趣。元代建大都城，更将大片的水面括入城中，形成三海的格局，将山水自然嵌入城市的中央。其实，这样的例子在传统中国城市中并不鲜见，杭州城与西湖山水的谐和，久以为人称道；福州城中三山鼎立，又携湖挟江；苏州水道纵横，比象自然的私家园林，在城市空间中，比比皆是；山东首府济南城，更是以"一城山色半城湖"而闻名遐迩。

中国人对于自然的依赖与敬畏，更表现在单体建筑的造型上。具有宇宙象征意义的明堂建筑，或如后世的辟雍建筑，多建造成为"上圆下方"的形式，或在平面上作"外圆内方"的布置。以象征天地的方圆。扩而广之，自金代以降的中国人，更将整座都城，作了宇宙象征的规划，将城垣的南侧，设置天坛，建筑用了圆形的造型；又将城垣的北侧，设置地坛，建筑用了方形的布局。再用东日、西月的格局，分别在城垣的东西两侧，布置了日坛与月坛，使整座城市融入了中国人以自然为主导的象征谱系之中。

其实，中国人对于自然的依赖与敬畏，已经深入到十分细微的部分。中国的帝王们，常常在登基之始，即向天下颁布新的律吕制度与度量衡，新律吕之最长者——黄钟的长度，就是当年所收获的最为饱满的黍粒，用99颗密密排放而得出的长度。而这黄钟的长度，也往往是敕定的一尺的长度。而标准尺寸的确定，就与建筑等器物之间，发生了联系。因而，使自然、音律、尺衡，乃至宫室器物之间，存在了一种内在的契合。

而在单体建筑的构架与设计，及比例的权衡中，中国人更透出对于自然天地的依畏与融通。中国人深知象征天地的方与圆之间的数学关系，《营造法式》中所谓"方五斜七"，就是一个方形与它的外接圆（方形的对角线，即外接圆的直径）的关系。而这一关系也是一个$1:\sqrt{2}$的关系。在尚存的唐宋时期建筑中，这种$1:\sqrt{2}$的比例关系，几乎比比皆是。令人感到有趣的是，古代中国人往往将象征地的部分，如柱距、柱高作方形的处理，而将与之相关的象征天的部分，如橑檐方、中平槫、脊槫上皮的高度，往往是其下柱高的 $\sqrt{2}$ 倍。其中就可以透析出古代中国人关于"天圆地方"的观念。甚至，将这种 $1:\sqrt{2}$ 的比例关系，在平面、组群，及剖面、立面的设计中加以利用，更是这一观念的外延形式。然而，这种内在的比例权衡，却深深地影响了中国建筑的外部造型与空间组群，使中国建筑展现出某种匍匐于大地之上，与自然谐和而为一个整体的效果。

2. 中国建筑的现代性

一些从事中国建筑研究的人们，常常谈起一个神话，即现代框架式的建筑体系，是从传统中国建筑木构架体系中得到启发后才发展起来的，甚至认为，现代建筑与中国传统建筑之间，也有着某种关联。对于现代框架结构建筑的起源，我们无从考证。但我们可以肯定地说，现代建筑与传统中国建筑之间，原本是风马牛不相及的。如果没有欧风东渐，及近代中国剧烈的政治与文化的动荡，中国人在建筑上，不会有太大突破性的进展。中国文化中，不具有自发地衍演进入现代建筑潮流之中的要素，如果没有外来的影响，封建的等级制度与传统的大家庭形式，将使得四合院落的家居形式与大屋顶的建筑造型，在一个相当时期内，仍然还会是中国建筑的主流。因此，在传统中国建筑中，不具有可能萌芽现代建筑的要素。

事实上，到19世纪末叶及20世纪初叶时，传统中国建筑已经走入了一个死胡同。封建帝制的瓦解，传统大家庭的裂变，人口数量的暴涨，城市化进程的加快，都使得那种等级式建造、院落式布局、木结构梁柱、大屋顶造型、有着精细的砖木雕刻与家具陈设的传统中国建筑的存在受到了威胁。传统中国建筑已经面临一个转型期。当时在上海兴起的供平民居住的拥挤里弄中的阁楼式住宅，就是这一转型期的一个产物。到20世纪中叶，传统中国建筑几乎已经沦落成主要是供人们鉴赏的古玩了。面对一个崭新的时代，传统中国建筑，无论在结构特点上，还是在造型形式上，都已经没有什么生命力了。作为一个建筑体系，应该说传统中国建筑现在已经寿终正寝。

但是，作为一个有着数千年历史的建筑传统，中国建筑中许多精髓的东西，并没有死亡，甚至还没有被真正发掘出来。中国古代先哲们在建筑艺术上的思考，在建筑空间意趣上的追求，在建筑与自然关系上的探索，仍然具有相当深广的现代意义，甚至具有跨越时代的意义。

譬如说，中国建筑传统中关于"风水"的观念，除了趋吉避凶，星神游年等巫法术式的非理性层面之外，如果从一个建筑师的角度作审慎的研究，会发现其中仍有许多令人惊叹的合理成分。例如，它十分重视建筑物所处外部环境的选择。这种环境选择，既包括外部形象（来龙去脉，左右形势，案山朝山等）上的砂水龙穴，也包括内在品质（如地气、风向、水源、林木等）上的藏风纳气。这种环境选择，不仅包括了空间经营上的起承转合，毫微向背，也包括了建筑组群上的左右拱卫，前呼后拥。这种有关空间与组群上的建筑思考，实际上涉及一个"势"的问题。即建筑及其外在环境，应该构成一个整合的"势"。外在的山形水貌与建筑物本身的高下尊卑，形成一个完整的空间艺术整体。王其亨先生所发掘出的中国传统风水观念中的"百尺为形，千尺为势"的艺术观念，就透露出了这一方面的信息。而这种以风水观念为基础的"形势"观，对现代建筑中的城市设计、群体组合、空间艺术创造等方面，都有着积极的意义。

再如，中国建筑中所追求的与自然谐和的观念，具有特殊的现代意义。现代建筑观念中所渐渐衍生的"生态建筑"的观念，即将人造的建筑环境，与自然的环境，如花草林木、山形水体、鸟语虫吟等融入一个完整的居住环境中的思想，与传统中国园林建筑艺术观念十分吻合。中国古典园林环境，就是一个全然生态的环境，不唯建筑物与山水相互依存，融而成为一个整体。而且，林木丘壑、河港湖汊都作了园林艺术的表现。而鹿鸣鹤啼、竹影松声、鸳游鱼戏，甚至雨中残荷，也都是中国古代造园家的意趣所在。现代建筑师们所悉心求索的生态建筑环境，可以从中得出多少启迪。

除此而外，中国传统建筑中，还有许多可以发掘的东西。如以老子的学说，将追求建筑中"空"或"无"的东西，作为建筑创作的真谛，是第一代现代建筑师久已注意到的问题。美国建筑师劳·莱特，将老子《道德经》上关于"凿户牖以为室，当其无，有室之用"的名句，刻在西塔里埃森的壁上，作为他和自己学生的座右铭，就是一个典型的例子。中国建筑空间创造中，有与无、实与虚的相互渗透依存，所谓"计白当黑"的空间经营手法，在现代建筑创作中，仍然有着充分的活力。而中国建筑用对比的色相所创造的华丽或典雅的效果；中国建筑中将有机材料如米浆、猪血等与无机材料搭配在一起，用在建筑的基座或墙体之中的技术处理；中国古代所造地面铺砌用的所谓"金砖"的技术；以及古代人的鎏金技术等，都有许多至今未解其谜，但仍可以为现代人所继承、所发扬的东西。

就如上这许多方面的意义上说，中国建筑仍然有着十分旺盛的生命力。

二、价值与继承

1. 传统建筑的实存价值

传统中国建筑的结构形式与造型体系，已经与现代的社会与生活格格不入，因而久已黯淡了古往的朝气。但这并不意味着中国建筑已经失去了它的实存价值。中国传统建筑作为一种文化载体，仍然有着十分深远的现实意义。

首先，作为一个有着悠久文化传统的历史遗存的古建筑，是这一文化的历史的一部分，是历史的见证，是用土木与砖石写成的史书。一座城市中，如若尚较完整地保存着一些单体或成组的古代建筑，便使得这座城市显得熠熠生辉。使得这座城市有了历史，也有了品位。至于它的旅游价值则更不待言。

作为一种建筑形式而言，传统中国建筑已经没有了生命力。但是，作为某种符号化的建筑造型细节，传统建筑中的许多造型要素，仍然有着十分活跃的作用。在世界各地许多城市中，都有"唐人街"的存在，唐人街上往往用中国式的传统牌楼、亭榭、园林，以及经过简化的中国式屋顶、垂花门，以及在室内设落地罩、影壁、彩画，甚至家具陈设，创造、烘托出浓郁的中国文化气氛。这反映了无论在什么地方，无论有着多么大的差别，中国人在传统文化这一点上是相互认同的。现在，这样一种贴标签式的符号化处理，也在当代中国城市的许多建筑中兴起。

这种符号化的建筑处理，也被许多建筑师用在了一些较大规模的现代建筑的创作上。20世纪50年代在北京建造的十大建筑，都或多或少地使用了传统中国建筑的某些符号，有些使用得还相当成功，如民族文化宫、北京火车站、中国美术馆等，由此，还兴起了一股所谓"大屋顶"的风潮。许多办公楼、宾馆、教学楼，甚至住宅建筑上，都用了传统中国建筑的坡屋顶形式。这对于受到近百年西方列强欺凌的中国人民而言，无疑是一个振兴民族自尊与自信的文化现象，是中国建筑由传统到现代的一个必然过渡。从这一点上说，将传统中国建筑形式用于现代建筑的设计，对于刚刚从百年屈辱中站立起来的中国人民而说，具有特殊的文化振兴的作用。

即使是在当代城市中，恰当地运用一些传统中国建筑的造型符号与空间意匠，都可能收到既现代又富于文化底蕴的建筑作品，这方面最为典型的例子是美国华裔建筑师贝聿明设计的北京香山饭店与中国建筑师戴念慈设计的山东曲阜的阙里宾舍。这两座建筑在结构与功能上，都是现代的，但在造型与空间的处理上，却恰当运用了许多传统中国建筑的手法，使整座建筑透出一种浓郁的传统中国文化的书卷气。

况且，传统中国建筑中还有许多远远没有被人们充分发掘出来的深层次的东西，其实存价值，还有待于进一步的研讨与验证。

2. 传统建筑的继承问题

作为一个有着悠久历史文化传统的国家，对于自己的传统文化加以继承和发扬，本来是天经地义的事情。中国传统文化中的许多方面，今天仍然有着很强的生命力，还有许多人，为传统文化中某一个领域的振兴，而献出了毕生的精力。如书法艺术、中国画艺术、京剧艺术、陶瓷艺术、手工艺品艺术等等，其继承与发展的源流脉络清晰可辨。人们对于这些传统文化的继承与发扬，也很少有什么异议。

但对于传统建筑而言，情形就大不相同了。建筑艺术的创造，是一个巨大的社会生产活动。一座建筑是由大量的财富、物质与技术所堆砌起来的。各国建筑的现代化过程，都有一个扬弃本民族传统建筑文化，接受更加工业化的，更容易大规模建造的，更为低廉的，更符合现代开放式、流动式、快节奏生活的现代建筑的过程。

尽管国际式风格的现代建筑所带来的文化的单调、枯燥、压抑，使几乎每一个受过传统文化熏陶的人深恶痛绝，但是谁都清楚，如果没有这些能够用工业化手段大规模快速度地建造的现代建筑，我们城市的大部分地区早已变成茅屋林立的棚户区了。作为基本生活需求的衣食住行，如果脱离开现代工业文明，面对如此迅猛发展的人口压力，几乎是不可想象的。

因此，自然就有了两种截然不同的意见。一种意见认为，作为一种民族传统文化，必须继承和发扬。放弃对于传统建筑文化的继承与发展，就是对于传统文化的漠视，是不能被容忍的。持这种意见的人们，在自身内部还生出了不同的意见，归结到一点，就是所谓"形似"与"神似"的问题。形似的问题，自不待言，就是将传统建筑的造型符号直接"拿来"就是了。但这也就陷入了"模仿、守旧，缺乏创新"的窠臼。神似的问题，则是一个不能够完全说清楚的问题。是否能够通过某种现代建筑的手法，将传统中国建筑的神韵充分表达出来，的确是一个有待商榷的问题。理论家们的论辩自然简单，但真正能够创作一个众口皆碑的、具有传统中国文化神韵的现代建筑，就是十分困难的事情了。

另外一种意见则认为，建筑纯然是时代的产物。建筑师的任务就是顺应时代潮流，为现代人更多、更快地解决居住与工作环境问题。尤其是在人口剧增、中国城市人口中人均居住面积不足6平方米的80年代初，持这种意见的学者坚持认为，建筑师的首要问题是使每一个居民有属于他自己的6平方米的居住空间。持这种意见的学者，未必反对继承传统中国建筑，但他们认为在一个住房普遍紧缺的时代，侈谈继承传统问题，缺乏现实的物质基础。其实，虽然这两种意见各执一是，但在尽快、尽好解决城市居住条件，改善居住环境方面，双方的出发点是一致的。

80年代中叶，随着国际建筑界有关后现代主义建筑潮流的鼓噪，一些主张继承与发扬传统建筑的建筑师，似乎看到了使中国传统建筑重新崛起的一线生机。他们将具有现代建筑结构与功能，使用传统建筑符号的新建筑，归结为中国的后现代建筑。也有一些建筑师，还按照后现代建筑的理论与规则，运用传统中国建筑的符号，在后现代主义建筑创作方面有意识地做了一些尝试。其中，也不乏较为成功者。但从总体上讲，后现代主义建筑潮流，并没有为传统中国建筑找到一条可行的出路。

不过，同时也出现了一件十分荒唐的事情。就是在一个时期内，在像北京这样的有着悠久传统的城市中，有人以行政命令的方式，提出了一个所谓"夺回古都风貌"的问题。作为政府行为，关心一座城市的建筑文化风貌，本是一件好事，但其出发点，不是对尚存的古代建筑加以保护与保存，不是在认真研究的基础上，在现代建筑创作中继承与发扬传统建筑中某些与现代社会生活可以相互融合的东西，而是以行政命令的方式，要求每一座新建的建筑，都贴上一些传统中国建筑的造型局部。人们戏称这些造型局部是"帽子"，建筑师的衣兜里装了各种各样的帽子，可以按照领导人的喜好，随时加在每一个有待审批建设的建筑物之上。试想，这样一种连19世纪折中主义建筑师们都会嗤之以鼻的建筑设计方法，能够创作出怎样"优秀"的作品呢？这样的建筑作品，如其说是对传统的继承，莫如说是对传统的戏弄。

三、冲突与困惑

1. 传统与现代之间的冲突

我们可以举出许多例子来说明西方传统城市与建筑，是如何在现代化的同时保持了充分的传统意蕴的。传统建筑和现代建筑和睦相处，甚至交相映衬。其中较为典型的例子，可以举巴黎的蓬皮杜文化艺术中心与传统街区的彼此共存，或经过改建的巴黎卢浮宫中现代玻璃金字塔入口及地下展厅与古老建筑的和睦相处。但同样的例子，却很难在亚洲国家，尤其是中国的城市与建筑中找得到。欧洲许多城市，在基本保持着浓郁的传统城市与建筑的外在风格的基础上，仍然创造了现代优雅的室内居住环境。而亚洲国家中城市与建筑的现代化，却往往是建立在对传统城市与建筑的毁灭性破坏的基础之上的。

现代城市与建筑是从西方传统城市与建筑中衍演生长起来的。西方传统城市与建筑作为一个建筑体系，可以说基本上是一脉相承。比如，就住宅或公寓式建筑而言，早在古罗马时期，为城市公民而建造的数层、甚至高达10层的公寓楼（insula），已经出现在罗马的街头。在这些公寓楼中拥有一张租金昂贵的卧榻，是一个普通罗马自由民的个人选择。中世纪基督教查德屋式修道院中，出现了专为每一个僧侣设置的、带有卧室、浴室、储藏间及学习室的所谓"cell"，因而出现了较早的单元式居住空间的概念，而将这些cell叠加或重复，就形成了早期的单元式居住楼房的雏形。文艺复兴时期，在一些供贵族们游猎休闲用的郊外别墅（城堡）中，又出现了豪华的套房式居住空间（suite）。一座城堡往往有多个套房，供不同的家庭使用。而无论是公寓或单元房或套房，其实都孕育了现代居住环境的一些基本要素。

就一个城市而言，西方城市经过中世纪与文艺复兴时期的陶冶，加之工业革命的冲击，已经形成了其基本特征：临街建造多层居住与商业用房，由两侧楼房界定一条可以供马车通行的街道，在街道的一些结点上，布置有较为开阔的广场，街道呈网格状或放射状布置。这些与现代城市空间形态，也是十分接近的。或者说，西方传统城市与建筑具有现代城市与建筑的原生态特征。因而，其与现代城市与建筑很容易相互衔接。其间的矛盾与冲突，比较其他地区的城市与建筑，似乎也小一些。

中国城市与建筑，虽然有着悠久的传统，但由于文化上的巨大差异，使中国城市与建筑与现代城市与建筑之间，有着巨大的鸿沟。中国城市的格局，以帝王的宫殿或地方政府的衙署为中心，虽有街道或胡同的设置，但胡同两侧主要是高墙环绕的层层院落构成的住宅。胡同的宽度设置，似乎也仅仅主要是供由人抬运的轿子的通行，而不是供车马的通行而设置的。而有商业设施的街道，其两旁的建筑也多为单层房屋，即使是繁华的街道，至多也只有两至三层的高度，且多是木结构的建筑。这样的城市与建筑，与现代城市生活模式的距离太遥远。因而，中国城市与建筑的现代化过程，最初似乎是一个欧化的过程，进而又是一个对旧有城市与建筑的浸蚀、排斥的过程。许多中国古老城市现代化的实现，是以其传统城市形态与空间肌理被破坏、大量传统建筑被拆毁而代之以那些简单方盒子式的所谓国际式风格建筑为代价的。

交通的日益拥挤对传统城市的破坏更为严重。街道在不断地被拓宽，传统街道上用以创造空间氛围的牌楼，也早已因为交通通畅的需要而被拆除。街道两侧旧有的行道树，也一再因道路的拓宽而遭砍伐。每座城市所固有的具有地方传统风韵的街道空间形态，已几乎不复存在。代之而起的是到处都似曾见过的，几乎是由一个模子中摹塑出来的那些漫不经心地重复的建筑作品。

更为令人不安的是，在大量具有悠久历史的古老街道与建筑被拆毁的同时，由于商业利益的驱动，又在不停地制造一些新的所谓仿古建筑，再造一些"假古董"。一些没有任何创造性的、质量低劣的假古董式的仿古建筑，更与现代城市之间显得格格不入。而假古董的出现，在一定意义上起了混淆视听的作用，在客观上又贬抑了尚存的传统建筑的文化与历史价值，使对于这些古老建筑的保护，显得更为困难。

当然，对于经过专家认定，并得到国家确认的列入文物保护行列的古建筑，国家是下了很大气力加以保护的。但是，在这些文物建筑被保护的同时，这些古建筑周围的环境，却在一天天地恶化。空气质量越来越难以得到保证，大气中的酸雨不断侵蚀古建筑上的石雕艺术，已经成为不争的事实。本来低矮的中国传统建筑，被越来越高大的混凝土或玻璃方盒子建筑所包围。对古建筑周围一定范围内的建筑高度与体量所设的控制线，似乎总是被某些商业利益的驱动力所冲破。古老建筑渐渐变成一个个被现代钢骨水泥的高楼大厦所围绕的孤岛。

本应立足在传统基础上进行发展的现代建筑与城市，却几乎成为了已经十分孱弱的传统城市与建筑的天敌。两者之间的冲突已经到了几乎不可调和的地步，恰当地处理好两者的关系，是每一座中国历史文化城市所面临的迫切问题。

2. 中国建筑师的困惑

中国建筑师其实处于一种两难的境地。一方面中国建筑师希望创造更多更好的现代建筑，为大众提供更为舒适的居住与生存环境；另一方面又常常痛惋现代建筑发展对古代建筑造成的冲击，为城市历史文脉的日渐丧失及传统建筑文化的日益消逝而扼腕叹息。一方面中国建筑师常常自叹现代中国建筑的发展还太缓慢，远远跟不上世界建筑发展的潮流；另一方面却又担心城市现代化的速度太快，将每一座城市由传统建筑所镌刻的固有的历史记忆迅速地抹去。在这一切现实问题面前，中国建筑师显得既无奈又无能为力。

中国建筑界面临了太多的紧迫课题。

许多中国城市的大环境急需大幅度改善。这包括城市大气污染的控制与治理，城市绿地的大规模增加，城市交通拥挤状况的缓解与改善，城市公共交通体系的进一步健全，城市噪声的控制，城市水系的调整与理顺。如何迅速扼制城市环境的每况愈下，是每一个建筑师都十分关注的问题。

居住区环境的优化同样重要。中国城市中的居住小区基本上沿袭了原苏联的住宅小区的模式建设，相对比较独立完整。但每一个小区建设完成以后，配套服务及环境绿化及美化的工作往往滞后。小区建筑也往往千篇一律，一些小区的建筑空间处理得单调乏味。为居民创造更多更好的居住小区及其环境，是中国建筑师的愿望之一。

中国建筑师希望创造自己的现代建筑。中国建筑界对现代西方建筑流派及其发展，一直是十分关注的。许多有志的中国建筑师也渴望能够创造出中国自己的具有世界影响的现代建筑作品。但遗憾的是，尽管目前中国正处于千载难逢的建设高峰期，却未能出现在世界范围内享有盛誉的现代建筑作品。这其中的原因之一，也可能是目前中国建筑的设计与建造过程，受到商业利益的驱动力大于受到艺术创作的冲动欲所致。中国建筑师仍在苦苦地上下求索之中。

中国建筑师更希望在保持中国建筑文化传统的基础上，发展现代建筑文化。许多中国建筑师致力于传统中国建筑符号与现代建筑结构及功能相结合的设计。其中不乏较为成功的例证，如陕西省博物馆、南京夫子庙、广州南越王墓博物馆、厦门机场候机楼等，但更多的作品却沦入或是假古董，或是不伦不类之作的境地。恰当地将传统中国建筑与现代建筑相结合，是中国建筑师不懈努力的目标之一。

中国建筑师会为每一座历史文化名城的保存与保护而大声疾呼。怎样使历史城市在现代化建设的同时尽可能多地保持其旧有的历史文化风貌，是中国建筑师亟待解决的紧迫课题之一。令人悲哀的是，越是经济实力雄厚，建设发展速度快的城市，对历史遗存的破坏也越为严重。不仅古代建筑受到极大威胁，旧有的城市空间形态与空间肌理也日益消失。

中国建筑界的理论思考还开展得很不够。无论对历史建筑遗构的研究，还是对现代建筑作品的评述，都远没有像一些发达国家那样开展得深入与充分。建筑评论还没有真正成为一种职业。建筑理论家们对中国当代建筑师的作品还不肯下气力去批评议论。即使偶然有一些建筑评论的文章，也多是褒奖的文章，而较少批评的议论。

中国建筑历史与理论研究领域，也面临许多新的课题，有许多未曾开垦的处女地。中国建筑断代历史的研究还开展得很不充分，中国古代关于建筑设计方面的理论的系统发掘也做得不很充分。关于东西方建筑历史与理论的比较研究，还刚刚起步。中国传统风水观念与风水术的研究与发掘，也仍然在较为初级的阶段，而随着建筑商业化的需求，在风水研究方面鱼龙混杂的局面仍然会使每一位建筑师感觉无奈。

中国建筑界对于新技术的应用方面，是比较注意的。新结构、新材料、新施工工艺，以及在建筑智能化与建筑物理方面的新探索，都是中国建筑师所关注的问题。然而遗憾的是，新的材料与施工技术，虽然对建筑的结构与外观设计带来了一些新的因素，却并没有能够为建筑师的创作，带来多少带有根本性影响的东西。许多建筑师仍然满足于新瓶装旧酒，沉醉于对已有建筑的漫不经心的重复。

中国建筑师面对的课题还很多。如果说一些发达国家的建筑创作，已经到了"锦上添花"的境地，因而更多追求一些"阳春白雪"的高雅新奇之作，一些中国建筑师的建筑创作，似乎还主要拘泥于"雪中送炭"的境地，满足于那些"下里巴人"式的商业化、大众化的、随处可见的建筑空间与形式。中国建筑师急需调整自己的心态，多一点创造性，多一点自信心，多一点社会责任感，多创造一些与具有五千年文明的古老国家的历史与文化相配称的建筑作品。在建筑创作与文物古建筑保护上，能够跟上发达国家的步伐。至少有一小部分建筑师应该达到，并且完全可能达得到这样一个境界。

原载于韩国汉阳大学韩东洙主编文集

卷五之三
风水观念的非理性层面剖析

一、"风水热"及对传统中国文化的理性化诠释倾向

国内对于风水问题的关注是20世纪80年代以来的事情，伴随着学术思想与学术气氛的空前活跃，新中国成立以来人们一直讳言的风水问题，也开始登上学术研究的大雅之堂。最初对于风水问题的关注与研究，主要是由一些有着良好学术功底的建筑学者们进行的。他们结合建筑实物与历史文献，对古代中国人建筑选址、建筑组群方式、建筑群体空间艺术规律等方面，做了许多探索性的工作。这些学者的研究显然带有拓荒的性质，取得的成就也是相当大的。

然而，在严肃的科学研究工作开展的同时，一股"风水热"也随之兴起。一夜之间，大大小小的书摊上突然摆满了各种各样久违的旧版或民间抄本，多为清末或民初时期的有关风水术的出版物的复制品，一些不知所云的现代风水新论也不约而同地涌现。一些地方一夜间突然冒出了一批"风水大师"，从事投资建设的业主们也煞有介事地请人为自己的房屋看风水、选风水。商家经营失利后，最急切的事情，也往往是请一位风水师，看看自己的房屋是否冲撞了风水的格局。

风水热也从国内刮到了国外。早在19世纪时，西方人就从传教士那里了解了中国风水的概念。近些年来由于中国香港、台湾地区以及新加坡、韩国一些学者或学生留学欧美，进一步将风水的观念介绍到了西方。一些西方学者怀着猎奇的心情学习与研究中国风水，有关中国风水的论著在法国、荷兰、英国、美国逐渐出现。一些西方建筑院校还招纳了一些中国大陆或台湾的留学生，着意从事风水问题的研究。有趣的是，西方人对于中国风水的研究中，普遍有一种将中国风水理性化的倾向。如将风水与环境学、生态学相联系，认为风水观念与现代环境科学的观念是吻

合的，风水观念直言"风"与"水"，恰与现代社会对空气、水源等重要环境问题的关注相合，因此是一门很超前的学科，甚至相信风水是一门"前途无量的学问"。①

在20世纪80年代，国内学术界对中国古代文化均有一种理性化解释的倾向，认为中国古代文化较之具有浓厚宗教色彩的西方文化或其他文化，理性觉醒要早得多。比如中国人的历史意识、周易哲学、儒家思想、风水观念等等，都具有强烈的理性色彩。这一观点无疑在对中国文化的深层次探讨方面，具有一定的积极意义。然而，如果十分强调这一观点，就会对中国文化产生某种误解，从而有碍于进一步的深入研究。比如，我们常常强调西方建筑的主流是宗教建筑，是为彼岸的神灵而建造的，因而较多宗教迷惘；中国建筑的主流是宫殿建筑，是为现世的人建造的，因而较多人文理性。在《周易》研究中，将古代易学理性化、科学化的倾向，也十分明显。甚或将古代人修身健体的气功术，也冠之以现代"人体科学"的名目而大加褒扬，如此等等。

事实上，中国文化中是有许多理性的成分。比如，中国人的历史意识觉醒较早，因此中国人对于自己远古时代的记忆与追忆，就带有较强的理性成分。如中国人相信，上古时代的人是"穴居野处"、"茹毛饮血"，并经过"燧人氏"、"有巢氏"的历史阶段，就比在欧洲占主导地位的基督教的历史观，即相信人类来自上帝的"伊甸园"的思想，要包含较多的科学与理性成分。中国传统的儒家思想，更关注现世的事物，孔夫子"敬鬼神而远之"，"不语怪力乱神"的处世态度，对中国文化的影响十分久远。

事实上，中国传统文化中，确有一些可能包含某种哲学思辨色彩或科学合理内核的东西，被有意无意地杂糅进具有迷信色彩的巫术，如龟卜蓍算、易卦推演、五行演绎、星象观测、相土立宅、命相预测等等，莫不如是。因此，在中国人的空间观念中，也无可避免地掺杂了合理思维与巫术占验两方面的内涵。推衍数千年之久，至今仍然阴魂不散的"风水"及"风水术"，就是这一现象的典型例证之一。由研究所知，中国风水观念与风水术中确有一些合理的东西。如在环境选择上，注意以林木滋茂的地方作为宅居之地；或在组群方式上，注意各部分的体量关系，如

---

① ［美］开文·林奇. 都市意象. 宋伯钦译. 转引自刘沛林. 风水——中国人的环境观. 上海：上海三联书店，1995年，第316页。

普通住宅的入口部分不能建造得过分高大等；建筑群的西北方位应有比较隆耸的体量，以利对冬季寒风的抵御；建筑选址注意"负阴抱阳"，背后应有所依托，前部应开阔明敞，等等。

但是，我们不能由此得出"中国传统文化是一个科学理性的文化"的结论。事实恰好相反，在中国传统文化中，尽管较少西方人的系统完整的宗教观念的掣肘和影响，但渗透到历史上的中国文化的各个层面的繁杂细密的对神鬼天命的畏惧与迷信的观念及预防与克服的法术，就是很不理性的。在中国具有很大影响的佛教，非理性的层面更为突出。中国佛教以大乘为主，如果说小乘佛教还立足于"觉悟"的功夫，大乘佛教则是以曼荼罗经咒为中心，并对印度教和佛教的东西加以兼容并蓄，并杂糅进土著的非雅利安的巫术崇拜而形成的。中国道教中更混杂了许多法术、拈祓、巫蛊的成分。儒家则相信天命、星象、卦运、谶纬等等，其中也包含了许多非理性的，甚至是迷信的成分。因此，在我们对特定历史时代产生的风水观念进行观察的时候，切勿以现代人的眼光，对其中可能隐含的理性成分估计过高。

古代中国的风水观念与风水术，其根基恰是"相土卜宅"的古代巫术。尽管历史上一些托古作伪之人，将"风水"观念的产生归之于远古时代的黄帝，但一般认为，作为风水术之先声的相土卜宅之法，其最早的例证发见于周代。《诗经·大雅·公刘》篇，对公刘相地卜居的过程做了详细的描述，所谓"相其阴阳，观其流泉，度其隰原，度其夕阳，于豳斯馆，夹其皇涧"等做法，已经孕育了后世风水术的胚胎。然而，周代时的宅居确定，作为一种巫术过程而言，主要还是仰赖于谋龟问卜。《诗经·大雅·绵》中所云："爰始爰谋，爰契我龟。曰止曰时，筑室于兹。"就是以龟卜的方法来确定宅居建造的时间与地点及其可能带来的吉凶祸福的。

《尚书·洛诰》中记述的周公相地立都的过程，与上述的情况大略相似。周公先"卜涧水东，瀍水西，惟洛食"，之后"又卜瀍水东，亦惟洛食"，因之将所卜之地与所立之都绘成图，献与周成王。这里的所谓"卜"，即是通过龟卜的形式，确定都城的位置。而龟卜即是人类早期普遍存在的一种以巫术判断、预测吉凶的方法。

秦汉时期的中国人，已经开始注意到"风"、"水"、"气"、"脉"等因素对人们生活的外在影响。如《吕氏春秋》、《淮南子》、《管子》、《墨子》等文献中，多有这一方面的描述。由这些文献中所透露的信息可以看出，秦汉时人对于建筑选址的思想中，已经夹杂了某种试图改变建筑外在环境，以期改变居住其中的人的命运的巫术思想成分。

　　一般认为，"风水"观念的出现，与"风水术"作为一种建筑基址选择与建筑空间经营的方术与式法的流行，始于魏晋时代。如我们所知道的，汉末三国与魏晋时代，是一个战乱纷扰、世事无常的时代，转瞬之间的贫富、贵贱的起落无常，及连年不断的战争与饥荒所造成的灾难，使世人的目光很自然地转而投向彼岸神灵或"天命"之类的超自然的力量。因而，一方面这一时代成为由印度传入的佛教滋衍的温床；另一方面试图通过某种巫术式法的力量，以期左右无定的人生的"风水"与"风水术"，也就得以应运而生。

　　晋代郭璞的《葬经》中，第一次将风、水、气三者统一为一个体系化的整体。经曰："气乘风则散，界水则止。古人聚之使不散，行之使有止，故谓之风水。风水之法，得水为上，藏风次之。"

　　作为风水术之开山鼻祖的郭璞，一语中的，将风水观念与风水术的核心，归结为对于超自然力相关联的神秘的"气"的寻求与藏聚。经曰："浅深得乘，风水自成。夫阴阳之气，噫而为风，升而为云，降而为雨，行乎地中，而为生气。夫土者，气之体，有土斯有气；气者水之母，有气斯有水。"

　　如果仅仅停留在上面这两段文字上，我们似乎很难将风水与巫术相联系。表面上看来，风水似乎只是人们对于外在于自身的自然环境的一种理解与利用形式。依照风水师的概念，对外在于人的呈自然状态的风、水、气所造成的自然环境的合理的选择与利用，将有益于人们健康地生存与繁衍。如果真是这样，则从现代科学的角度来说，这一观念应该是再科学、再理性不过的了。

　　然而，古代风水师所真正想要告诉人们的，并不仅止于如上这些浅显而直观的道理。事实上，风水师是在向人们讲述一种巫法：人们只要恰当地选择自己生前起居或死后落葬的空间环境，就有可能调动某种超自然的力量，使之服务于自身，因而从根本上改变自己，同时改变自己的后裔们的生活环境或阶级层位。而在这一环境选择上的任何疏漏，都可能招致超自然力的某种相反的作用，并由之带来某种可怕的悲剧性的结果。郭璞在《葬经》中所说的"葬者，乘生气也。五气行乎地中，发而生乎万物。人受体于父母，本骸得气，遗体受荫"的观念及所谓"气感而应鬼福及人"的思想，其核心就是表达的这个意思。

二、风水术的本义何在

仅从字面上讲，风水术似乎与人类赖以生存的自然环境有较多的关联，因而与现代人顺应自然、保护自然的观念十分接近。一些研究者即将风水术看做一种环境选择的科学，认为古代中国人已经十分注意选择较适合人居住的自然环境，作为宅居的处所。其实，这是对风水术的一个误解。从本义上讲，风水术只是古代中国人寻求自身与超自然力之间相互沟通的一种手段而已。其对宅居或墓葬位置与环境的选择，着眼点不在对现世的自然性的需求，而在对冥冥中的超自然力的追求。

在近代意义上的科学萌生之前，由于生产力的低下，人们在自然界面前往往显得微弱无力，对自然或社会可能加诸人类的种种灾害显得手足无措。在对自然恐惧与崇敬的同时，人们又想象着可能存在某种高于自然之上的东西在左右着自然万物的周流运转。这就是人们早期思维中所想象的超自然力，是一种主宰自然万物，乃至人类社会的力量。因而，通过某种法术或仪式，以期调动这种力量，以克服或减弱自然或社会可能加诸于人类之上的灾害的心理上的需求，就变得十分必要了。事实上，各民族早期文化中普遍存在过的"巫术"行为，就是这种试图以某种方式调动超自然的力量，来改变或减弱现实面临的灾难的行为方式之一。古代中国人的祈雨、祈风、祈多子，及面临战争或灾害之前的某些巫术仪典等，都具有这样的性质。

作为西方人所称之为"Architecture"的古代建筑术，也与巫术有较多的关联。比如建筑中对空间方位的关注，对不同方向的空间的质的不同的认识，以及对于本民族建筑中主导的空间方位的确定及基本的空间模式的选择，都是与早期文化中的方位祈祝巫术、主导方位（如东方、北方）崇拜巫术的长期演进分不开的。这种以巫术方式调动超自然力的做法，渐渐演化为种种的宗教。因而，在每一种宗教及其建筑中，都可能潜留着某些原始时代人们求助于超自然力时，曾经举行过的巫术仪典、或曾经使用过的巫术仪礼空间的痕迹。

这一痕迹的突出体现就是在许多民族的宗教建筑中，都有一个核心空间，在这一空间中，宗教信徒或祭司们以某种礼仪的形式，得以与超自然力——神灵之间进行沟通。古代希伯来人的神殿的核心空间，是一个被称为"至圣所"的密室，其中放置着至圣的约柜。这是常人不能进入的地方，只有大祭司每年才能进去一次。这显然是一个人神交通的空间。

古代埃及人也相信在某一个特定的地方，人们能够与超自然的神灵沟通。比如他们相信如果接近神圣者的墓地，就能获得某种福祉。中王国时期的阿拜多斯是埃及冥神奥赛里斯崇拜的中心，相传他的墓就在那里。当时人们的最大愿望就是死后能葬在奥赛里斯的墓旁，或是将死者的木乃伊用船运到阿拜多斯，让死者领受奥赛里斯的宠爱，然后再将尸体运回家乡安葬。①

也许是受了早期埃及文化的影响，中世纪的欧洲人也有类似的观念。中世纪欧洲的基督教堂有许多是在基督教早期殉道者的墓地上建造起来的。最初是在墓地上建一座圣祠，后来又围绕圣祠发展了会众聚集的空间，渐渐形成了较为完整的基督教堂。但教堂空间中最神圣的部分，即环绕圣坛的部分，也往往建造在殉道者的墓穴之上，圣坛下设一个地下墓室，有专门的通道可以供想接近圣墓的会众们进入。死后能够葬在教堂内，以期能够尽可能离殉道者的墓穴近一些，也是许多基督徒所梦寐以求的事情。他们相信接近殉道者也就接近了上帝的天国。

通过某一特定的空间可以和超自然力——神灵沟通的思想，在许多早期文化中都可以发现。如古代西亚人在高大的山岳台顶端建造一座小型的神庙，那里就是人神交通之所。希腊、罗马人的内部空间不很大的神庙，也具有同样的作用。印度的神庙更是如此。印度教神庙中有一个很小的空间，中间放置着林伽之类具有生殖崇拜意味的圣物，这里也是供人神交通的。中国古代的明堂中央，也有一个特殊的空间，叫做"太室"，是供天子与超自然的"天"交往沟通的地方。汉武帝所建汶上明堂，是在上层空间的中央设一个"四面无壁"、用茅草盖顶的空间，用来作为神人交会之所。值得注意的是，这一空间还被称为"昆仑"。在南北朝时期，明堂的

---

① ［德］汉尼希、朱威烈等. 人类早期的"木乃伊"——古埃及文化求实，第108页，1988年。

中央空间，甚至被直呼为"通天屋"，其作为人神交通之所的意义更为明确。

问题就在于，中国古代风水观念与风水术的本义与上述这些不同文化中寻求人神交通之所的空间追求，几乎同出一辙。风水术就是为了寻求一个可以与超自然力交通的处所，并在这一处所上建筑现世之人的住所或谢世之人的墓穴。这一人神交通的结合点，在中国风水术中被表述为一个经过着意选择、并将得到小心保护与供奉的神秘之所，这就是每一风水格局中具有核心意义的空间点位——"穴"。

所谓"穴"，尽管有着种种的神秘内涵，事实上都是由风水师们根据一系列"技术"与巫占的手法所寻找到的位于风水环境中央的一个空间点位。根据风水师们的意见，这一空间点位，通过"来龙去脉"的互相衔接，可以与少祖山、祖山以及分布于中国大地之上的支龙、干龙等山脉系统相连接、相沟通，从而最终找到一种与位于世界（宇宙）之中央的宇宙之山——昆仑山相联结、相联属的神秘关系。

由此可以推知，所谓风水格局中的"穴"的真正含义，是在每一个特别选定的环境中，确定一个具有特殊意义的空间点位。这一点位，就是可以使居者与死者能够与古代人所相信的位于世界中心的宇宙之山——昆仑山——相联属的关节点。正如我们所知道的，在诸多文化中的宇宙之山，在观念上都具有连接天地、交通人神的超自然的作用。因而，各种早期文化中的宇宙之山，是联系人类世界与超自然的彼岸世界的一个总枢纽。因此，只要找到了与宇宙之山相联属的关节点，也就找到了此岸世界沟通彼岸世界的"门"与"路"，因而使得具有这样一个关节点的特定的小环境，具有了与超自然力相联属的功能，从而能够调动起超自然的力量，改变居于这一特定小环境中的人的一生及其后代们的命运。因此，风水格局中的"穴"应是风水师（巫师）们颁发给每一位"乐善好施"之人进入天国俱乐部的一张"会员卡"。凡获得这一张"会员卡"之人，就有资格享受由昆仑山传导而来的冥冥天国超自然力的福祉荫护的殊荣。

以风水术的说法，"穴"的这种连接凡世与超自然世界的能力，来源于经由穴而引导的"真气"或"生气"。按照风水师的见解，这些神秘的"生气"或"真气"之源头，藏孕于位于中国西北的昆仑山内。作为世界中心与宇宙之山的昆仑山，向四周延伸的条条巨大的山脉，构成了风水术中的所谓"干龙"。根据风水理论，在中国境内有三条干龙，北龙为阴山、贺兰、太行、燕山一脉；中龙为秦岭、嵩山、泰山一脉；南龙则经云贵，走衡山、匡庐并支分黄山、天目与天台、武夷等脉。由柱立天地之间的宇宙之山——昆仑山内，源源涌出的"生气"或"真气"，通过三大干龙和无数小龙的引导，被输送到分布在神州大地上的每一个穴口，从而滋育一方土地山水，也滋养一方民众。

由如上的分析不难得出结论：基于风水观念的中国建筑之空间创造中，最核心的问题是"气"的问题，所谓"气乘风则散，界水则止，古人聚之使不散，故谓之风水①"。然而，这里所说的气，绝不是一般概念中自然意义上的气，而是某种具有超自然意义的东西——俗谓之"真气"。所以，所谓风水术即是对神秘的"气"的寻求与经营的巫法术：

山水者，阴阳之气也……动静之道，山水而已，合而言之，总名曰气；分而言之，曰龙、曰穴、曰砂、曰水。有龙无水则阴盛阳枯而气无以资，有水无龙则阳盛阴衰而气无以生。

——《青囊海角经》

地有佳气，随土所生；山有吉气，因方而止。气之聚者，以土沃而佳；山之美者，以气止而吉。

——《青乌先生葬经》

水无山则气散而不附，山无水则气塞而不理……山为实气，水为虚气。土愈高其气愈厚，水愈深其气愈大。土薄则气微，水浅则气弱。

——《管氏地理指蒙》

在风水师看来，所谓风水术，在很大程度上，就是对于"真气"或"生气"的引导与经营之术。风水师对于"穴"的选择过程，是一个如何将"真气"引导到人的居室（或墓室）的过程：

建筑房屋必先扦定屋基……其法先以罗盘格人首细脉，取清纯之气，一线牵到正盘作堂房……

——佛隐1927：5，（转引自台湾关华山：《民居与社会、文化》，第37页

---

① 见：葬经

不问阳宅阴地，至结穴处必有一线小脉，细细察定，即以罗盘格之。

——《协纪辩方书》，卷33

既然传送"真气"的"穴"有如此重要的意义，就容不得有丝毫的差失。风水师们往往调动一切手段来寻求与判断穴的准确的位置。所谓"穴不虚立，必有所依"，"三年寻龙，十年点穴"，并要"以龙证穴"、"以砂证穴"、"以水证穴"、"因形拟穴"等等。

风水师们还用人体的穴位来譬喻风水之穴："盖犹人身之穴，取义至精。"有如医生对人体穴位来不得半点差错一样，风水师们对自己选定的穴位，也往往以一些特殊的手段如埋设"金井"等方式加以确认与呵护。一些历史文献中披露出的风水故事中，往往将由风水师确认的穴的位置加以神化。如元人所著《湖海新闻夷坚志》中记述宋代苏洵家的墓地选择，风水师在选定穴址后，让人取灯一盏，放在穴址之上，四面风来，灯火纹丝不动。风水师即认定，此是正穴之所在。同书中亦记载，风水师为蜀士杨巨源选择墓址，确定穴位，并警告说"第穴有小差，恐不久有丧身之祸"，而杨氏匆匆，使穴有差，果然遭致横祸。

对穴的神化，即是对超自然的神力加以神化的一种。穴即是风水巫术中，联结凡世与超自然世界的枢纽与交接点。因而，每一个有着经过严格选择的穴的墓葬与住宅，也就都具有了这种枢纽与交接点的作用。当风水师们在说"夫宅者，乃是阴阳之枢纽，人伦之轨模"①之时，已经隐含了这一观念于其中。

概而言之，中国传统风水观念与风水术，将关注的目标分为当世之人居住的阳宅，与谢世之人落葬的阴宅这样两个全然不同的方面上。事实上，仅从风水著述的名目上就可以看出，依据已成系统的风水理论对于阴宅空间环境的选择与利用，不仅早于对阳宅空间环境的选择与利用，而且，至少在风水师看来，其可能造成的结果对于改变人的命运，具有更为重要的意义。显然，在这里风水及风水术对于现世之人及其生存环境的关注，远不及对于辞世之人的墓穴及其外在环境的重视。其中的原委，恐怕很难用现代理性的环境观念来解释。风水及风水术所真正关注的不是人及其自下而上的环境，而是人对于自身未来的神秘叵测的命运。然而，可能影响

---

① 见：阳宅十书

或改变这一命运的不是由风水术所确定的外在环境本身，而是由该环境所可能引发的神秘的超自然力及其表述形式——"气"——的作用。

三、风水术的要义何在

由此，我们可以做出如下推测：既然我们将风水术理解成为一种巫术行为，则其作用的顺逆与结果的成败，就必然借助于某种超自然的力量，而仰赖超自然力量的建筑空间环境，也就必然会与某种源之于原始思维的，许多民族的早期阶段都可能存在过的宇宙模式、宇宙山之类的空间观念相联属。而如果我们对中国传统的风水观念与风水术做一番深入的考察，就会发现这一推测还是有着一定依据的。

在对历史文化的考察中，我们注意到，在一般文化的早期阶段，对外在于人的宇宙充满了种种的猜测。人们经历了漫长的时代的观察，并结合原始神话的种种界说，对于宇宙的基本空间形式积淀了一些不同的认识，因而形成各自文化中的宇宙模式观念。比如，中世纪西方人倾向于一个立体的垂直向延展的宇宙模式。古代中国人则更倾向于一个在平面上铺展的宇宙模式，并将外在世界按照环绕中央的五个方位或九个方位的形式布列。这些宇宙模式观念，又渗透并影响到社会生活的各个方面，其中就包括建筑。

在确定了与超自然力交接的空间点位之后，风水术的要义之一就是在这个点位（穴）的周围创造一个与人们观念中的宇宙模式对应相似的空间形式，即创造一个与大宇宙对应同构的小宇宙。建筑组群外观构成的要点，也是要以充分体现家宅小宇宙与外在大宇宙的同构关系为主旨，任何有违这种同构关系的组群都会招致不吉的后果。不适当的建筑外形处理，如过于高大的门与偏于矮小的正房，或左右两厢建筑之某一处不适当的侧重，乃至建筑物向西（西益）或向东（东益）的盲目扩展等等，都会破坏人们观念中的宇宙的基本模式，因而都可能带来一种破败之气。而严格按照风水观念建造的严谨方正、四位八方、高下适度的空间，则会为房屋的主人带来福利之"气"。

首先，值得我们注意的是，在诸多的风水著作中所不厌其烦地向人们陈述的最佳风水格局，其实就是一个古代中国人所推崇的、在平面上展开的五方位或九方位的空间图式。这是一个与中国的宇宙模式观念最相契合的空间形式。如我们所知道的，对于五方位空间图式的重视，几乎渗透到中国文化的所有方面，尤其是带有传统色彩的神秘主义文化方面，如以中原地区为中心的五岳的设置、医学之五脏对应五行、相学之面部五个部分对应于山之五岳等等。甚至在人的装束上，也以能够对应五方位空间图式为宜。在这样一种文化氛围下，风水格局的布置，自然也不能脱离其臼。或者说，风水师们所极力要向人们推荐的风水宝地，其首要的条件之一，就是要有一个与大的宇宙空间模式相契合的小宇宙——一个符合平面五方位或九方位空间图式的小的环境格局。用一种时髦的现代术语来讲，在这两者之间应当存在着某种同构关系。

三国时曹魏的管辂，是一位比郭璞更早的风水师。后世的所谓《管氏地理指蒙》即是伪托管辂而作。然而，在所知的管辂所提出的有关风水预测的片段见解中，却十分明确地表述了对五方位空间图式的关注。据《三国志·管辂传》载，管辂经过毋丘俭家的墓地时，曾倚树而叹曰："林木虽茂，无形可久；碑谏虽美，无后可守。玄武藏头，苍龙无足。白虎衔尸，朱雀悲哭。四危以备，法当来族。不过二载，其应至矣。"

在管辂看来，林木繁茂之类的自然环境，并不是最主要的因素，影响风水格局的主要因素是：环绕墓穴四周的表征青龙、白虎、朱雀、玄武四神的四个主要方位的山形、水势的"有形可久"。显然，这是基于中国传统宇宙观念的五方位而言的。郭璞也取了与管辂同样的空间观念来判断风水格局："夫葬，左为青龙；右为白虎。前为朱雀；后为玄武。玄武垂头，朱雀翔舞，青龙蜿蜒，白虎训颂。形势反此，法当破死。"[①]

《阳宅十书》中，则将这一五方位平面空间图式，做了一种符合当世人起居生活的新的诠译："凡宅左有流水，谓之青龙；右有长道，谓之白虎；前有淤池，谓之朱雀；后有丘陵，谓之玄武。为最贵地。"[②]

所谓"论宅外形"者，通篇所涉，无非是这四个主要方位的山水地形及建筑设置的高下起伏、狭阔曲直、敞闭开合的关系。从根本上而言，也仍然是一个如何

---

① 见：葬经

② 见：阳光十书·论宅外形

更好地经营小宇宙五方位空间图式，以使之与大宇宙空间模式相互契合与同构的问题。实际上，一个典型的最佳风水格局，就是一个完整而向内聚合的层层环绕的五方位空间格局。这样一个风水格局一般包括：① 祖山；② 少祖山；③ 主山（又称来龙山，相当于玄武位）；④ 青龙（左辅）；⑤ 白虎（右弼）；⑥ 左右护山；⑦ 案山（相当于朱雀位）；⑧ 朝山；⑨ 水口山。以及连接祖山与主山的龙脉，与位于主山前的"穴"，以及穴之前的开阔地——明堂。①

这是一个负阴抱阳、后高前低、两侧逶迤、四周环绕、中穴平正、明堂开阔、来龙蜿蜒、周砂拱卫、内敛向心、水流曲缓、林木繁盛、阴阳和顺，而且相对比较封闭而完整的空间环境。按照风水术的说法，任何对这一空间环境的完整性的破坏，都会产生与建筑选址之初衷相反的悲剧性的结果。如对盲目在一个方位上扩展宅居范围的所谓"西益宅"或"东益宅"可能带来的灾难性后果的禁忌之说，即是一例。因为在风水术中，这种着意布置的小宇宙的空间环境，是一个独立自在的整体，必须保证其自身平面五方位的完整与统一。所谓"西益宅"、"东益宅"恰恰是对这种完整性的一个破坏。

事实上，早在汉代时，人们在确立宫室选址与空间组群方式时，就十分明确地表述了以小宇宙之"城廓室舍形"来象征大宇宙之"九州之势"的观念："形法者，大举九州之势以立城廓室舍形……以求其声气贵贱吉凶，犹律有长短，而各征其声，非有鬼神，数自然也。"②

在这里的所谓"城廓室舍形"的小环境与"九州之势"的大环境之间，显然也存在着一种相互契合与同构的关系。而这里所引的汉代人的所谓"形法"之说，实际上也就是魏晋以来日渐兴起的"风水"一语的同义词。

按照"风水"观念，在天地四方这一基本的大宇宙空间背景之下，由散布在各地山川河流所形成的风水术中的龙、穴、砂、水的格局，构成了一个个大小不等的蕴含五方位空间图式的自然空间环境。在这些小环境中，不乏一些与大宇宙空间环境全然同构的理想的小宇宙环境，这些理想的小宇宙环境，则渐渐结而成为都会、

---

① 见：风水理论研究. 第27页。
② 班固. 汉书·艺文志·数术略. 转引自：风水理论研究. 第15页。

郡邑、村落之所，以作为"大家世族"们累世相传的宅居与墓葬之地："风水可遇不可求，尚矣！看来天壤间大地，自正结都会外，如郡邑，如村落，其大家世族皆一一占定，占得者累代相传，即中衰必复兴。"①

唐宋以来，风水术渐渐滋衍为两大流派，丁芮朴《风水祛惑》所云："风水之术，大抵不出形势、方位两家，言形势者，今谓之峦体；言方位者，今谓之理气。"即可知其中的一派称之为形势派，又称峦体派。其核心的内容，是根据山川的走向（龙）、宅居或墓葬所在的位置（穴）、与宅居或墓葬四周的山峦体势（砂），及与宅居或墓葬位置相关的水体位置与水流方向（水）等四个方面来判断该宅居或墓葬所处之空间环境的优势，以及由之引发的人的吉凶祸福。因而，这一流派比较重视静态的空间因素。选择恰当的风水格局，亦即最佳的龙、穴、砂、水等空间性的配置关系，成为这一风水流派的主要内容。

风水术的另一派称之为理气派，亦称方位派。这一流派并不十分着眼于龙、穴、砂、水之类的客观地理态势，而是将地理方位与宅居或墓葬的主人所与生俱来的姓氏名称、生辰八字等因素，与星神、八卦、五行生克等等因素相联属。这里显然加上了更为复杂的因素，尤其是"生辰八字"等时间因素。宋代时流行的"五音姓利"之类的风水观念，亦是源于这一派。

理气派的重要观念之一即是：如果不能恰当地解决宅居或墓葬的主人自身因出生时辰及方位等因素所与生俱来的星神、卦气与所在环境中诸方位上固有的星神、卦气之间的生克关系，则即使是再好的风水格局，对于人的命运的改变不惟无济于事，甚至会带来灾难性的结果。显然，理气派更多地运用了传统中国文化中的神秘主义内涵，同时，也更多地具有了巫术占验之类的色彩。

除了形势派风水师所提出的龙、穴、砂、水，以及青龙、白虎、朱雀、玄武等与平面五方位空间图式有关的静态的空间局势之外，理气派风水师们，更融合了河图、洛书、五行、八卦、九宫、天干、地支等等的观念。将阳宅与阴宅分为二十四路（二十四山）并与宅（墓）主的五音姓氏、游年星神、五行生克等相联属，构成一个动态的、因人而异的、包含时间因素的、以平面五（或九）方位空间图式为基

---

① 朱国桢. 涌幢小品. 转引自：解开风水之谜. 第205页。

本形势的空间局势。

　　理气派风水师用所谓"大游年"推断宅居的吉凶，即采用所谓"后天八卦"为基本方位格局，以乾兑艮坤为西四宅，以离震巽坎为东四宅，并结合每一住宅的朝向方位，辨析该住宅应属于八卦中的哪一卦，再根据所属之卦，结合居住者的生辰八字、星神命相，用卦爻的变化推算各个不同方位的吉凶祸福。所谓的吉凶祸福，又是用天干地支配合九宫八卦方位，再结合二下四路方位并加临星神，根据五行生克的原理而确定的，因而比之形势派静态的择吉方式要玄虚复杂得多。不同的是，形势派更关注空间上与宇宙的同构，而理气派则着意于使每一个人在空间与时间两个方面与宇宙的周流运转相契合。人们在房屋营造等活动中，要推算的所谓"黄道吉日"，就是这种结合时间因素的巫占术。生辰时间与八字命相不同的人，应该依据不同的时间，居住（或落葬）在方位与自己生辰八字相合的阳宅或阴宅之中。

　　其实，这种出于巫术因素考虑的结合时间因素的起居思想，并不是风水师们的独创之物。早在上古时代，作为"大祭司"的天子，为了人神交通的巫术需要，也要在特意建造的明堂中，对应于天界的星象流转变化而依时起居。《吕氏春秋》中，对这种依时起居的所谓"明堂月令"作了详细的记述。按照《吕氏春秋》的说法，天子按照一年四季与十二个月的时间，顺序由东而南，由南而西，由西而北，由北而东，在明堂的不同房间里起居，吃不同的食物，穿不同的衣服，听不同的音乐。每年完成一个完整的循环。这一切都是与每个月太阳在天空星象图中的位置，以及谐日昏星与辰星的不同的显现相对应的。这四个季节与十二个月在空间上，又同平面空间图式中的四个正方位：东、南、西、北，与四个亚方位：东南、东北、西南、西北相对应，使天子的起居，在时间上与空间上和整个宇宙的流逝运转相吻合。

　　据《吕氏春秋》与《周书·明堂月令》，古代天子在一年的十二个月内所不断变换的在明堂中的起居位置，是与太阳在当月的天象图中所处的位置相对应的。按古代天文星占学的说法，太阳自孟春之月开始，由位于北方七宿的室宿，按逆时针方向依序变换其在天空中的位置，其顺序为北方室宿；西方奎宿、胃宿、毕宿；南方东井宿、柳宿、翼宿；东方角宿、房宿、尾宿；然后，再回到北方斗宿、婺女宿，与之相应的谐日昏星与旦星也有不同变化。

与太阳在天象图中的位置相对应，在这十二个月中，春季的孟春、仲春与季春，天子分别住在明堂中的青阳左个、青阳太庙与青阳右个，服青色衣服，挂青色的旗子；夏季的孟夏、仲夏与季夏住明堂左个、明堂太庙与明堂右个，服朱色的衣服，挂赤色的旗子；秋季的孟秋、仲秋与季秋，住总章左个、总章太庙与总章右个，服白色的衣服，挂白色的旗子；冬季的孟冬、仲冬与季冬，住玄堂左个、玄堂太庙与玄堂右个，服黑色的衣服，挂玄色的旗子。

如果说天子的故弄玄虚，是为了保持他可以交通人神的"大祭司"的特权，则后世风水术中，结合人的生辰八字、星神命相等，以作选择宅居位置及方位朝向的依据，在很大程度上可能是为了模仿上古天子，以期能够与超自然的力量之间找到某种联系，并最终影响到居住者（或冥居者）当世或后世的命运。因而，将其看做一种更为赤裸裸的巫法术，是不为过的。在这一意义上的风水观念与风水术，其可能蕴含的理性成分，就更微乎其微了。

原载于杨鸿勋主编《建筑历史与理论》第六、七合辑，1994年

卷六　建筑理论

桑海之交，士之慕义强仁者，一往不顾。其姓名隐显，以俟后人之掇拾，然而泯灭者多矣，此志士之所痛也。故文丞相幕府之士，宋史既以之入《忠义传》矣，好事者又为《幕府列传》，附之丞相之后以张之，逊国梁田玉诸人，乃得之古寺承尘之上，而后传世。

——[清] 黄宗羲. 黄梨洲文集. 卷四. 碑志类. 都督裘君墓志铭

卷六之一
建筑理论：一个沉甸甸的话题
——《建筑理论》上、下册译后有感

　　最近偶然见到一位想在理论上有所建树的建筑师洋洋洒洒地写了数十万言，名之为"建筑学概论"。当出版社的编辑同志让笔者帮助对稿件过一过目时，笔者却发现其中除了该作者个人对于建筑的一些十分个人化的随兴所至的直觉见解外，就是目前国内能够看到的不多的几本建筑理论译著中摘录出来的一些似是而非的话。令人吃惊的是，书稿中能够列得出来的参考书目不过寥寥十余本，这中间还包括那位作者自己的几本"理论著作"，竟没有一本外文原版参考书，全文也几乎没有详细注明版本与页码出处的注释。该作者也列出了几本有中文译本的外文书名，书中出现的不多的一些引言，也多是出于这寥寥几书。然而，仅凭这几本书为依托，该作者的笔端却能够信马由缰，一会儿是人类发展史，一会儿是天文学，一会儿又是心理学，还有该作者自己创造的许多不知所云的名词术语，或是建筑界同人们闻所未闻的原理规则。这忽然使笔者觉得，在这位建筑"理论家"眼里，建筑理论竟成为了一个可以信口开河、轻若纸屑的文字游戏。以笔者的拙见，理论自有其逻辑铺展的脉络，既然是一种理论，就应该能够将其放在中外理论发展的"上下文"中，一种理论著作的出现，其中必有其应该起到的起承转合的关联作用，更有其对理论发展历史脉搏的基本把握，或有对以往理论发展缺环的揭示，然后，才能有自己对这一缺环的补充与发展。这样说来，一本可以称得上是理论著作的著述，其后没有附上足够的参考书目，以及大量令人信服的引言注释，没有严谨而细密的逻辑脉络，恐怕很难称得上是真正的"理论"。

　　引出上面的一段话，只是想说，建筑理论是一个十分严肃缜密的学术课题，来不得半点轻飘与潇洒。一位实践建筑师能够关心理论问题，原本是一件十分难能可贵的事情，但若真要动笔谈及理论问题，就要将其当做一个沉甸甸的话题才好，不仅要遍览古今中外的理论与文史典籍，更要能够旁征博引；不仅要有足够多的参考书目作为理论阐释的依托，还要有足够多的索引注释作为自己所谈理论的旁证，更要有对历史脉络与理论范畴的深刻理解与深入浅出的阐释。不若此而能海阔天空地谈理说论者，其理论之真伪，能不令人质疑乎？

当然，理论问题一直是国内建筑界同人们十分关注的问题，从自己的实践出发，以讨论的方式，通过一得之见而表达自己的理论见解，其实也是很有助益的，这样的理论文章，往往能够给人以启发，或者还能引起一些有益的批评与争论，因而还是应当大力提倡的。此外，对国外建筑理论的必要引介，也有不可忽略的作用。一方面可以弄清现代建筑理论的来龙去脉，更能引起人们的思考与争论，从而使对理论的思索以及对实践的影响得以深化。笔者在这里介绍的一套两卷本的《建筑理论》著作，就能够以其纵贯古今的理论脉络，与深入缜密的理论思辨，以及与现、当代建筑的恰当结合，而给予我们这一方面以很好的启示。认真地读一读这两本书，或能够帮助我们刚才提到的那位"理论家"，真正踏进理论的大门。

事实上，对于理论的探索，从来就不是一件轻松的事情。注意一下近一个时期以来国内的建筑杂志，人们就会发现，中国建筑界围绕建筑理论问题的讨论已经有些时日了，讨论的核心仍然是上个世纪50年代提出的"经济、适用、美观"这样一些十分基础的建筑理论原则问题。但是，如果将这些问题深究一步，比如：为什么会以这三条基本原则作为理论的指导？这些原则的理论依据是什么？这三条原则能否覆盖当前建筑实践中所遇到的种种复杂问题？这些原则是否具有普遍意义，例如，影响20世纪国际建筑发展的理论原则，与这三原则之间有没有什么关联？如此等，我们就会觉得对于这样一些理论性问题，目前的讨论尚未能给出一个十分准确的回答。

有一点建筑史知识的人都知道，西方建筑理论的基础是两千年前的罗马建筑师维特鲁威提出的"坚固、实用、美观"的建筑三原则。其中的"实用"，也可以表述为"适用"，因而，通过比较可以发现，我们在20世纪50年代提出的"经济、适用、美观"建筑三原则，其中的两个原则是从西方古典建筑理论中沿用而来的。而另外一个原则："经济"，其实也是来自西方文艺复兴以来的建筑思想。19世纪的法国建筑师就在文艺复兴建筑中发现了"节约理性"的概念，并将之运用到当时法国的建筑理论中。[①]"节约理性"概念的核心，就是建筑的"经济"原则，这说明近代西方人也很重视建筑理论中的"经济"问题。

这样我们可以得出一个推测：我们的"经济、适用、美观"建筑三原则，是从西方建筑理论中嫁接而来的。其中既有西方古典建筑理论的基础，也有西方近现代建筑理论的内涵。也就是说，以这样三条基本原则来指导我们的建筑创作实践，在理论上还是有所依托的。但是，新的问题接踵而至。比如，是否这三条原则就覆盖了建筑理论的全部？或者说，这三条原则是否就是建筑理论的基本范畴，是否还有其他的范畴存在？事实上，我们面前的这套由笔者翻译的英国人大卫·史密斯·卡彭（David Smith Capon）的建筑理论著作：《建筑理论（上册）：维特鲁威的谬误：建筑学与哲学的范畴史》与《建筑理论（下册）：勒·柯布西耶的遗产：以范畴为线索的20世纪建筑理论诸原则》就是为了尝试回答这样一些问题而写作的。

这套建筑理论著述分为上、下两册，上册是作为理论基础而架构的，是一个涵盖了西方古代、中世纪与现代哲学史，以及建筑理论史的概要性阐述，下册则是对西方建筑理论，特别是西方现、当代建筑理论的一个系统的描摹，作者把从西方哲学史与建筑理论史上衍生出来的几个基本的与派生的理论范畴作为核心的纲要，并引经据典地将20世纪以来的重要建筑师与建筑理论家在其著作中所阐释的种种相关的思想加以比较，十分细致地做了一番由此及彼，由浅入深的理论阐释，其内涵是丰富的，其逻辑是缜密的，其内容也是充实的。

在本书的上册，作者以西方建筑理论的奠基人维特鲁威"坚固、实用、美观"的建筑三原则为出发点来展开他的论述。尽管维特鲁威仍然没有能够完全摆脱具有神话与象征色彩的建筑思考，但是，他的理论却已经植根于希腊理性哲学的土壤之中了。人们可以为维特鲁威的建筑三原则做出各种不同的哲学解说，但与维特鲁威建筑三原则最为接近的是希腊古代哲学家柏拉图的哲学三原则——"真、善、

---

① [德]汉诺-沃尔特·克鲁夫特（Hanno-Walter Kruft）. 建筑理论史——从维特鲁威到现在（*Architectural Theory: from vitruius to the present*）[M].第21章 "19世纪的法国和巴黎美术学院".王贵祥，译.北京：中国建筑工业出版社，2005。

美"。"真"与材料、结构及建造过程的真实性是分不开的，这体现为建筑的"坚固"原则；"善"与建筑所能予人的功能便利是分不开的，这体现为建筑的"实用"原则；"美"与建筑所表现的令人赏心悦目的形式是分不开的，这体现为建筑的"美观"原则。

但是，维特鲁威的建筑三原则是否就都是居于第一位的观念范畴呢？比如，后来的一些建筑理论家就提出了，建筑结构的坚固性原则，其实是一个可以附属于其实用性原则之下的第二层次的原则，而建筑的美观性原则，其实也包含了"形式"与"意义"两个并置的第一层次的范畴，其中的"意义"是一个与建筑的造型与装饰，乃至历史相关联的范畴，与其相并列的第一层次的范畴，是从"实用"中衍生而来的"功能"范畴。这样，我们可以认为，如果仍以基本范畴为三个的话，建筑中真正居于第一层次的范畴应该是"形式、功能和意义"。

但这样三个基本范畴，并不能涵盖建筑的全部属性。建筑范畴中还有"主观的"与"客观的"，或"确定的"与"任意的"之区别。结构的坚固性，功能的实用性，一般可以归在客观的或确定的范围之内，而形式的美观与否，形式中蕴含着什么样的意义，却可以归在主观的或任意的范围之内。这其中又分出了"精神"与"物质"两个层面。再深究之，建筑理论范畴，还可能与社会及历史因素发生关联。比如，建筑的时代性，其实蕴含了某种精神或意志的因素在其中。建筑之所有者，或某一时代的统治者，甚至建筑师本人，都可能会将自己的意愿或意志强加在建筑之上。

同时，每一座建筑物还有一个"场所"的问题，例如在村落与城镇景观中由建筑与其周围环境所构成的如诗如画的境界，或建筑所表现出的某种地方性的或历史延续性的感觉，其实都可以归在一个特殊的范畴之下，这个范畴在文章中称作"上下文"，在历史承续性上称为"文脉"，而在特定的空间场所中，似可称为"背景"或"依托"，总之这是一个十分复杂，但又不可或缺的建筑范畴。为了方便起见，我们不妨暂时沿用此前所译的"文脉"一词，只是我们在用这个词时，一定要慎之又慎，其词义在不同的上下文中也并不相同。

这样我们就获得了六个范畴："形式、功能、意义、结构、文脉、意志。"

这六个范畴又各自内蕴了十分丰富的内容。例如，功能范畴中至少蕴含了使用的合理性与建造的经济性两个方面的内涵。结构范畴中，既有建造过程的内涵，也有材料、结构与构造的内涵。具有主观性与任意性特征的"形式"范畴，其内涵中则有着更为丰富的内容。由此引发的建筑审美的主观性与客观性，一直是建筑领域中争论不休的问题。

更重要的是，建筑之理论，不仅表现为单一的概念范畴，还表现为概念之间的相互关联，两种概念以其特定的相互关系而构成了一种新的概念，其关系或是合并的，或是互补的，或是因果的，或是内在的。这就有如色彩学中的色谱一样，红、黄、蓝三原色处在第一层次的位置上，我们可以将之与建筑的三个基本范畴"形式、功能、意义"相比较；这三原色两两相并，就出现了处在第二层次位置上的橙、绿、紫色，我们可以将之与建筑的三个派生范畴"结构、文脉、意志"相比较。如同色彩中的色谱关系一样，进一步的合并与互补关系，还可以生发出更为细微的建筑关系范畴。当然，建筑的基本范畴与派生范畴远没有色彩的基本色与派生色那么简单而理性，书中的类比，只是提供了一种思考的方法。

正是从对这些哲学范畴与建筑范畴的相互对应与分析综合中，作者逐渐向我们铺展开了西方建筑理论的广阔画面。从作者的叙述中，我们可以看到，建筑理论大厦的奠基，其实是与西方历史上许多令人炫目的伟大哲学家的深邃思维联系在一起的。古希腊的柏拉图、亚里士多德，古罗马的柏罗丁、西塞罗，中世纪的奥古斯丁、阿奎那、波拿文都拉，以及后来的培根、休谟、康德、黑格尔，乃至晚近的叔本华、尼采、孔德、维特根斯坦等，都为这座理论大厦的基座增添过砖瓦，而与这些哲学家相并行的则是群星璀璨的建筑理论家们，从维特鲁威、阿尔伯蒂、柏拉第奥，到莫里斯、拉斯金、申克尔、森佩尔，再到沙利文、桑特·埃利亚、佩夫斯讷、勒·柯布西耶，直至20世纪末的汉诺-沃尔特·克鲁夫特、诺伯格-舒尔茨等，以及一大批杰出的实践建筑师和他们丰富的建筑创作理念，使西方现代建筑理论既根基深厚，又内涵丰富。这或许就是为什么西方现、当代建筑在创作上的丰富与多变，总是令我们眼花缭乱、目不暇接的可能原因之一。

经过了上册对西方哲学史与建筑理论史中的范畴史的深入追溯，本书的下册将其内容集中在这些基本与派生范畴的理论阐释上。作者的论述深入浅出，在一个基本的理论架构下，充分引述了20世纪著名建筑师与建筑理论学者的种种观点，使其理论表述有了十分充实的依据；另外，对建筑理论的丰富内涵加以条分缕析，使我们面对了一个可以诉诸知解力的理论体系。其中的许多观点，几乎是切中我们当前所面临的建筑时弊的。

举例来说，维特鲁威建筑三原则中的"美观"原则，其实可以分解为现代建筑范畴中的两个基本范畴，一个是"形式"范畴，是与建筑的造型是否美观联系在一起的，另外一个是"意义"范畴，即建筑造型或装饰中，是否包含有某种象征性的意义内涵。"形式"范畴与20世纪欧洲建筑史上的风格与流派发生了关联。通过对这一范畴的探究，可以大略理解20世纪欧洲风格派与形式主义各流派产生的原因与背景。从而对20世纪一度出现的极少主义、风格主义，以及建筑造型的简单性与复杂性等问题进行探究。

与"形式"范畴关联最为密切的是"功能"范畴。沙利文的"形式服从功能"构成了20世纪西方功能主义建筑思想的主要脉络。而功能问题既涉及空间，也涉及经济，更与建筑类型密切相关；每一种新的建筑类型的发展，都是伴随着有关这一类型建筑的功能研究而进行的。对于"功能"范畴的研究，导致了建筑思维的理性化与逻辑化，其核心的关系是因果式的。20世纪建筑与城市领域发展中一切与机器时代富于理性色彩的因果性逻辑概念相关联的思考，都是与"功能"范畴分不开的。"功能"范畴中甚至包含了道德性因素，如对经济问题的关注，对便利性与有效性的追求，对建筑材料与结构的真实性问题的关注等。其典型表现是建筑中追求质朴与直率的粗野主义。这种道德性因素突出地表现在建筑之功能与结构的真实性方面，例如，沙利文曾抨击银行的风格，并对百货公司在功能与形式上的诚实表示了喝彩；范·德·维尔德则宣称"占统治地位的建筑都像是在说谎……都故作姿态，毫无真实可言"；而勒·柯布西耶则认为那些不顾功能与结构而盲目追求历史风格的建筑，如同是在说谎一样，他认为这种"缺乏真实"的做法"是无法忍受的"。[①]

---

① 建筑理论（下册）：勒·柯布西耶的遗产：以范畴为线索的20世纪建筑理论诸原则. 第4章."功能与功能主义"中的"道德"一节. 王贵祥，译. 北京：中国建筑工业出版社，2006。

20世纪建筑中的"意义"范畴，是与20世纪西方思想与哲学的发展密不可分的。而意义与历史及装饰也有着密切的关联。意义的表现又与设计者的审美鉴赏力相关，从而与时尚及风格发生了联系。然而，简单地将建筑分为某种主义或流派的方式，也不是建筑师们应当提倡的。重要的是，20世纪的西方建筑理论家们十分反对那种贴标签式的做法，针对绘画与艺术领域发展起来的许多主义，莫霍伊-纳吉曾经犀利地指出："在我们今天的艺术术语学中，主义变成了唯一的分类手段。但是，事实上没有所谓主义这类事情，只有单个艺术家的作品而已。"①格罗皮乌斯也反对"评论家们急于为当代建筑运动分类的做法……[他们将]每一种运动整齐地摆放在贴有一个风格标签的棺材中……从而将活的艺术与建筑僵化……更像是要窒息而不是刺激创造性的活力"。这样一些观点，对于那些热衷于步某种主义或流派后尘的建筑师们来说，确实是值得斟酌与借鉴的。

通过对建筑之"意义"范畴的阐述，我们还可以注意到，在西方近现代建筑史上也曾出现过某种类似今日中国人追求所谓"欧陆风"式样的那种盲目追求欧洲传统风格建筑的潮流。本书的作者引用了沙利文在19世纪末所说的对这种潮流进行抨击的刻薄的话："我们为学院和住宅准备了都铎时代的风格，而为银行和火车站，以及图书馆，准备了罗马风格，或者是希腊风格，如果你喜欢的话……我们还有哥特风格、古典风格和文艺复兴风格，这是专为教堂准备的……为居住区我们则可以提供意大利式样，或路易十五式样的风格。"②弗兰克·劳埃德·赖特更是用挖苦的口吻提到了"郊区住宅炫耀……城堡、庄园邸宅、威尼斯宫、领主城堡，以及安妮公主小城堡"的例子。③在谈到20世纪80年代一度流行的后现代主义建筑，作者在对后现代主义做了深入分析的基础上，也引用了1986年《建筑评论》中所宣称的"后现代主义已经死亡"的话时所指出的"从一开始人们就已经知道，这不过是一具化

---

① 建筑理论（下册）：勒·柯布西耶的遗产：以范畴为线索的20世纪建筑理论诸原则．第5章"意义与历史主义"中的"分类与典型"一节。

② 建筑理论（下册）：勒·柯布西耶的遗产：以范畴为线索的20世纪建筑理论诸原则．"符号与象征"节，"象征主义"小节。

③ 建筑理论（下册）：勒·柯布西耶的遗产：以范畴为线索的20世纪建筑理论诸原则．"意义的诸方面"节，"相似性与联想性"小节。

了妆的尸体"。①而当时的中国建筑界，以盲目追求传统符号为特点的后现代主义风潮似乎刚刚开始兴起。这一点恰恰是值得引起人们深思的。

20世纪西方建筑理论，对建筑中的模仿行为更是持有严厉的批评态度。作者先后引了斯科特的话："手中拿着德国样式手册的无知建造商们，不大可能去创造空间、比例和高尚。"和瓦格纳的话："绝不要去做那种从其他范式中拷贝、模仿的事情。"以及弗兰克·劳埃德·赖特所抨击的那种"模仿模仿之物，拷贝拷贝之物"的做法。②作者所引的这几位人物都是20世纪初的著名建筑师或建筑理论家，但是，在过去了将近一个世纪之后的今日，在面对一些发展商或建筑师手持各种建筑图册"漫不经心地重复"与拷贝那些已有的样式与细部时，读到这些铿锵有力的话，仍然能够体验得到其中那种令人振聋发聩的感觉。

但是，这并不是说建筑历史知识对于建筑师们而言就已经是可有可无的了。作者所引述的一些建筑理论学者的观点认为，历史建筑的象征性，以其形式所传达的是"强烈的情感负担"，正是这种象征性将一个社会凝固在一起，而这些象征性恰是坚实地根植于过去的。因此，作者引了贝吕斯奇的话：我们需要容忍"以往所有的形式与象征，因为人们需要它们……因为它们提供了一种连续的感觉，这种感觉使人们对它们的发展演变确信不移"。③美国建筑史学家里克沃特更是得出结论说："对于一个人来说是记忆的东西，对于一个群体来说就是历史……没有什么建筑是没有历史依托的……一种历史知识显然是一位设计者的才能与方法的核心部分。"这些耐人寻味的话是值得我们的建筑师去深思的。

关于建筑的"结构"范畴，以及由此引发的一系列材料、结构，及设计理念问题，在本书下册的"结构与结构主义"一节中得以充分阐发。作者明确地提出了，现代建筑在材料的选择上，已经与传统建筑有了根本的区别，传统建筑的基本材料是土、木、石，而现代建筑的基本材料是玻璃、混凝土、钢。在材料选择上的变

---

① 建筑理论（下册）：勒·柯布西耶的遗产：以范畴为线索的20世纪建筑理论诸原则．"批评、理论与历史"节，"后现代主义"小节。

② 建筑理论（下册）：勒·柯布西耶的遗产：以范畴为线索的20世纪建筑理论诸原则．"意义与历史主义"，"意义的诸方面"节，"相似性与联想性"小节。

③ 建筑理论（下册）：勒·柯布西耶的遗产：以范畴为线索的20世纪建筑理论诸原则．"符号与象征"节，"象征主义"小节。

化，无疑会影响到建筑设计的理念与方法。围绕"结构"范畴而出现的一些建筑思潮，如高技术问题，如对建造过程的形式表达，以及20世纪20年代苏联建筑中一度出现的形式主义的"结构主义"现象，都从这一范畴中找到了某种解释。当然，这里的"结构"范畴，并不像我们所想象的那么直白与简单。其中涵盖了十分丰富的思想，如有机理论，如合理化与标准化问题等，都是我们在建筑创作中经常可能遇到的。

如前所述，这本书还为我们厘清了一个重要范畴，即所谓的"文脉"问题。20世纪80年代，当这个术语伴随着后现代建筑思潮而涌入到我们的建筑话语中时，人们似乎并不真正了解其意。那时的许多文章，将"文脉"一词，与传统符号的沿用联系在一起。其实，"文脉"一词的原本意思，是文章中的"上下文"，并且多少含有"语境"的意思。用于建筑中，可以理解为"背景"、"相邻环境"等。这样来看，"文脉"一词可能包含与相邻建筑之风格与造型，乃至细部装饰相呼应的问题，但却与本不和这座建筑相邻的那些诸如一般意义上的传统建筑符号等问题风马牛不相及。反之，其更多的含义，还包括这座建筑所处的外在自然或城市环境，如街道景观、自然风貌等。也就是说，一座建筑应该如何融入到既有的建筑或自然环境之中。正是基于这样一种思考，一种重要的创作理念，即城镇景观与园林景观的概念，便深入到人们的设计中来，由此而出现的"如画风格"的探讨，以及地方主义、新乡土主义等建筑思想也找到了其恰当的归宿。①

现代建筑理论中还有一个十分重要的范畴，即"意志"。其实，这一范畴并不难理解。比如，一个国家可能会将国家的"意志"赋予其标志性的建筑之上。如我们在50年代所建造的北京十大建筑，就是一个例子。刚刚摆脱了百年屈辱而站立起来的中国人，以自己民族的传统形式来表达将自立于世界民族之林的意志，当然是无可厚非的。同样，一个特定的时代，也会涌动着某种时代的思潮，这种思潮也会以某种时代"意志"的方式，进入到这一时期的建筑之中。所谓"时代精神"在建筑中的体现，其实就是这种"意志"的外化形式。这一点正如弗兰克·劳埃德·赖

---

① 建筑理论（下册）：勒·柯布西耶的遗产：以范畴为线索的20世纪建筑理论诸原则. 第6章"文脉与文脉主义"。

特在谈到美国建筑中的"真正的现代"时所说的："无论何时建筑是伟大的，它也就是现代的……那些现在使我们感受到现代之冲动的原则，也正是那些感动了法兰克人和哥特人的原则……如果在火星上或金星上有建筑学的话，同样的原则也会在那里起作用。"[①]从赖特的这段话，我们也可以体会到，现代建筑其实就是一种时代意志的体现。其实，20世纪出现的一系列建筑流派，如新艺术运动、未来主义、表现主义等，其中不仅包含有时代意志的成分，也包含有建筑师个人意志的成分。这一点正如范德·维尔德所说的："艺术家是一位自由的凭直觉创作的创造者……只要是德国制造联盟的艺术家，就自然会反对任何既有的教条，也反对任何标准化的东西。艺术家基本上和在内心深处是一位充满热情的个人主义者。"[②]这里所说的"个人主义"，其实指的就是在创作中表达出建筑师个人的感情和"意志"。毋庸讳言的是，在道德意义上讲，这种建筑师个人"意志"的体现，要比盲目地重复已有的建筑，或照搬建筑图册中既有的造型与细部的做法，更应该值得提倡。

当然，要读懂这样一部涵盖了西方两千多年哲学范畴史与建筑理论史的理论性很强的著作是需要花一些气力的。既需要有扎实的西方哲学史与思想史的理论功底，也需要有敏锐而明晰的建筑理论与建筑创作的深刻体验与感觉。虽然，在初读的时候，可能会在一些抽象的理论表述上遇到迂回曲折的概念纠葛，或是因为理论基础的薄弱而有不甚明了的感觉，但若下一点功夫仔细而反复地阅读，相信还是能够有大的收获的。重要的是，即使我们不能够深刻地了解或完整地接受这一奠基于西方哲学范畴史基础之上的完整的建筑理论体系，但是，若能够从本书的字里行间感悟到一些较为深刻的理论内涵或创作原则，也是不无裨益的。

例如，关于前面已经提到的建筑道德问题，在建筑创作中对原创性的强调，就包含了这种伦理性要素，建筑作品的"真实性"首先应该体现在其原创性上。反之，任何模仿，包括对传统建筑的仿造或对同时代建筑风格的模仿，其实都应该是受到谴责的。此外，建筑应该符合其特定的性格，住宅即是住宅，车站就是车站，

---

① 建筑理论（下册）：勒·柯布西耶的遗产：以范畴为线索的20世纪建筑理论诸原则. 第8章"意志与现代主义"。

② 建筑理论（下册）：勒·柯布西耶的遗产：以范畴为线索的20世纪建筑理论诸原则. "新艺术运动"节。

将一个火车站建成一座古代寺庙的模样，或将一座住宅造成希腊神庙的样子，其道德上的失误与虚伪和欺骗没有两样。在建筑材料与结构的真实性上也存在着同样的问题，如罗杰·斯克鲁顿所谈到的假大理石柱给人造成的失望感①，就是一个例子。现在的园林建筑中常常出现的人造树或人造石，也属其例。在文物建筑保护中特别提倡的文物建筑的"真实性"原则，就是以这样一种伦理性范畴出发而考虑的。当人们去观摩一座古代建筑却被告知其所面对的是一个假古董时所受到的心理伤害，与人们期待看到一座好的建筑作品或希望有一种真实的材料体验时，却发现这是一件似曾相识的模仿之作，或其所看、所触的感觉良好的材料质感，都是一些虚假的仿冒材料时，所感受到的索然无味是一样的。

当然，对建筑理论的探讨还远远没有终止，现代建筑理论还处在一个不断探索与发展的过程之中，这两本对西方传统与现代建筑理论的研究性论著，也只是对已有建筑理论与创作的一个总结，新的理论与实践探索仍然在等待着我们，何况我们还有中华民族自己广博而深厚的思想与文化渊源，还应该不懈地求索更为符合现代中国特色的建筑理论范畴与理念，从这一意义上讲，在这里我们可以引为结束语的仍然是那句老话：他山之石，可以攻玉。

原载于《建筑学报》2006年第1期

---

① 罗杰·斯克鲁顿. 建筑美学. 刘先觉译. 北京：中国建筑工业出版社，2003。

卷六之二
建筑美的哲学思辨

——读罗杰·斯克鲁顿的《建筑美学》

　　与19世纪以前相比，20世纪的西方思想与哲学发生了巨大的变化，也正是在这样一个大的历史文化背景下，力图从哲学的美学角度对20世纪的建筑思想作一番探讨，从而对以西方现代哲学为基础的建筑美学作一番思考的尝试，也就应运而生了。20世纪中叶以来，尤其是七八十年代，西方思想界对于建筑美学与建筑理论的关注明显加强，除了布鲁诺·塞维、克里斯托弗·亚历山大、克利斯蒂安·诺伯格-舒尔茨的一系列建筑理论著述外，直接以《建筑美学》冠名的理论性著作也相继问世，这其中除了大卫·沃特肯的博士论文《建筑美学》之外，最具影响力、也最具有哲学思辨色彩的，就是英国学者罗杰·斯克鲁顿（Roger Scruton）的《建筑美学》。经由刘先觉先生的深厚外语功力与流畅中文表述，则使我们得以窥见这部蜚声西方建筑理论界的学术著作的全貌。

　　作为哲学家的斯克鲁顿，显然比作为建筑理论家的大卫·华特肯，或诺伯格-舒尔茨、塞维等，在思想上更富有哲学的内涵，因此其《建筑美学》一书，是从更具有一般哲学意义的角度切入主题的。例如，首先，斯克鲁顿就从"建筑学的精髓"入手来提出问题，从而对建筑学的本质，以及现当代建筑学的一些最基本的学术信条，如功能主义、"空间"理论、"比例"理论，以及艺术史哲学等等，这些我们耳熟能详的概念角度出发，加以论证与剖析。

　　举例来说，按照斯克鲁顿的分析，无论是功能主义，还是"空间"理论，都不能真正揭示建筑学的精髓或本质。比如，如果说功能是建筑学的精髓或本质，那么，理想的建筑中，形式必须表达、说明，或用现代主义者的话说，"追随"功能。①但是，事实上，我们知道，一座建筑很难做到既忠实于功能，又有美的形式。因为，功能并不是建筑的唯一特征或属性，美的范畴也不一定能够与功能的范畴恰好合一，比如，一座符合功能的仓库，未必是一座美的建筑。用斯克鲁顿的话说："谁能说哪一座建筑更暴露已知的用途呢？我们是否会认为圆厅剧院大概继续'暴露'或'追随'了它过去的功能呢？"②我们知道，功能主义颂扬建筑外观的结构忠实性，而"用这种观点，蓬皮杜中心不应受到称赞，因为所暴露的那些东西，在结构上是非本质的，而哥特式教堂则更应该受到推崇，即使是在失去了它的主要用途的时代"。③

我们习惯上也认为，空间是建筑的精髓或本质，是建筑的最终目标，但是斯克鲁顿认为，从"哲学—美学"的角度来观察，这种说法也是站不住脚的，比如，他认为圣保罗大教堂的"空间"虽然很宏伟，但是，除此之外，建筑中的光与影、建筑的细部装饰、材料质地与各部分的线脚，也都具有精致而吸引人的效果。这说明，除了"空间"之外，构成空间的材料质地、结构形式、装饰细部，无疑也会影响到建筑的感觉。正如斯克鲁顿说的："我们很难想到如果佛罗伦萨的圣斯皮里托教堂的柱廊要是用木头或花岗石重建，以代替现在的佛罗伦萨灰砂石柱廊的话，而原来这座教堂的美，不受到影响。"④他看来在美的建筑中："人们所看到的东西不只是一个有趣的空间，而且，也是各个面相互联系的和谐组合。这种和谐之所以能观察得到，主要是由于制作精美的细部吸引我们注意。"⑤

斯克鲁顿对以黑格尔为代表的"历史主义"的艺术史论的批评，其实是20世纪西方思想史上对于"历史主义"或"历史决定论"的批评，尤其是以波普尔为代表的对于历史主义的历史发展观的苛刻批评在建筑领域的一种延伸。此外，斯克鲁顿对于将"比例"作为建筑本质的怀疑，也是对建筑美学理论的一个更为深刻的思

① 罗杰·斯克鲁顿（Roger Scruton）. 建筑美学（*The Aesthetics of Architecture*）. 刘先觉译. 北京：中国建筑工业出版社，2003年12月，第37页。

② 罗杰·斯克鲁顿（Roger Scruton）. 建筑美学（*The Aesthetics of Architecture*）. 页码略（编者注，下同）。

③ 罗杰·斯克鲁顿（Roger Scruton）. 建筑美学（*The Aesthetics of Architecture*）。

④ 罗杰·斯克鲁顿（Roger Scruton）. 建筑美学（*The Aesthetics of Architecture*）。

⑤ 罗杰·斯克鲁顿（Roger Scruton）. 建筑美学（*The Aesthetics of Architecture*）。

考，如他所说的："正当人们怀疑比例法则的普遍有效性是否可以作为建筑成功的精髓时，建筑风格的惊人差异更深刻地肯定了这种怀疑。"①因为，在建筑比例的把握上，并无普遍的规律可循。事实上，比例作为一种美学基础，应当在美学理解上占有一席之地，因为"理解比例即是理解和谐、适度、恰当的细部和秩序，只有在一个完整的美学构架中，这些概念的意义才能得到描述"。②不过事情仅此而已，如果试图将其发展为某种一般意义的建筑设计规律，则是一种颇费周折却并无任何结果的事情。

一般来说，美学是一种感觉学，因而斯克鲁顿用了整整一章的篇幅对"建筑的感受"加以分析。首先他将"美学"与感觉兴趣作了区分，认为美学乐趣不是感官上直接反映的乐趣，而是依附于思考过程并受其影响的。"例如，观赏一个虚假的立面，就会使得建筑艺术乐趣成为极次要的东西。我们对立面的兴趣将会受到对它了解程度的影响。"③这里其实反映的是建筑理论或建筑美学中的"真实性"问题，比如当我们看到一座比例优美的古建筑时，我们会对它兴致勃勃，但一旦别人告诉你，这其实是一座新近仿造的假古董时，我们对于这座建筑的感觉就会变得索然无味。斯克鲁顿举了另外一个有趣的例子来说明这一情况："当我们的同伴正在对乔治王朝某个门厅中精美的大理石柱子感兴趣时，我向他指出那些柱子实际上是人造大理石的，他的兴趣就会顿时消失。"④当然，斯克鲁顿就此而展开的对于感觉的乐趣和理性乐趣，以及"想象力"在美学理论中的地位的分析与论述，则是更偏向哲学层面的问题。

在对建筑的一般美学概念提出了质疑之后，罗杰·斯克鲁顿又进一步对20世纪最具影响力的弗洛伊德、马克思主义及语言学在建筑美学与建筑思想上的种种影响进行了分析。这一分析既是建立在建筑审美上的，也是建立在建筑评论上的。20世纪上半叶，一些步弗洛伊德后尘的建筑评论家，试图从精神分析的角度，对建筑进行分析与解释，并且试图为建筑的创造与欣赏，找到某种无意识的根源。这一理论

---

① 罗杰·斯克鲁顿（Roger Scruton）．建筑美学（*The Aesthetics of Architecture*）。
② 罗杰·斯克鲁顿（Roger Scruton）．建筑美学（*The Aesthetics of Architecture*）。
③ 罗杰·斯克鲁顿（Roger Scruton）．建筑美学（*The Aesthetics of Architecture*）。
④ 罗杰·斯克鲁顿（Roger Scruton）．建筑美学（*The Aesthetics of Architecture*）。

对于建筑创作无疑是有一定积极意义的，因为将建筑创作看做是一个纯理性或纯意识的行为，都不足以解释建筑作品，尤其是一些伟大作品的惊世骇俗的特征。但是，根据这一点就认为，运用精神分析的方法，可以对任何建筑进行入木三分的分析或解释，恐怕是不那么令人信服的。斯克鲁顿在深入地分析了精神分析方法对于建筑评论的作用之后，指出"精神分析学的解释并没有增添新的'方法'来发现建筑的含义，也没有获得有权威性的结果……它没有任何先验的优势，而且用精神分析论的方法所得出的情况是不大容易被接受的。解释的目的仍然是同一个——对建筑'含义'作有意识的感受——问题在于评论人正在用精神分析学的方法进行分析，既不是建筑物，也不是建筑的创作者，甚至也不是观看建筑的人"。①既然是这样，我们又能够对精神分析学的分析与评论，相信到怎样的程度呢？

斯克鲁顿也对20世纪新马克思主义者们的建筑美学观念做了颇具特色的分析："马克思主义和弗洛伊德理论都具有非神秘化的魅力。这两种理论都宣称要揭示事物的真正本质……"②与精神分析学的建筑评论相比较，马克思主义的评论更关注经济基础、上层建筑及意识形态等问题。然而在斯克鲁顿看来，"很明显，建立一座建筑及其风格的主要原因并不在于它的社会或经济基础，而是取决于人们对其文化产品的鉴赏。'上层建筑'有一种内在的力量来生成和使自己不朽，并不需要所谓的'基础'……没有比建筑艺术自身更能证明'上层建筑'具有自发的生命力了，在那里各种风格的建筑、城镇都已使它们自己不依那浮动的经济环境而复活或不朽"。③斯克鲁顿举例说："假如我们描述了15世纪佛罗伦萨独特的经济状况，那么它将怎样影响我们对伯齐小教堂的感觉呢？我们不知道；就这一特定建筑的感受怎样和我们对那些特定经济环境的认识产生了联系而论，我们没有得到指引……谁还会怀疑伯齐小教堂和它的社会经济环境的联系呢？甚至当时最普遍的建筑也有这种联系——这是起码的有意义的事实，所有这些都在建筑中通过和谐、匀称、高贵和严肃的宁静可以看到，（然而）它并不受经济基础影响。"④也许我们并不能对斯克

---

① 罗杰·斯克鲁顿（Roger Scruton）. 建筑美学（*The Aesthetics of Architecture*）。
② 罗杰·斯克鲁顿（Roger Scruton）. 建筑美学（*The Aesthetics of Architecture*）
③ 罗杰·斯克鲁顿（Roger Scruton）. 建筑美学（*The Aesthetics of Architecture*）。
④ 罗杰·斯克鲁顿（Roger Scruton）. 建筑美学（*The Aesthetics of Architecture*）。

鲁顿的意见做出恰当的哲学判断，因而对其结论的正确与否很难得出明确的答案，但是对他提出的一些质疑，比如："我们能设想用纯粹的马克思主义理论来对哥特教堂或文艺复兴府邸进行评论吗？马克思主义者怎样来区分罗马式和哥特式教堂呢？他们怎样解释在建筑艺术上出现在紧跟西斯弗辛风格之后的争论以及圣伯纳德教堂风格的争论呢？"我们也很难从建筑学的角度对此做出恰当的回答。

　　20世纪西方思想与哲学上的语言学转换，在西方学术界引起的影响是极其深刻的。在建筑领域，追随这一转换，试图从语言或符号的角度，对建筑作理论探讨的尝试也层出不穷。我们所熟悉的亚历山大的《模式语言》(*Pattern Language*)，其实多少也是受了这一思潮的影响。这一思想对于建筑理解有所助益，似乎也是不言而喻的。正如斯克鲁顿所说的："依据建筑物的'自然的含义'去认识它是很平常的事：建筑物具有'自然的记号'这一点是不可否认也不难证实的，譬如，功能的特征记号——看到学校建筑就会使人联想到在其中进行的教学活动。"[①]

　　但是，简单地将建筑看做是某种象征的或表意的记号，却是不够全面的。因为，严谨的建筑有一种受法则制约的倾向，这些法则是为了建筑各部分的组合与划分而确定的，斯克鲁顿举例说："建筑艺术好像表现为一种'句法'：建筑的各个部分以一种有意义的方法互相组合起来，它的整体含义将反映和依靠各部分组合的方式。"[②]接着，斯克鲁顿对建筑中的各种"句法"或"语义"现象进行了深入的探讨，却得出结论说："我们在这里所说的'句法'只是一种隐喻。衣、食或任何符号学家所注意的现象都不可能有句法（因为它不存在真实的理论）。符号学也把注意力转向对建筑学的研究，这种研究并不能使我们相信他所说的含义。"因此，在斯克鲁顿看来，"我们谈建筑'句法'是不对的。除非句法与语义学发生联系——也就是除非它能一步一步地把意义阐明，否则它不能表达等于仅仅是有意向的规则。换句话说，它不是真正的语法，对形式的理解毫无帮助"。[③]

　　斯克鲁顿并不排除建筑所具有的象征性，但是，他认为建筑并非一种语言，其

---

① 罗杰·斯克鲁顿 (Roger Scruton)．建筑美学 (*The Aesthetics of Architecture*)。
② 罗杰·斯克鲁顿 (Roger Scruton)．建筑美学 (*The Aesthetics of Architecture*)。
③ 罗杰·斯克鲁顿 (Roger Scruton)．建筑美学 (*The Aesthetics of Architecture*)。

整体与局部的关系不能从语义上，也不能从句法关系上来确定①，因而拒绝将这一特征延伸到"通用的符号科学"的范围以内，因为，一些由象征性所"表达"的形式，"它们既不表现出语法，也不包含有肯定的信息，然而，由于各种原因，我们仍然希望把它们称之为象征主义形式。我们只有不管语言学的比拟，才能理解这些象征主义形式"。②他的这一论述，也在一定程度上廓清了我们对于建筑象征、建筑句法、建筑语汇等等问题上的理论茫然。

摆脱了语言学的纠缠之后，他将关注的重点放在了更具美学意义的"表达与抽象"和"细部感觉"方面。同从哲学层面上对于表现与表达的阐释，是十分令人感兴趣的，至少，他明确地将建筑的表达与音乐或诗歌的表达做了区分，也认为那些表现主义建筑师将建筑看做是个人信息交流过程的中介物，是某种违反建筑的东西，他甚至将那些具有戏剧性效果的建筑表现手法，看做是荒唐的，并认为建筑的表达，是一种更具群众性与客观性的东西。

他对于建筑细部注入了极大的兴趣，认为精美的建筑艺术效果，常常取决于细微形式的印象。仅仅有良好的比例而没有严谨的细部，并不能造就一座优秀的作品；同样，有着类似造型与比例的建筑，因其细部的不同，可能会造就截然相反的艺术感觉与风格。更重要的是，在他看来，建筑细部是最能够由建筑师所独立把握的东西："细部处理或许正是一个建筑师仅能强制实现的东西。建筑的底层平面和立面往往是由那些超越建筑师控制能力之外的因素所影响（如果被命令）的，也就是说要受到地形和业主需要的限制。然而，细部却依然处于建筑师的权限之内。通过研究细部，建筑师可以学会将那些最不常见的，乏味无序的体量赋予优美与人性。"③然而，"令人沮丧的是，许多现代建筑都缺乏这种细部眼光"。④

当然，从以一个哲学家的眼光出发所做的分析中，我们很难对建筑创作的美学原则做出具有实用意义的判断。从这部建筑美学著作中，我们也不能得到任何设计

---

① 罗杰·斯克鲁顿（Roger Scruton）. 建筑美学（*The Aesthetics of Architecture*）。
② 罗杰·斯克鲁顿（Roger Scruton）. 建筑美学（*The Aesthetics of Architecture*）。
③ 罗杰·斯克鲁顿（Roger Scruton）. 建筑美学（*The Aesthetics of Architecture*）。
④ 罗杰·斯克鲁顿（Roger Scruton）. 建筑美学（*The Aesthetics of Architecture*）。

方法或技巧之类的东西。而且，他的某些观点，从建筑学的角度来看，还是值得商榷的。比如他对古典建筑的细部的赞颂和对缺乏细部的现代建筑的疑问，其理论上的价值，就多少有些令人质疑。然而，作为对建筑进行深刻的美学思考的一位思想家，斯克鲁顿对于20世纪的建筑理论思维上的贡献是不可否认的。在20世纪即将结束的时候，由英国建筑理论学者大卫·史密斯·卡彭（David Smith Capon）所撰写的带有总结性的理论著述《建筑理论：勒·柯布西耶的遗产》（*Architectural Theory—Le Corbusier's Legacy*）^①中，多处提到了斯克鲁顿及其《建筑美学》，并将其一系列精辟论述，融入到对20世纪建筑理论与建筑思想的条分缕析中，这也从一个侧面反映了斯克鲁顿及其著作，在建筑美学与建筑思想领域所具有的重要地位。

原载于《建筑学报》2004年第10期

---

① *Architectural Theory. Volume Two, Le Corbusier's Legacy*. Principles of Twentieth-Century Architectural Theory Arranged by Category,by David Smith Capon, John Wiley & Sons, Chichester, 1999.中译本. 建筑理论（下）：勒·柯布西耶的遗产：以范畴为线索的20世纪建筑理论诸原则. 王贵祥. 译. 北京：中国建筑工业出版社，2006年。

卷六之三
建筑理论、建筑史与维特鲁威《建筑十书》
——读新版中译维特鲁威《建筑十书》有感

　　建筑是否有其理论？建筑创作是否需要理论的支持与滋养？这本来是一个不言而喻的问题。然而，这样一个严肃的话题，在一些中国人的眼里，却变得似是而非，模棱两可。

　　这里大约可以举出几种不同的说法：一种说法认为，建筑不需要理论。建筑是一个创作过程，理论只是那些无所事事的理论家们对于已经完成的建筑作品的事后诸葛。事实上，笔者已经不止一次地听到一些建筑师，包括个别成功建筑师，对于理论嗤之以鼻的轻蔑与不屑。似乎建筑创作，就是那些大师们随心所欲、信手拈来之物。

　　另外一种说法，则觉得理论是建筑师个人的事情。一位建筑师的一时灵感或突发奇想，就可能成就一件流芳千古的旷世之作。所以这种说法认为，所谓理论，是建筑师个人遐思的产物，是建筑师主观意识的自我表现。这当然比前一种情况要好了一些，至少能够承认建筑创作还是需要某种理论的。但是，按照这一说法，建筑理论不过是建筑师个人的一时心血来潮。仅仅从偶尔的所闻，笔者就曾听到有所谓"自在表现"论、"原生建筑"论等一些令人颇为瞠目的理论主张，唯一不清楚的是，这些似乎空前绝后的理论，在世界建筑理论的历史发展之链上，究竟应该处于什么位置与环节。

　　按照上面这些说法，所谓建筑理论，似乎成为了纯粹个人化的支离破碎的概念碎片，成了无源之水，无本之木。任何一位粗涉建筑的人，都可以成就一种与众不同的理论。甚至一些建筑行外的文人骚客，也能够为本来极为庞杂繁复的建筑学及其理论，轻易造就一部洋洋大观、深不可测的理论大书，君不见数年前流行于各大书店、将建筑呼为"哲学诗"的作品，就是这样一部令建筑界人士们瞠目的"理论"大著。

几年前笔者还读到一份冠以《建筑学X论》之大名的书稿，作者是一位某地方事务所的建筑师。最初，笔者抱着先睹为快的念头认真阅读了这部书稿，谁知这是一部上至天文，下至地理的大书。洋洋洒洒数十万言，上下五千年，纵横九万里，却唯独没有多少可以与经典意义上的建筑理论相链接的建筑思想内涵。书末所列的参考书也不过十余本，其中竟没有一本外语原文参考书，勉强罗列的几个外文书的中译本书名，也都是在建筑史上名不见经传的。可想而知，这是怎样的一本"大论"。其勇气虽可嘉，但若没有仔细研读过大量建筑理论原典，特别是如维特鲁威、阿尔伯蒂、帕拉第奥等人在建筑理论上的基本论述，如何能够轻易成就一部理论大著呢？

不阅读与了解历史上任何经典的建筑理论著述，也尚未在建筑创作与审美鉴赏力上积累什么经验与水平，甚至对于建筑的了解还仅仅处于业余的水准，就敢于书写一部成体系的建筑理论专著，或者将建筑、哲学与诗这样三个同样深不可测的领域统和在一本洋洋洒洒的大书中，这样的勇气，不禁令人颇感唏嘘：建筑理论，或者也包括诗歌等艺术理论，甚至那些在普通人眼中高深莫测的哲学理论，其实都不过是一些舞文弄墨之人可以在手中任意把弄的玩偶。这岂不令在世人眼中本是高不可攀的哲学，或本属于艺术殿堂中至为高雅的诗歌，抑或曾经是艺术、科学与技术之综合的煌煌建筑学，变得不名一文？

随着对于建筑理论的轻视与忽略，与理论相关的建筑教育，也渐渐变得可有可无。且不说专门的建筑理论、建筑评论课程，就是作为理论基础的中国与外国建筑史课，在许多建筑院校，也已经变得越来越无足轻重。不少建筑院校，甚至没有专门从事建筑历史与理论研究的教席，任何一位建筑设计或城市规划领域的专业教师，只要读一两本中文的建筑史书，就可以包打天下。在这些无所不能的"全才"面前，古今中外的建筑史、城市史、园林史，以及所谓建筑美学，当然也包括他日常承担的建筑设计、城市规划课程，都可以不在话下，毫无顾忌，周而复始地放心开讲。

相应的问题是，中国大学建筑院校在理论教学上的贫乏，以及中国出版界在建筑理论出版物上的稀缺，似乎已经成为不争的事实。国外大学的本科教学阶段，建筑历史与理论课程几乎连续贯穿本科几个年级的课程体系。研究生阶段则将建筑理论史作为一门专门的课程。在大学建筑系教学参考书的书目中，不仅维特鲁威，而且阿尔伯蒂、帕拉第奥，甚至塞里奥、洛吉耶、拉斯金、森佩尔等人的著作，都是学生课外阅读的基本书目。笔者注意到美国一所大学建筑系研究生必读书目，其中包括了自古至今诸多建筑与城市规划理论方面的经典著述。而且，这些历史上的理论著作，多是以教学参考书的价位，摆放在出售学生教材的地方，由此可知其普及的程度。中国建筑工业出版社前几年力推的"西方建筑理论经典文库"翻译系列，就是参照了欧美一些名校建筑系研究生的建筑理论阅读参考书目确定的。

中国的情况又如何呢？前面已经说到，不少院校的中外古今建筑史课程，往往是由一位可能还背负了不少设计课的教师包打天下的。开设建筑历史与理论，特别是建筑理论史课程的学校，大约屈指可数。这样就出现了一些不可思议的笑话。前些年，某高校一位教授城市规划课的教师，在讲到北京城的历史与建筑时，举出北京天坛祈年殿为例，在感叹这座建筑之美的同时，漫不经心地说道："这座建筑已经有900年的历史了。"笔者实在不知道这位教师此说的依据何在。以笔者的猜测，他可能将作为地域性中心城市、已经有900多年历史的北京城前身——辽南京城始建的大致时间，套用在了明嘉靖年间所建的北京天坛祈年殿的头上，殊不知现在矗立在那里的祈年殿，其实是清光绪年间重建的产物，其重建年代仅仅百年有余，而其始创年代，距今也不到500年。为人之师，出现这样明显的讹误，实在令人不解，但也可以窥见，建筑历史与理论，在一些建筑教育者心目中处在何种位置。

另外一个例子是，某城市一所大学建筑系一位硕士的学位论文，题目是关于西方"古典建筑"审美方面的研究，其文却用了专门的章节，大谈西方"哥特建筑"之美。显然，这位研究生根本就不了解，在西方建筑史的概念中，古典建筑与哥特建筑，恰恰是两个截然相反的建筑史学范畴。煞有介事地将"哥特"建筑当做"古典"建筑的案例加以研究，就像是在一篇研究熊猫的学术论文中，大谈狸猫的种种特征一样，令人不得其解。学生的无知与浅薄并不令人感到特别惊奇，奇怪的是，这篇硕士论文，居然获得了这座城市当年大学研究生论文评选的优秀奖。显然，无论是他的论文指导教师，还是对他的论文进行评阅的人，都没有能够真正搞清楚西方建筑史中"古典"与"哥特"两个重要概念的基本区别，此乃其疏忽乎？健忘乎？实在不得而知也。

还有一个几乎令人咂舌的例子，可以充分显示出国人对于建筑理论的莫衷一是：大约是在21世纪初的一本建筑杂志上，登载了一篇谈论建筑理论的文章，初读之时，令笔者大感欣慰，终于有人讨论久违了的建筑理论了。然而，翻开书页，却令人不禁愕然。文章开篇就说，早在两千年前的古罗马建筑师维特鲁威，就提出了著名的"经济、实用、美观"建筑三原则。

维特鲁威是生活在两千年前的古罗马建筑师，这一点没有错。维特鲁威确实曾经提出了著名的建筑三原则，这一点也令人毫无异议。问题是：维特鲁威的"建筑三原则"究竟是什么？众所周知，维特鲁威在两千年前所撰写的建筑理论著作《建筑十书》中，明确提出的建筑三原则是"坚固、实用、美观"。在后来的建筑理论发展中，这三项建筑理论的基本原则，又渐渐被演绎为"持久、便利、愉悦"。这其实是建筑学专业领域的常识，应该是每一位受过正统建筑教育的人耳熟能详的公理，却如何会在一篇专门论述建筑理论的文章中变得如此莫名其妙？

其实，"经济"作为一种建筑理论范畴，是随着资本主义在西方的兴起，伴随启蒙运动中的"理性原则"而出现的。早在17世纪法国的建筑理论中，就在维特鲁威建筑三原则的基础上，增加了"节约理性"的内涵。这一思想，渐渐发展成为了建筑的"经济"原则。但这一原则，往往是被包含在建筑三原则中的"实用"或"便利"这一基本原则之下的。任何不实用、不便利的建筑要素，造成建筑作品的昂贵与浪费，其实首先是背离了建筑的"实用"原则。

的确，在20世纪50年代，当时的中国领导人，鉴于新中国成立初期国家一穷二白的经济环境，特别提出了"经济、适用，在可能条件下注意美观"的建筑指导方针。也许，那篇文章的作者，是将50年代中国政府的建筑指导方针，误认为是维特鲁威建筑三原则的延续。虽然这种误解貌似情有可原，但作为一位建筑人，对于建筑理论奠基人维特鲁威"坚固、实用、美观"建筑三原则竟不了解到这种程度，不能不使我们对于许多中国建筑师的理论素养感到忧虑与质疑。

笔者还遇到一种情况，一位经验丰富的建筑师，在一个偶然的机会，谈到了建筑理论问题，非常严肃地说，中国建筑界将维特鲁威建筑三原则中的美观原则理解错了，而且，这应该归因于对于维特鲁威《建筑十书》的翻译之误。因为，维特鲁威建筑三原则中的"美观"原则，其实应该译做"愉悦"原则。若将这一原则译做了"愉悦"，建筑"美"，就成为一个主观化的东西，你感到愉悦了，建筑自然就是美观的了。每一个人的感觉不一样，建筑的美自然也就没有了绝对的标准。而中国人却将其译成了"美观"，这样就把建筑美，变成了一种客观化的东西，建筑的美观也就具有了绝对性的准则。

无疑，这位建筑师的理论修养是非常好的，而且对于建筑理论有着十分深入而独到的思考。特别是，他很敏感地注意到了，在建筑理论范畴中，建筑"美"是存在着"主观美"与"客观美"的差异的。但遗憾的是，他并不十分清楚，将建筑三原则中的"美观"原则，演绎成为"愉悦"原则，其实并非出自早在两千年前的古罗马建筑理论家维特鲁威，而是出自西方建筑理论史上一个特定发展过程的产物。17世纪中叶以后，法国建筑界就曾出现了一场有关建筑美的"客观性"与"主观性"的大辩论，围绕建筑的绝对美与相对美，有过一番十分激烈的唇枪舌剑。将建筑的"美观"原则，与建筑的"愉悦"原则渐渐合一，无疑与这一理论争辩之间有着千丝万缕的联系。从这件事情至少说明了两个问题：一是，中译本的维特鲁威《建筑十书》，对于建筑三原则的翻译并没有错；二是，由于对于西方历史上的理论著述翻译引进得很不够，一般中国建筑师，在西方历史上建筑理论界重要理论之争方面的知识，相对比较贫乏。

近年来还有一种倾向，许多高校的建筑历史与理论研究与教学，几乎无一例外地倾向于遗产保护研究。具有实际社会功效性的遗产保护，既能够为研究者带来丰厚的回报，也能够以其回馈社会的功利性作用，而日益受到政府各部门的重视与青睐。一些人甚至惊呼，随着遗产保护学科日渐凸显，建筑历史学科，已经渐渐成为隐学。实际上，建筑历史与理论，与遗产保护学科，分属于两个不同的学科，在一些西方大学中，这两个学科往往还有自己独立的系科。保护学科，更关注当下社会的保护政策、法规与技术，而历史学科不仅可以为当下的保护实践提供科学的历史依据，也应该为当下的建筑创作，提供某种理论的支持或历史案例的滋养。将历史保护与建筑历史与理论混同，在很大程度上，就是将不具有当下功用性价值的建筑历史与理论学科，挤出建筑学学术殿堂的大门之外。若作为建筑理论之基础的建筑历史，都已经被边缘化到了如此地步，又如何能够谈到建筑理论之树的滋衍与繁茂呢？

这些现象凸显了一个重要需求：一方面，如何将已经有几百年历史的建筑历史学科继续传承与深入下去，同时令国人对于自己民族的建筑历史有更为深入的了解；另一方面，如何尽可能多，也尽可能好地将西方历史上的重要建筑理论著作翻译引进过来，为中国建筑师提供较为丰富的理论滋养。这些都成为新时代建筑历史与理论界面临的迫切任务。在当前中国建筑界所面临的这个千载难逢的建设大潮面前，面对日益紧迫的建筑创作需求，已经经历了数十年高速发展的中国建筑界，至今未见令世人特别瞩目的、由中国建筑师创作的有世界性影响的作品，从已经发表的个人建筑作品集的文字表述中，亦可以观察到一些建筑师在理论上的素养令人堪忧，也更令这一需求变得迫不及待。

这里不妨回顾一下现代中国建筑理论的发展历程。毋庸讳言的是，在20世纪80年代以前，我们所依赖的主要是50年代在国家层面提出的"经济、适用，在可能条件下注意美观"的原则。这无疑是在参考了西方经典建筑理论的基础上，根据当时中国的经济与技术现状提出来的。基于这一理论出现的许多周折，如这一理论中的"经济"原则对20世纪50年代中国建筑界在建筑民族形式方面的探索展开的批判就是一例。然而，当下可见的中国建筑理论著述中，讨论最多的，仍然无出这一五十多年前所提理论口号之右。

20世纪50年代以来，刚刚在战争的废墟上站立起来的老一辈中国建筑师，以一种自清末以来从未有过的民族自豪感，开启了探索民族建筑的现代化之路。那一时期开始探索的现代"民族形式"建筑，尽管还显得十分稚嫩，但毕竟是在由建筑师自主独立思考下，基于西方建筑理论"坚固、实用、美观"三原则的全新创作。但是，这一具有中国特色的建筑理论思考与实践，很快就出于某种政治的原因，而遭到错误批判。批判的基点，虽然是在"经济、适用，在可能条件下注意美观"的大旗下展开的，但实际上，却是以牺牲"美观"，甚至以牺牲建筑的另外一个重要范畴——时代的或民族的文化性象征"意义"为代价的。

自此以后，以"经济"为第一前提的建筑观，不仅将建筑的民族形式，而且将任何与美观有关的要素，如檐口处理、入口飘檐、装饰线脚、柱式造型等，都被归进了应该遭到批判的资产阶级设计思想的范畴。到了70年代，甚至出现所谓"干打垒"精神，试图将中国现代建筑拉回到原始社会的夯土墙结构时代。在这样一种建筑创作语境下，连基本的建筑坚固与建筑美观都不讲求，更遑论建筑理论三原则了。

自20世纪80年代开启的改革开放，确实将中国建筑界带入了一个前所未有的大时代。三十余年来的建造量，几乎是旧时代的数倍，甚至数十倍之多。然而，随之而来的问题是，这同样是一个理论上十分匮乏的时代。建筑师们起初可能是跟着感觉走，摸着石头过河，接着就是自在表现，甚至追赶时尚。记得有一位建筑师，在接受媒体采访时，面对记者提出的其建筑创作成功之秘诀何在的问题，竟然毫不犹豫地坦言，自己成功的秘密，就在于能够紧盯国外当代建筑最新作品与潮流。这一回答，不禁令人大跌眼镜。难道中国建筑师的成功诀窍，不在于自己深厚的理论素养与独立的创作思考，而在于模仿抄袭、人云亦云、跟风取巧吗？

更为令人不安的是，维特鲁维建筑三原则中的"实用"原则，自17世纪之后，就已经包含了"经济"的内涵。但是，观察今日中国建筑的发展状况，已难有几人能够坚持这一原则。建筑的经济合理性已经不再是一些投资者与建筑师关心的问题，许多建筑作品的造价之昂贵，材料之奢侈，空间之浪费，即使在发达国家的投资者与建筑师看来，也是不可思议的。中国的投资者与建筑师们，几乎陷入了英国艺术史家贡布里希所说的"名利场逻辑"的怪圈之中。某某建筑高大，我的建筑要更高更大；某某建筑奢侈，我的建筑要更奢侈浪费；某某建筑怪异，我的建筑要更出其不意。于是，什么"福禄寿"、"秋裤"、"铜钱"、"马桶盖"等等不可理喻的建筑作品，都堂而皇之地伫立在了中国的土地上。殊不知国人在面对这些怪异而昂贵的建筑时，心中感受到的是骄傲与自豪，还是耻辱与自卑呢？

这样一种令人尴尬的局面，不知与前面提到的中国建筑教育界在理论上的缺失与滞后是否有着什么直接与间接的关联。但至少有一点可以肯定，这一点与中国出版界有着或多或少的联系，尽管这几十年出版了大量包括建筑设计速成手册在内的建筑图册书籍，但是，对于建筑理论书籍方面出版的关注度却还远远不够。

当然，出版界也不是没有付出努力。大约在80年代中叶，中国建筑工业出版社出版了西方建筑理论史上最早的经典之作古罗马建筑师维特鲁威《建筑十书》的中译本（图1）。这是一个由高履泰先生译自日文版本的中译本。尽管这是一个不尽如人意的译本，尽管它从纸张、开本、版面，到书中的插图，都显得简陋不堪，但这毕竟是由中国人主动引进西方经典建筑理论的第一步。当然，也是令人极其感慨的第一步，因为，自公元初维特鲁威完成这部建筑理论的开山大作之后，在15世纪之前的欧洲，就一直在传抄之中。自15世纪，出现了另外一本建筑理论大著——阿尔伯蒂的《建筑十书》。其后，西方建筑理论方面的著述就一发而不可收，自15世纪的意大利，到17至18世纪的法国，19世纪的英国、法国、德国、美国，直至20世纪，建筑理论著作的撰著与出版，成为西方学术史上的一道亮丽的风景线。由此而不断沉积的西方建筑理论，内容极其丰富，观点也十分清晰，其中有不少可以作为我们今日创作之指导与借鉴的见解与原则。相信这些建筑理论上的历史积淀，一直在持续地支持着一代又一代西方建筑师们的创作之路。

同时，有关维特鲁威《建筑十书》的翻译出版，也成为西方建筑理论发展史上不可或缺的一个环节。自15世纪的意大利，到18世纪的法国，有关维特鲁威《建筑十书》的译本层出不穷。之后的德文版、英文版，日文版，更是将这部经典理论著作，推向了世界范围。而中国的第一个译本，竟是在接近20世纪末之时才千呼万唤始出来，岂不令人唏嘘不已。

自此之后，中国建筑工业出版社先后出版了"西方建筑理论译丛"，这是一套涉及面很广的理论译丛。其中如郑时龄先生所译《建筑学的理论和历史》就是一部十分重要的现代西方建筑理论与理论史专著（图2）。中国建筑工业出版社还先后出版了十二卷本的西方建筑史丛书，《建筑理论史——从维特鲁威到现在》（图3），英国人史密斯·卡彭的《建筑理论》上、下册（图4、图5）等建筑历史与理论名著。最近，更出版了由吴良镛先生主持的《西方建筑理论经典文库》，将阿尔伯蒂（图6）、菲拉雷特、塞里奥、佩罗、森佩尔、洛吉耶、沙利文、莱特等人的系列著作收录其中。其他出版社也多有跟进，如清华大学出版社出版的《现代建筑的历史编纂》（图7）、《现代主义之后的西方建筑》（图8）等建筑理论译著，确实弥

图1 中国建筑工业版社
1986年版《建筑十书》

图2 20世纪90年代建筑工
业出版社出版的《国外建筑
理论译丛》之一

图3 2005年建工出版社出
版的《建筑理论史》

图4 2007年建工出版社出
版的《建筑理论（上）》

图5 2007年建工出版社出
版的《建筑理论（下）》

图6 2010年建工出版社出
版的《西方建筑理论经典文
库》之一

图7 2012年清华出版社出
版的《西方近现代建筑五
书》之一

图8 2012年清华出版社出
版的《西方近现代建筑五
书》之一

补了中国建筑界在理论上，包括19世纪以前的建筑理论，以及20世纪现代建筑理论上的一些缺憾。但是，唯一遗憾的是，由于翻译是一件吃力不讨好的事情，从事经典理论著作翻译引进的学者，实在不多。而出版单位出于出版经费上投入产出的考虑，对于建筑理论译著出版的关注度也仍然不足。从读者的层面上看，一般读者，包括那些实践建筑师们，对于理论著作的关注度似也不高，而建筑教育界对于建筑理论教学的重视程度更是不尽如人意。

此外，令人感到欣慰的是，一些建筑杂志，特别是一些具有全国性影响的建筑杂志，一直以来都十分关注建筑理论的话题。中国建筑工业出版社的主办《建筑师》杂志，就是这类刊物中最令建筑界人士瞩目，也最令建筑历史与理论界关注的刊物。几十年来如一日，《建筑师》杂志始终坚持不懈地支持着建筑理论与建筑历史研究领域的论文发表。可以说，这本杂志记录了中国改革开放30年建筑发展的历程，也成为现当代中国建筑理论与历史研究缓慢地积淀与发展的一个重要历史见证。然而，这样一种具有高度学术定位与历史眼光的姿态，又不得不为其付出沉重的代价。因为一本理论性很强的杂志，在销量上很难与那些只关注当下实际的建筑案例手册书类的杂志相比肩。这又从另外一个层面上，折射出了建筑历史与理论学科的尴尬境地。

正是在建筑界与出版界这样一种欲发又止、沉闷郁滞的情势下，我们又见到了一个由北京大学出版社出版，令人感到眼睛一亮的装帧精美的维特鲁威《建筑十书》新译本问世（图9）。这是一个由上海大学陈平译自美国人I·D·罗兰英译本（图10）的中文译本。值得一提的是，英文本维特鲁威《建

图9　北大出版社新版中译
《建筑十书》

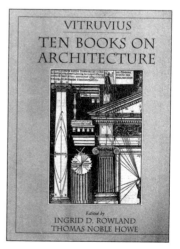

图10　美国人所译《建筑十书》

筑十书》的问世，起码是几个世纪之前的事情了，20世纪的维特鲁威《建筑十书》也不只一个译本，如这本由美国芝加哥大学艺术史系罗兰教授翻译的《建筑十书》英译者前言中，就提到她曾参考了20世纪出版的两个英译本。由此或可一睹西方人对于建筑理论原典的重视程度。

罗兰的这个译本不仅插图丰富，相关文献脉络清晰，而且文字翻译也清晰严谨，语言表述流畅自如，不仅可读性很强，也最大程度地接近了其译所本的原版——1511年威尼斯的原版，以及1522年佛罗伦萨的修订版。这两个版本都是更接近维特鲁威原著特征的早期版本。其文中所附的"《建筑十书》文献目录"、"所见稿本清单"、"评注"及"索引"等，也都具有十分重要的参考价值，凸显了英译者、中译者，以及出版社在学术上一丝不苟的严谨态度。因此，可以说，这不仅是一本可以阅读，从中汲取建筑理论营养的重要理论著作，也是一本有重要学术研究价值的具有原典意义的经典著作中译本。相信随着今后建筑理论著作的不断增多，这本具有建筑理论源头地位的理论大著，将会引起越来越多对理论关注的建筑师与艺术史理论学者的日益关注与重视。

记得在阅读高履泰先生的《建筑十书》译本时，有时遇到不甚理解的部分，找到英文译本对照，往往对于中译本中的个别译法有不甚了了的感觉。这当然主要是因为，高先生的译本，来自日译本。而经过的翻译次数越多，译文距离原文可能产生的歧义越大，这本就是难免之事。当时，笔者曾建议中国建筑工业出版社的编辑，将来有可能时，请一位好的译者，找一个好的外文本子，重新翻译这部经典著作。现在，果真看到了这个严谨、厚实的译本摆在面前，心中的喜悦也是自不待言了。对照着中文与英文读了一些章节，确实感受到了译者对于原文的忠实与译文表述的细致与缜密。相信这是一个值得保存的译本。也相信这个译本，对于建筑师、建筑史学者、艺术史学者，以及建筑理论与艺术理论领域的硕士、博士研究生们，都会有深刻持久的助益。

从这本中译本书末所列的系列丛书可以知道，这本维特鲁威《建筑十书》是北京大学出版社拟翻译引进出版的《美术史里程碑》系列丛书中的一本。在这套丛书中，还看到了文艺复兴时期意大利建筑大师帕拉第奥的《建筑四书》。①此外，则是一些艺术史方面的经典著作。在这个一切都讲求经济效益的时代，一个大学出版社，能够不惜工本，下大力气出版艺术史、建筑史领域的经典名著，这一做法，与中国建筑工业出版社出版"国外建筑理论译丛"、《西方建筑理论经典文库》的出发点是一样的，不仅是为了当下读者的求知渴望，更是为了民族建筑与艺术发展的长远未来。

这里似乎又引出了一个话题——建筑理论的归属问题。建筑是否能够归在艺术的范畴之下？建筑历史与理论与艺术史与艺术理论有没有相通之处？这两个看起来似乎不是问题的问题，在近些年的中国知识界，也变得模棱两可。在西方的传统中，建筑本属于艺术的范畴，建筑理论自然应该被纳入艺术理论的范畴之中。这一点在西方的知识体系中，是不言而喻的。西方许多大学，都在艺术院校的艺术史系，设立了建筑史的专业方向。北京大学出版社，将建筑史上的经典著述，纳入"美术史里程碑"的丛书出版系列，其实就是本着西方学术体系中的这一认知。这里的"美术史"，应该是广义的美术史，或者更确切地说，应该是艺术史。可惜，中国大学中，真正设立"艺术史系"的学校并不多，美术院校设美术史学科，建筑院校设建筑史学科。这样一种条块分割的方式，使本来还应该有更好、更大发展空间的艺术史学、建筑史学，由于其对于当下经济的似乎无所补益，在商品大潮的冲击下，渐渐被挤入到了学术殿堂的角落之中。在欧美大学中，地位甚高的艺术史、建筑史，在中国大学中，渐渐被边缘化，甚至成为了几乎不为人们重视的隐学。关于这一点，笔者在前几年所写的一篇拙文《被遗忘的艺术史与困境中的建筑史》②中，已经做了一些描述。

近年来，这种情况似乎已经有了一些令人欣慰的改变。去年，北京师范大学出版社出版的"艺术学经典文献导读书系"中，包括了美术卷、建筑卷（图11）、音乐卷、舞蹈卷、戏曲卷等内容，显然是将建筑学纳入到了艺术学的范畴之中。这一次北京大学出版社，不惜费大气力翻译引进一批西方艺术史上的经典名作，并且将建筑史与建筑理论史上的重头作品维特鲁威的《建筑十书》与帕拉第奥的《建筑四

---

① 需要说明的一点是，帕拉第奥的《建筑四书》，也在中国建筑工业出版社《西方建筑理论经典文库》的出版系列之中。

② 建筑师. 第137辑. 第15—21页. 2009年2月。

书》纳入其中，也是将建筑史与建筑理论，纳入到艺术史与艺术理论的范畴之中。这一点显然可以说是与国际接轨的一种做法。可惜建筑界，包括建筑教育界，在这方面的思想关注度与认同度，还远远不够。

顺便可以提到一件事情，一所建筑院校在接受国际评估时，遇到了国外评委的一个尖锐质询：贵校建筑系的"哲学"是什么？这里凸显了一个问题：任何建筑院校，都需要有其相应的独具特色的建筑"哲学"。这里的哲学，应该指的就是建筑教育的理论和建筑学的理论。其中，无疑也包括建筑历史与理论学术建设等方面的学科内涵。一个建筑院校如果一味地重视技术性、操作性的设计、规划，技术方面的科研与教学，而不重视建筑历史、建筑理论方面的研究与教学，就可能造成一种理论上的缺失，从而也就丢失了自己的"哲学"。

在西方的世界观中，世间万物都是由精神与物质两个方面组成的。甚至宇宙本身，也是某种精神与物质的统一体。一个学科也是一样。任何一个技术性、操作性的学科，一个与社会生产直接相关的学科，若仅仅着眼于其科学层面、技术层面的训练与提高，而不关注其思想层面、理论层面的历史积淀与现实提炼，就会成为灵魂缺失之物。而缺失了理论性、精神性的灵魂，也就失去了学科的发展方向。这也许就是国外专家质疑中国建筑院校之"哲学"何在的原因之一吧。

写到这里，不禁令人又想到了近代学者王国维有关哲学与文学的一段话：

昔司马迁推本汉武时学术之盛，以为利禄之途使然。余谓一切学问皆能以利禄劝，独哲学与文学不然，何则？科学之事业，皆直接间接以利用厚生为旨，古未有与政治及社会上之兴味相刺谬者也。至一新世界观，新人生观出，则往往于政治及社会上之兴味不能相容。若哲学家而以政治及社会之兴味为兴味，而不顾真理之如何，则又决非真正之哲学。以欧洲中世哲学之以辩护宗教为务者，所以蒙极大之污辱。而叔本华所以痛斥德意志大学之哲学者也。文学亦然，餬饥的文学，决非真正之文学也。①

　　其语也铿锵，其意也深沉。细想起来，相对于大建筑学学科之设计、规划、景观、保护、技术等以利用厚生为旨的科学事业而言，建筑史，在诸多国人眼中，实在也属于百无一用之学问。然而，它却是文化传承民族振兴之不可或缺的绵绵血脉。倘若我们大学的建筑系，都将之放在可有可无的位置上，则今日建筑教育界、建筑科研界，再无须坐冷板凳者，大家一心向前看，尽全力于当下的利用厚生，则果然经济指数会见增长，国家建设亦见成效。但这果真就是我们唯一需要的学问吗？既为当下，则难有透古析今之远见；既受饷馈，则难有独立深入之思考。若果如此，又何谈"学问"二字呢？

　　建筑理论亦然，设若我们的理论，只为当下的建造事实鼓掌叫好，添花缀边，而无真正的建筑批评，无建筑理论意义上的逻辑判断，在一片人云亦云的祥和气氛下，一座又一座模仿西人的建筑垃圾拔地而起，一片又一片似曾相识的混凝土森林瞬间涌出。再过30年，中国现代建筑，仍然无法在现当代世界建筑史上占有一席之地，仍然不见令世界瞩目的中国建筑师作品问鼎世界建筑创作之巅，仍然没有能够引起世界建筑理论界关注的真正意义上的代表中国文化的现当代建筑作品问世，我们的后人会如何看待这一代建筑人呢？当然，也许这些担忧原本就是杞人忧天之属。时代大潮自然会推陈出新，亦未可知，吾人尚可拭目以待。

　　言归正传，在这里借这本建筑理论大著新译本的出现，还是希望艺术院校在将建筑史与建筑理论纳入艺术学、艺术史学范畴方面再做努力，特别是将建筑史与建筑理论的经典著作加以翻译引进的做法，不仅能够对从事艺术史、建筑史研究的学者们有所裨益；也不仅对于从事建筑创作或其他艺术创作实践的建筑师、艺术家们有所助益，而且也能够对中国建筑界，包括建筑教育界有一点点提醒的作用。不要再把建筑创作，作为无哲学、无理论的纯粹物质性的操作性技艺过程，不要把当下面对的建筑作品，作为不需要古今中外建筑理论的滋育，不需要古今中外丰富的建筑历史之借鉴的纯粹个人即兴发挥式的技术性、操作性过程。读一点经典建筑理论著作，对于历史上的理论阐述，加以认真而独立地思考，梳理出建筑理论发展的历

---

① 王国维. 国学丛刊序. 文学小言（一）。

史脉络，从中找到自己在这个理论发展链条上的位置与方向，从而找到一个适合于自己时代、自己民族、自己地区、自己个人特性的理论支点，同时也就找到了自己建筑创作的灵魂，或许这正是能够使自己摆脱在建筑创作中缺乏理论支持之尴尬境地的一把钥匙。

希望翻译界、出版界的这些努力，不仅在艺术史界，而且在建筑界，包括建筑教育界，能够引起哪怕是一点小小的波澜，从而使中国建筑理论的知识体系，多少能够与一脉相承、历史久远的世界建筑理论体系多一点彼此的联系，少出一点诸如连"建筑三原则"都搞不明白的初级笑话，甚或，还能够引起一点热衷于理论思考的小小热潮，则可以算得上是对中国建筑思想与建筑创作方面实实在在的贡献。

若果是这样，这些经典理论史著、艺术史著的出版，就不再是翻译者与出版者的一厢情愿，或建筑理论与建筑历史学者的庸人自扰了。建筑师们，也包括那些建筑系的莘莘学子们，也不会在理论面前感到手足无措了。建筑创作应该不再会是无源之水，无本之木。这样也就与那种有可能令世人眼睛一亮的中国现代建筑新作品，那种能够代表这个伟大民族，这个伟大时代之历史与现实之精神的全新作品的问世，距离不会太远了。

这本新版维特鲁威《建筑十书》出版后，负责该书翻译出版的编辑嘱我写一篇书评。本是要还一篇小小的文字债，不想有感而发，竟然不知不觉中写了这许多话。这或者也算是借题发挥吧。笔者没有期待建筑师们一夜之间就能够对建筑理论问题产生兴趣的奢望，倒是希望执建筑设计教鞭的教师们，多关心一点理论问题，解惑授业之余，多和学生们交流一下理论心得；也希望各位莘莘学子，多少留意一点建筑理论问题，多读一点经典理论原著，再加上一点思考的功夫，在建筑理论发展的链条上，找到自己的适当位置，并且在创作实践中，加以真实的体解与实施，为中国建筑在今后的若干年中，有可能在世界当代建筑史上能够占有一席之地，贡献一点自己的力量。不知这一庸人自扰式的虚幻之念，究竟是可能实现的一线希望，还是无谓的奢望。

原文载《建筑师》2013年，总第165期

卷七　无病闲吟

死酬知己道终全，波暖孤冰且自坚。

鹏上承尘才一日，鹤归华表已千年。

风吹药蔓迷樵径，雨暗芦花失钓船。

四尺孤坟何处是，阖闾城外草连天。

——[清]曹寅等. 全唐诗. 卷535. 许浑. 经故丁补阙郊居

卷七之一
问学四箴

近来时有研究生和我讨论学位论文的写作与如何治学等方面的问题。交流之中，虽是泛泛而谈，却也多少与同学有了一些交流。然而每每想到自己才疏学浅，常常有"学然后知不足"的感觉，又以为学问本是每个人自己摸索、探讨的过程，每个人的治学之道，其实与每个人的阅历息息相关。别人的种种主张，也只能做一点参考。故而本并不想学那些下车伊始的老夫子样子，给同学们什么建议、指导之言。但与同学间就这个问题交谈得多了，似乎也觉得有了一些浅得，或可以与大家分享一下，因而就循着自己的思路，找了一些古人有关学问、问学的零散论述，攒出了下面一些话，或可提供给同学们做一点参考，如若还能够有一点启发或帮助，抑或是一件令人略感欣慰之事，亦未可知。

学问之道在坚持

问学者，今人所谓求学也，抑或谓之求知。学问者，今人所谓知识也。求知非易事，历久方能弥新，何可一蹴而就者。知识亦难以一言以蔽之，其学愈久，其知愈难，正所谓"学然后知不足"者。愈学愈挫，愈挫愈奋者，其事或可成也。未闻有浅尝辄止者，能够觅得真学问；亦未见舞得三拳两脚者，身藏实功夫。

说到底，学问须累积，要下点点滴滴、锲而不舍的功力。锲而不舍者，坚持不懈之意也。所谓坚持，当然是要坚持读书，而读书者，又须用心。则学而常思之。学然后之不足，思而后有得。清人徐珂有谓："又谓问学者必先穷经，经术所以经世，必兼读史，史学明而后不为迂儒。又谓读书不多，无以证理之变化，多而不求于心，则为俗学。"①他说的是读经学史，这是古人的学问。今人自有今人要读的

---

① [清]徐珂. 清稗类钞. 性理类

书，要修的史。尤其是当今所谓信息爆炸的时代，要读的书自然是太多了。所以，还是要做一点先行泛览，然后抉择的功夫。先泛读、多读，然后在其中选择有价值、有意义的，再做一点深究的功夫。读书不多，难知事理之变化大势，难求新论新说之探究目标；多而不思，则如掉进故纸堆中一样，至多也不过是个书虫而已。

读书多，学问也自然会广博，学问博，则事理自然贯通。如古人云："学必博然后有以聚天下之见闻而周知事物之理，问必审然后有以祛其学问之所疑而自得于心，辨必明然后有以别其公私义利、是非真妄于毫厘疑似之间则不至于差缪，择善至此可谓精矣。如是而加以笃行，则日用之间由念虑之微以达于事，为之著必能去利而就义，取是而舍非，不使人欲之私得以夺乎天理之正，而凡学、问、思、辨之所得者皆有以践其实矣。所执如此，其固为何如？"①

此多读勤思之说，可谓养人养心之道。"人之饮食也，养其血气，而其问学也养其心知，是以贵乎自得。血气得其养，虽弱必强，心知得其养，虽愚必明，是以贵乎扩充。"②养心智，是谓多读；贵自得，是谓勤思。学问之道在坚持，积而久之，扩而充之，则学富五车之日可待矣。

问学之路在久远

问学者，何之谓也？正乃若知之为知之，不知为不知。故以无知而求有知，以不知而求知之，问学者，求知之意也，问学之路，求知之途也。所谓："人之所知者浅，而物变无穷，曩不知而今知之，非知益多也，问学之所加也。夫物常见则识之，尝为则能之，故因其患则造其备，犯其难则得其便。夫以一世之寿，而观千岁之知，知今古之论，虽未尝更也，其道理素具，可不谓有术乎！"③人知也浅，物变也多，人生亦促，物事却长。以一世之寿，不足百年，何以知前之千年，观后之百年？其要在学！

---

① 大学衍义补. 卷七十二
② [清]江藩. 汉学师承记. 卷五
③ 淮南子. 卷二十. 泰族训

当然，依古贤之理，学问须一步一步地来。所谓"千里之行，始于足下"，而学问就是一步一个脚印地走下去，正如朱子引升卿语曰："问学如登塔，逐一层登将去。上面一层，虽不问人，亦自见得。若不去实踏过，却悬空妄想，便和最下底层不曾理会得。〔升卿〕"①而且，这学问之路，要专心，不可以朝秦暮楚，瞻三顾四，亦如朱子所引寿昌语："学者如行路一般，要去此处，只直去此处，更不可去路上左过右过，相将一齐到不得。〔寿昌〕"②

路要一步一步走，山要一级一级登。而且，学问如行路，要有一个目标，朝着一个方向，径直地走下去，即使有弯路，也需要一点锲而不舍的精神，若左顾右盼，心不在焉，朝秦暮楚，那就很难到达你要去的地方了。

当然，走路也不可能片刻不停地走下去。而况，现世之人，百事缠身。并不是每一个人都有机会做到"两耳不闻窗外事"的。在每日的忙忙碌碌中，又如何做得了学问呢？太忙了，没有时间，是人们常常提起的托词。其实，上帝是公平的，上帝给予每一个人的时间都是一样的。若要在百忙之中，还能够抽出那么一点点时间做出一点点学问，就只有学会下点点滴滴的功夫了，正所谓磨杵成针之功也。这也如朱老夫子所说："有言贫困不得专意问学者。曰：'不干事。世间岂有无事底人？但十二时看那个时闲，一时闲便做一时工夫，一刻闲便做一刻工夫。积累久，自然别。'"③

这个道理说得特别平白，把握好自己的时间，积久而多。不要期待上帝天老爷哪一天忽然给你特别的恩惠，如天上掉馅饼一样，让你有了做出一门学问的大时间。积累久，自然别。这句话说得实在。没有积久之功，何以能够做成一点学问？此真做学问人之真体验也。

问学，还要学会下一点举一反三的功夫，正所谓"由此及彼，由表及里"。若只痴痴于个事个例，执著于一得一识，则其知也浅，其识也陋。关于这一点明代人吕楠也曾谈起："问学。先生曰：'贵自得。'如今吾辈诗也读，书也读，如因书而知诗，因诗而知书，才是自得。若读书只知书，读诗只知诗，皆不算。"④这其实

① 朱子语类. 卷十三. 学七
② 朱子语类. 卷十三. 学七
③ 朱子语类. 卷一百二十一. 朱子十八
④ [明]吕楠. 泾野子内篇. 卷十九

还是需要思考的功夫。

治学之要在直简

一些初入学问之门的人，有时会刻意显摆自己有学问，显摆的方式就是"炫"。当然，与一般落俗之人不同，他们不炫富，不炫靓。所炫者，才能也，知识也。下笔千言，纵横万里，令人读起来，虽不明就里，云山雾罩，却也觉得此人知识丰富，才气横溢，一会儿海阔天空，一会儿上下千年，好生了得。这样炫出来的文字，令人不免有一点故弄玄虚、炫耀文字的感觉。其实，做学问贵在平实，平实之要在直白，在简约，在使人看得懂。逻辑上要一环扣一环，言语上要明白而平直。能够一句话说清楚的，不要再去绕个弯儿。更不要为说而说，为论而论，搭起一个大架子，似有多么原创，多么深奥，这或许就是朱老夫子所说贤者亦难有免的"安排之心太重"，"私下创立条贯太多"者也。

朱子对于这种做法，正是持了批评态度的，他曾经特别谈到了为学要直，论说要简的问题："所喻为学之意，甚善。但觉如此私下创立条贯太多，指拟安排之心太重，亦是大病。子约自有此病，贤者从来亦未免此，今又相合打成一片，恐非所以矫偏补敝而趋于显明正大之涂也。"[1]这说明，创立条贯太多，安排之心太重，难以达成"显明正大之涂"。涂者，途也，路也。学问之途，应当是矫偏补敝，显明正大。偏敝之弊自不待言，虚炫迂曲者，难求显明，玄奥缭绕者，亦非正大。

故而，朱子又言："圣贤教人，自有成法，其间又自有至简约极明白处，但于本原亲切提撕，直便向前著实进步，自可平行直达，迤逦向上，何必如此迂曲缭绕，百种安排，反令此心不虚、转见昏滞耶？"[2]至简约，极明白。这一点要求的确是比较高的，不是每一位治学之人都可以做得到的。但"直便向前著实进步"，一步一个脚印，平白实在地向前走，总是相对比较容易的，也是有可能"平行直达，迤逦向上"的。

时下亦有一些立论者，唯恐自己的论点太平实，亦怕自己的文字太直简，于是刻意地与读者绕起了弯子。本来是一件明明白白的事情，刻意说得玄乎其玄。本来

---

① [宋]朱熹. 朱熹文集. 卷五十三
② [宋]朱熹. 朱熹文集. 卷五十三

逻辑上极明白、极浅显的道理，故意弄得深奥难懂。说话已经迂绕了，遑论观点的迂回曲折，将本来明晰的一件事情，说得云里雾里。特别是叙述的逻辑链，本来两三步就说清的问题，非要绕出十万八千里，结果却论出了一个前无古人，后无来者的结论。遇到这样的文字，我常常想到的一个概念就是"奥卡姆剃刀原理"。将剃刀扔向半空，它无疑是直直落下来的。最近便、最直接的逻辑关系，才是最接近立论之真实的。这其实也就是朱子所说的"平行直达"的意思所在。

治史之难在本真

记得有一位名叫里克沃特的美国建筑史学家，在其为阿尔伯蒂《建筑论》的英文译本所写的导言中，说过一句话，大意是：世上的一切知识，说到底，都是历史知识。对于这句话可以有各种不同的理解。如知识应是对于过去既有事物的一个描述与总结。知识是在过去既有事物上的一个可能的新探索，如此等等。

从我们这些搞建筑史的人的视角来看，里克沃特其实也是在说建筑的历史。因为，凡是我们讨论的建筑，其实都已经是历史了。所以，可以说几乎任何有关建筑的知识，大约都是历史知识。

而如我辈治建筑史者，其关注点在历史，对于时下的关注度也就不那么直接了。历史与理论也似乎还有着千丝万缕的联系，所以亦有一位西方人在其所写的书中提到："不看历史，它只是记忆，因为那是没有理论的生活。"[1]所谓记忆，多是琐碎事件的碎片。而历史则是将历史事件的碎片拣拾拼合在一起，以期对历史加以理解，做出解释。若能够从中得出什么规律性的或鉴诫性的东西，那就成为了理论。而理论不仅可以解释过去，也有可能指导未来。这就是史学的真谛之所在。

当然，实际上许多的历史研究，是不具有任何当下的现实意义的。除非那些为了给当下事物的合理性找出某种牵强附会的理由，而去治史的人。其实，当下事物的合理性，往往需要后来的治世者所辨析。在这里，我们又遇到了一个问题，即我们所为之而衣带渐宽的学问究竟为何物？

要回答这个问题，也不是那么容易的事情，但大概可以这样说，尽管世界上有

---

① 见：康塔里尼·弗莱明（Contarini Fleming）. 本杰明·迪斯累里（1749—1832）著。

各种各样的学问，但大致可以分为两种，一种是为当下服务的学问，如实用性的科学，如满足实践需求的技术，即所谓可以"利用、厚生"者也。

此外，还存在另外一种学问，那是一种似乎与当下的实用之务无所关联的学问。其关注点，在于学问本身，在于人之根本，社会之根本，事物之根本，文化之根本。如哲学、美学之类。这些学问与知识，与人之当下的利用、厚生几乎没有任何的关联，但却是社会文化与精神之不可或缺的知识。

其实，就当下的文化取向而言，从事建筑史、艺术史研究的人，似乎也可以纳入这种不苟于服务利用、厚生之学问者流。因为，它既不需要为时下的时尚风潮歌功颂德，也不需要为既往的丰功伟绩树碑立传。它只是在发掘过去、记录过去、描述过去、解释过去的种种建造事件与建筑实例，为每一座历史建筑，找出一个合理的历史定位。

在这门学问中，最重要的一点是本真。是即是，非即非，不可以有丝毫的矫饰与虚伪。科学的论证与推断是必不可少的，但要有合乎历史逻辑的证据，有严谨细密的逻辑推证支持。臆想式的，拍脑袋、想当然的论证，往往会失之肤浅，甚至荒诞。

史者，非一时一事之事也，乃应可存世流传之学问也。所以来不得半点虚假不实的东西。当然，学问有一个逐渐深化的过程，不可能一蹴而就。但只要是出于本真而科学的研究，即使有种种可能的瑕疵，也无碍于其历史性的价值。关于这一点，或可以引古人的一段话来加以理解："百官所任者一时之事，史官所任者万世之事……曾巩所谓明足以周万事之理、道足以适天下之用、智足以知难知之意、文足以发难显之情，不足以称是任也。虽然，此犹非其本也，若推其本，必得如元揭徯斯所谓：有学问文章，知史事而心术正者，然后用之，则文质相称，本末兼该，而足以为一代之良史矣。"①历史研究，其要在史。若不能存世成史上之鉴，史上之证者，亦难称为真史。故今日治艺术史、建筑史者，也应该有一种为往世继绝学的铮铮风骨。能够担当此任者，并非仅仅是那些知识博杂、技术精湛、智识充裕、文笔秀美者。因为，这些都非治史之本。治史之本正在于不求时下"利用、厚生"之功，不虚饰、不谄媚、不浮夸，不追逐时下的时髦观念、流行风潮。秉持于本真之

---

① 大学衍义补. 卷七。

史据，周旋于翔实之史证，执著于独立之思考，刻意于逻辑之判断，此即所谓"知史事而心术正者"也。唯如此者，则文质相称，本末兼该，可以称治史之学人矣。

结语

《礼记》中有云："君子知至学之难易，而知其美恶。"[①]故古来学者都认为学非易事，而"善学者，师逸而功倍，又从而庸之。不善学者，师勤而功半，又从而怨之。善问者，如攻坚木，先其易者，后其节目，及其久也，相说以解，不善问者反此"。[②]这里是说学而问之，善学者，善问之意也。善问者，先易而后难。关于问学之难，历代文人多有描述，如宋代文人苏东坡就有言："以为凡学之难者，难于无私。无私之难者，难于通万物之理。故不通乎万物之理，虽欲无私，不可得也。己好则好之，己恶则恶之，以是自信则惑也。是故幽居默处而观万物之变，尽其自然之理，而断之于中。其所不然者，虽古之所谓贤人之说，亦有所不取。虽以此自信，而亦以此自知其不悦于世也。"[③]故问学，先要无私，然后还需要通变的能力。若以一己之好恶而求学之，则或陷于惑。而幽居默处，观万物之变，而断之于中，则可得自信、自知之益。这或许是与我们今日常常说的"能够埋下头，沉下心，坐得住冷板凳，才能够在学问上有所成绩"的话是一个意思。

2013年9月

于清华园荷清苑寓中

---

① 礼记. 学记第十八
② 礼记. 学记第十八
③ [宋]苏轼. 苏轼集. 卷七十二. 书十一首. 上曾丞相书

卷七之二
无病闲吟①

其一，毕业三十年

2005年校庆暨毕业30周年纪念日前夕，有感于逝者如斯，不期然老之将至，期能够与老同学相会，叙旧之余，或可一聊别后多年之坎坷，故而思绪如潮，不期然间闲吟了一些非诗非词的拙句。正所谓心有所悲，情有所感，胡乱吟来，聊解因岁月之如梭，感心头之困顿的抑郁之情：

经历 毕业30年有感之一

一毕业，先上山，格尔木，整三年；七八年，忙考研，八一年，忙答辩。

一眨眼，又八年，只身到，不列颠；读洋文，吃洋餐，洋插队，苦辣酸。

想攻博，没有钱，写论文，自己看②；先回国，后读博，走深圳，下海南。

忙设计，趴图板，商品潮，让人烦；小系头，忙不完，副院长，团团转。

心有余，力不堪，人无志，官无缘；土归土，川归川，离仕途，归庠泮。

再出国，美利坚，图书馆，泡半年；虽言苦，不枉然，小有得，心稍安。

教书易，读书难，三十年，转眼间；畏后生，催人老，知不足，敢等闲？

自嘲 毕业30年有感之二

一介寒生，两难处境；窃知不足，几叩师门。

欲习佛典，又读儒经；韦编未绝，百事无成。

粗晓洋文，浅窥西经；留洋怯海，入仕畏程。

---

① 原稿主要部分系为清华大学建筑学1972级（建2班）同学毕业30年纪念集准备，纪念集因故未能付梓，略加增删，刊于此聊博一笑。

② 留学英国爱丁堡大学期间，写了一篇180余页的英文论文，但因为没有进入学位学习，作为访问学者，论文未能参加答辩，故有此语，以自嘲也。

书山称苦，有径不勤；常悔蹉跎，最慕陶令。

草屋方宅，户庭无尘；东篱采菊，虚室闲风。

衣带不宽，伊人非瘦；壶中天地，芥子春秋。

未谙世事，耻结权门；嬉笑怒骂，皆成烟云。

无才报国，常恨愚钝；只堪吾辈，若个书虫。

其二，同窗寄语

惊悉根怀兄仙逝有感

常忆君好强，天高海阔，妙口常夸丹青手，狂饮最是英雄量，根深怀远。

左右都逢源，业务好手，设计院里趴图板，高校兼职侃侃谈，春风得意，马蹄疾。

才高有八斗，志大心宽，宏图未展身先去，故友亲朋常扼腕，天不假年。

岁月太匆匆，同窗昨日，不期已是两重天，知君意气犹年少，壮志未已，心未甘。

毕业30年同窗寄语

同学曾少年，逝者如川，求学初识清华园，读书最是图书馆，几多苦甜。

相聚是兄弟，上铺下铺，斗室却容六伙伴，今日五湖又四海，阑珊春已去，萧瑟是秋天。

八千里路遥，彼此天涯，偶尔相遇话别离，把杯换盏笑往事，童趣连连。

三十余载阔，各自东西，两鬓渐露银丝白，云烟往事依稀在，却眼花缭乱，欲说又无言。

其三，闲词试填

念奴娇 营造学社成立九十周年

千秋沧桑，陶冶出，秦宫汉苑宋阙，元寺明祠。人道是，拙匠运斤挥斧，梁叠栋架，角翘檐飞。叹岁月摧蚀，月殿广寒，也成残垣断壁。

当年营造学社，朱桂老擎旗，梁刘二公，筚路蓝缕，苦寻觅，遍阅史海秘籍，绘测辽阔，勘踏唐寺，探究古法式，演绎则例。纵横捭阖，开辟学术天地。

2009年10月

沁园春　中国建筑史列选国际上线课有感

龙骧虎跱，危塔重阁，高台广殿。想章华井干，绮甍巧栋；梵宫道院，幡飘幢罗。如鸟如翚，斯飞斯革，翼展鹏飞览山河。三千年，曾紫薇霄汉，瑶台玉河。

古今多少塔阁，引词人骚客竞挥墨。忆秦殿汉楼，堂高厦伟；唐寺宋观，廊深院阔；元苑明宫，跨山弥郭，令天下名山逊色。沧桑变，看几多遗构，孑然寥寞。

2013年8月

侧犯　毕业三十年有感

叹逝者如斯，三十秋冬又过去。夜沉，正伏案骚首弄词句，欲写又踌躇，无语。渐少年同学各西东。

心存旧梦，信人生百年；却谁知，鬓已稀，岁月难回首。水清木华，风景无数；奈何春风，又催新绿。

2005年4月

剔银灯　读三国有感小吟

可怜一时豪杰，只落得天地三分；诸葛力竭，周朗才尽；子龙、云长、翼德，都一腔热血，却怎料，阿斗无趣。

分合天下大势，乱煮酒，枉论英雄；如斯流水，无情落红，奈何忙忙碌碌。把浮名看破，逐浪去，今朝今暮。

2005年5月

清明扫墓睹景而吟

2013年清明节前夕，北京雾霾重重，八宝山公墓扫墓人群熙熙攘攘人头攒动。抑郁于世事纷繁，感叹于人生短暂，睹万笏柱立，忽有一种悲悯之感油然袭来：

雾霾清明日，熙攘扫墓天；千笏冲天立，万魄土中淹。

枝青缠丝带，草绿飘纸钱；旧叶无声落，新花有情添。

故人去已久，碑前泪何堪；斯时草木稀，今朝葱郁山。

游魂落寞处，新坟踊跃间；百年烦恼事，终掩一墓田。

2013年4月4日晚

2012年，中国建筑工业出版社董苏华编辑约笔者写一本以图与案例为主的中国古代建筑简史，书名为《中国古代建筑史话》。我先选了60个古代建筑案例，并按时代顺序分成了8个章节，每个章节覆盖了一个大略历史时段的古建筑。为了便于理解、记忆，笔者借用了古代七律格式，草拟了一首拙诗，希望既能为中国古代建筑史勾勒出一个大致轮廓，也以此构成了8个章节的标题。或可以将这段不成诗的拙句录于此，权作补白之用，见笑，见笑。

周礼秦制百代承，黍离悲怆叹汉宫；

南朝楼台北朝塔，唐殿辽阁古风雄。

汴京繁华杭京梦，金都寺观元都城；

大明天子金銮殿，康乾宫苑阙九重。

2014年9月24日补

卷七之三
晋游小记

二〇〇〇年五月初，因有假七日，与友人骥林、桂茂、良生、文才诸君及夫人，并携内子、岳丈，凡十余人纵车出游。一路直奔三晋大地，疾驰颠簸，阅山川、踏古迹，游览凡十余处，虽仅五日有余，却也驰骋数千里，纵横千余年，回味之中，感山河之壮美，仰艺术之恢宏，叹历史之悠悠；暇思之余，心绪萦绕，感慨万千，直面大河高山，不免仰天长啸、壮怀激烈。

第一日　北京—榆次—祈县—平遥

出北京沿京石、石太高速路，经河北，过太行，从榆次下路，辗转至祈县，进"乔家大院"。院立国道旁，高墙围合，内分小院数间，院各有正房及两厢，中分一巷，巷尽端为一小庙，供关帝像。院落紧凑，南北修长，东西狭促，正房高耸，两厢低伏。可谓中规中矩。巷北为主院，分前后两进，进院处设门廊，或用雕花影壁，作一回折，颇有空间意韵。中院并有楼阁。并设上人屋面，屋顶另设小屋，或可夏日纳凉，或作凭高望远之用。凡正房均用歇山屋顶等式门楣，门高踞数级台阶之上，予人"中堂端坐，俯视前庭"之感。巷南院地位稍低，仅为一进。

由祈县至平遥，已是暮色时分。因是假日，城周附近宾馆旅社，皆已爆满。在城外寻到一家住处，草草安顿，即搭三轮进平遥古城。城内虽已是一片夜色，灯影绰绰，却也可感出旧古风味。小巷纵横，古街迤逦，街巷两旁屋顶院墙，轮廓起伏，形如剪影。街心立市楼，见出空间层次。古街两旁，曾为钱庄、票号，或押运钱票的镖局。时下则设为游点，或古玩、小吃等店铺。在古街用晚餐，山西面食小吃，花样种种，平增一番情趣。

第二日 平遥—灵石—霍州—洪洞—临汾

因前一日夜游平遥，余兴未尽，天蒙蒙亮，诸君又进古城，再作徜徉。旋即去城北镇国寺。寺规模不大，主殿三间，略呈方形，然气势宏大。殿建于北汉末年，约公元九六三年，已是千年古刹。初览此殿，令人精神一振，君不见北京故宫，建筑虽宏大，然形制规整，檐口平直，檐角微卷，然此殿斗栱硕大，出檐深远，翼角舒展，风格雄健潇洒。由之见出中古、近古建筑风格之变迁。殿为七铺作双杪双下昂。当心单补间出两跳。栱间彩画，隐约可见。斗栱部分几占檐下殿身高度十之有四。

过平遥南数里许，进双林寺，名取佛祖于双林寂灭之意。寺内为明塑精品。山门四力士像，孔武刚劲。寺内各殿均满塑佛菩萨罗汉侍者力士诸像，大雄殿西厢观音像旁韦陀造像，体量不高，却颇有威武。建筑均为明代，风格古旧。寺周有围垣，形似城墙，可登临。

驱车去灵石。以古代曾有陨石落此，且灵验，故名灵石。蜿蜒山路，到王家大院。院依山而建，分东西两组院落，凡数十院，规模宏大。东侧设主门楼，如一小城堡，主院门前设牌楼，有敕赐匾额。每院布局虽颇相近，空间设置，各不相同，极有意趣。西侧设一围垣，上有雉堞。墙垣正面有楼，如一小城门。如此规制，颇有僭越之嫌，可知天高皇帝远。

离王家大院不远，为资寿寺。主院为一横长形，中为正殿，两侧横列两偏殿，均为南向。另设东西两厢，每厢并置两小殿，中为天王殿，殿两侧为平屋顶小殿，屋顶平台立亭，各为钟楼、鼓楼。东厢南殿内原十八罗汉像头，曾被窃至海外，台湾一富商购得，送还本寺，为一义举。寺因其造像失而复得，名气大增。

离灵石去洪洞，逶迤山路数十公里，至霍州上国道，豁然开朗，路面宽阔。至洪洞左为广胜寺，右为洪洞县城。广胜上寺为明代建筑。以琉璃飞虹塔闻名。塔上各式雕塑，形象丰富，塔身收分明显，立于山巅，如插云间，琉璃五彩，有如半空"飞虹"。广胜下寺旁为水神庙，主殿广应王殿为元构，重檐屋顶，周匝副阶。殿内前左壁有壁画，绘元代戏剧作场画面。正对广应王殿，有一戏楼。在寺庙中线南端设立戏楼，为山西元、明建筑中习见作法，略可窥出古人生活方式一隅。

广胜下寺与水神庙前是一霍泉分流处。山脚下涌出一池碧水，在池前树林间有一渠，渠尽端是一方亭，称分水亭。亭之下，渠一分为二，一渠宽，一渠狭，颇令人费解。仔细打听，才知道其中却有一故事颇为感人。相传虽然霍泉自古有之，但其下游有赵城、洪洞两县，常常为争水而械斗不止。地方官也无可奈何。积而久之，双方协商出了一个主意，于滚烫的油锅中投入十枚铜钱，请两县各出一位代表，徒手在油锅中抓摸，哪一方得钱多，哪一方分水多。两位好汉各不相让，结果赵城得七，洪洞得三，于是在渠口设立分水栅，栽入铁柱11根，将水等分10份，赵城有洞，洪洞有三洞，栅上立亭以志，栅外用堤分流。自此数百年过去，果然相安无事。想来两位好汉泉下有知，也会为自己化干戈为玉帛之壮举而略感欣慰。

出广胜寺，到洪洞，经大槐树处，谒古槐遗迹，思先祖流离。大槐树之说，流传颇广，影响及海内外。其中必有一些历史事迹，或可作些浏览。出洪洞一路坦途，到晋中重镇临汾，住临汾宾馆，在近处餐厅用餐。入夜因设备问题，久不能洗浴，又无人修理，虽与楼内服务人员理论也无果。懊恼之余，想到国家之要，在于管理，而管理又在务实求效，国人在忙碌于"讲政治"、"讲思想"之余，更宜有实实在在的对策，令国人做到每日每时的"讲实干"、"务实效"方好。

第三日　临汾—襄汾—侯马—运城—芮城—万荣

清晨驱车至襄汾丁村，看明清民居建筑。村在河谷低凹之处，有向阳之坡，确是原始人聚居的理想之所。曾有丁村猿人头盖骨及原始石器的发掘。民居有二十余家，皆呈院落，各有正堂两厢，厢房为左右四间，每厢中开两门，或内为一大间，或在两门间设一墙，内可分为两间。疑是主人考虑家中添丁增口，儿子分居，以便灵活分隔之用。前在京郊山区农村，曾见中设两门之房，不知原委，由此可推知，系沿用古人做法。

丁村似有完整规划，主要街道尽端，恰为一公共性房屋；与一东西巷道尽端相对处，亦设一小庙。自巷西端向南，另有一巷，且迂回曲折，门上有楼阁，高低相间，错落有致，颇有画意。如此偏僻小村，竟有如此造型与景观的建筑处理，可见古人在经营上的匠心。

出丁村，沿国道可通侯马，由侯马至运城，不过七十余公里，临时改变直去壶口的计划，直驱运城，奔晋南芮城，朝谒此行中诸君至为向往的元代建筑与艺术宝库永乐宫。在运城用午餐后，向南沿盐湖，经解州，盘旋登越中条山。山路崎岖，路面颠簸，诸君及夫人，忐忑不安，转山顶崖口，入芮城界，景象大变，树木葱翠，山色青青，一路下坡，万顷绿野，尽展面前。

永乐宫在县城北不远，宫庙周围林木拥绕，庙内古木森森，进南门，一条狭长甬道，引至无极之门，道两旁树木浓郁，进无极之门，又一长而狭促空间，空间尽端之三清殿（无极之殿）高踞台座之上，屋顶宏阔，檐出轻盈，翼角飘逸，用黑柱，登台明不用阶级，清静素雅的氛围，全收眼底。

进三清殿内，满壁人物绘画，诸君喜不自禁，嘘声不已。骥林君在画前徜徉流连，几不愿离去，叹谓：终见梦中情人。众人在壁前细细端详、揣摩，感叹古代艺人深厚功力，瞻仰画面宏大气势。三清殿后为纯阳殿，满壁绘吕洞宾得道故事，构图丰富，空间迤逶，尤以白色屋顶为多，更证元蒙人尚白，元代人曾用白色琉璃瓦覆顶之事。

纯阳殿后为重阳殿。自三清殿以后，空间渐趋短促，建筑体量亦渐矮小，势之所趋，渐进渐弱，几近于无，此正如老子所云："为学日益，为道日损，损之又损，以至于无为"，又"致虚极守静笃"。永乐宫中无儒释寺观建筑群之正堂危坐，两厢拱卫，前呼后拥的气势，倒更增了恬淡、清静、虚无的氛围，可谓道家庙堂的佳作。

十余年前，因参加中国美术史编撰，曾与美术界诸友访永乐宫，转眼已如隔世。庙堂虽如旧，人流已如织，早无当日寂寞清静的空灵之气，倒多见出几分俗世的繁闹。

出永乐宫，因恐中条山路险峻，绕道风陵渡，沿平缓丘陵，经永济回运城，不期然发现永济与运城间已有一条高速路。途中去普救寺，看普救寺塔。新造寺庙，比附《西厢记》故事，殿阁为仿唐式，略具风格。内有鹳雀楼模型，据说在建设中。规模颇宏伟。原想观赏黄河岸边出土巨形铁牛，因时间关系，未能如愿，仅看到一小尺度模型，牛已如真牛大，出土之物可想见之。乘暮霭急返运城，并在夜色中赶到万荣。至万荣已是夜晚九时。众人饥肠辘辘，在一餐馆中坐定，隔壁间猜拳声吆五喝六，此为晋上一景。座上诸君也放声一吼，一时变得粗犷不羁，好不快活。

第四日　万荣—河津—吉县—壶口—隰县—交口

万荣所住宾馆，恰位于东岳庙对面，夜晚并未察觉，清晨启窗一瞥，只见危楼高耸，心境豁然。出门到街对面，便见体量高耸、风格独特的东岳庙飞云楼赫然在目，兴奋之情油然而生。此始建于唐，重建于明的高层木构楼阁，是尚存较完整的古代木楼阁建筑，虽地处小小县城，却气势恢宏，想古时京城、省城殿阁之宏伟，可以推知。

从万荣经河津，盘垣入吕梁山，经一段极陡峻、颠簸的山间土路，在山梁上疾行数十公里，到位于深山之中的吉县，再从吉县继续登攀，逶迤回旋之间，人车已在半空之中，在弯曲的山巅曲路上，向外望去，葱茏中尽是百丈深谷，车中诸友，多将心弦绷紧，唯恐有什么闪失。想二十五年前，曾结伴跟随恩师吴焕加先生去五台佛光寺，乘一军用卡车前往，就如这般路程。当时吴先生在颠颠簸簸比赛，却坦坦然，以讲日本电影《送遗书的人》解闷，且去除众弟子恐惧之感，事如在昨日。在山中回旋七十余公里，经抗日战争第二战区指挥部，也即是阎锡山流亡政府不远的叉口，再行数十里，到达位于黄河险要上的壶口瀑布。

因是枯水季节，河面并不宽阔，然飞泻而下的河水激起的水雾，在数里之外已遥可见之。喧嚣的河水，发出轰隆山响，与两岸耸立的陡壁荒山，及河滩上鳞次栉比的黄沙褐岩，相互映衬，令人感悟出通贯古今的苍凉与悲壮。如中华民族多难的哀鸣与不屈的壮吼，交混而成浑然一气的宏伟乐章。兴奋之中，诸君偕夫人，不顾危险，直临奇险陡峭的瀑布石岸旁，伸出双臂，放声呼喊，将喊声融入瀑布的轰鸣声中。飞溅的水花扑身而来，亦全然惘顾，兴奋之极，桂茂与文才二君甩下外衣，赤膊在水雾中挥臂大吼，好不痛快淋漓。

由崎岖原路返回吉县，顺山中大道一路疾驰，直奔隰县，在天色朦胧之前赶到隰县小西天千佛庵。庵在半山中，组群规模不大，然空间活泼，不拘一格，不似平原地带寺庙，用伽蓝七堂，一正两厢格局。主殿在二层平台上，殿内明代造像与悬塑，满布殿堂，规模宏大，内塑三世佛，及菩萨、罗汉，并佛道帐、天宫楼阁，层层叠叠，令人瞠目。中间佛造像面像从容，微闭双眼，两旁侍者，姿态优雅。右侧罗汉像，亦具非常风韵。经骥林君指点，见有"启门而进"的构图处理，造成空间向纵深延伸的效果。破门而出的侍童，手中捧着热茶壶，为防烫手而用袖垫壶底，细节细腻生动。

出隰县向北，疾驰之中，惊飞起一只村雉，竟落在后面车前的玻璃上，被撞得昏头血冠，在车后地面上扑腾，停车察看，见其尚能蹒跚，似无大碍，且四野无人，也不知向谁人致歉，只好悻悻而去。细思量，却也增了几分村野狂趣。晚九时到交口县，用过晚餐，住交口。

第五日　交口—孝义—汾阳—文水—交城—太原—保定

每日清晨，天色蒙蒙，文才、良生君即清洗车辆，鄙人则懒散已惯，倒被骥林君讥为"作风不正"，不若文才君之护车如"妾"，其语虽荤，其义也如之。早六时出发，经崎岖山路，在运煤大车间迂回而至孝义，用早餐后到汾阳，再到文水，路边经武则天庙，晋谒一代女皇武则天。庙主体似为元以前建筑，殿内雕塑则是今人之作。有一些碑刻，可略驻足。到交城看天宁寺，寺在卦山，以山形如卦而言之，不过背有依，前有案，左龙右虎，前护后卫。山内松柏葱翠。寺在半山中，拾级而上，有百阶之多，陡峻险奇。寺后部为一楼阁，疑为清时物，体量倒也宏伟。

出交城奔天龙山，兴致勃勃中却食闭门羹，闻护山人云：因护林封山，"五一"间曾开放，不幸五月三日，游人如织，竟致失火，复封之。因远道来，务求一睹，然虽苦求而不得入，悻悻然转而向左近晋祠，已是午时。天龙山受阻，本已大觉晦气，午餐时刚刚坐定，欲寻如厕处，却遭店主抢白，一时愤愤，就想引诸君离去，别寻一店，不想却被店主纠缠，竟将仗义之桂茂君臂腕抓破。虽一小插曲，想来颇恼之。正所谓出门须忍三分气，勿以他人之恶罚自身。

晋祠为太原胜景，祠内游人丛集。内有宋之圣母殿、鱼沼飞梁，金之献殿及铁铸金人。轴线上并设戏楼，与山西祠庙前部多设戏楼，以飨庙会之需的空间格局相合。中轴外有诸多小庙，水神庙，及清澈泉水。祠内古木纵横，泉亭缠绕，颇具园林意味。祠祭祀晋人祖唐虞之母，此晋之为陶唐后人之封地，亦北周、隋时之唐国公，即太原太守李渊代隋而为唐之缘起。唐虞为王姓先祖，故晋祠，又当为王氏远祖之祠。圣母殿内造像为宋塑，然写实且纤弱。不似辽、明寺院中造像之具神秘神韵，却也算得栩栩如生。圣母端坐之宏大木椅，当为尚存最古老之木椅遗物。

出晋祠绕过太原，直上高速路，疾奔石门而去。原想顺路去苍岩山，因时间太紧，似无可能。到石家庄旁的服务区，已是傍晚。草草用过晚餐，又匆忙上路拟赶回北京。一出服务区，夜色朦胧中竟误入石黄高速，待发现时，已驶出五十余公里，返回已是百余公里，且已近夜半。虽匆匆北赶，实已疲惫不堪。驾车者，在疾驰中，已觉满目灼光，路上情况并不清晰了，只好在保定下高速，暂宿保定，安顿好后，与良生、文才、桂茂君，到路边小吃摊，借酒助兴浇乏。因是途中最后一晚，余兴尚足，入睡时已是午夜时分。

第六日　保定—北京—天津

由保定返北京。在杜家坎后诸君分手。因车辆原因，桂茂将我等送至万寿路，中途下车访友。他们继续前行去天津。

虽仅五日有余，一行十余人，嬉笑怒骂，激越胸怀，指点河山，挥洒闲情，想来也颇开心。虽疲劳有加，且时有不悦之事，却也无碍。因是选了一条较僻静的路线，一路食宿皆很便捷，且花销低廉。以鄙人拙见：明清以来，中国经济已高度发展，然人口增加太快，故无似欧洲之发展蒸汽机械以解劳动力短缺之需的动力，众多人口造成劳动力低廉，虽阻碍了机器文明发展，却也为国人带来些许益处：中国难有持续的通货膨胀，晚清民国时的食宿低廉，已如所知。目下虽放开物价，且政府一再想拉动内需，然而拟造成一些经济学家所期待的适度通货膨胀，亦并非易事。此说不虚，一路所行所历，有所印证。

中国经济之发展，交通之改善，旅游之兴起，服务之改进，也可从之略窥一斑。

返回后尚有余兴，草上一路见闻，拾来凑成小记，雅俗之间，聊作小忆之趣，某日或可一读，作品茶酌酒之谈资，抑或能一添情趣，亦未可知。

2000年5月，博野归犀撰文。